Kaminaga Masahiro 神永正博

Pythonでしっかり学ぶ線形代数

Learning Linear Algebra through Python Programming

行列の基礎から特異値分解まで

講談社

まえがき

本書は、IT活用型の線形代数学の教科書です。線形代数学は極めて基本的な数学で、いわば数学の共通言語ですので、ITとは別に学ぶのが一般的でしょう。しかし、本書ではあえて一挙両得を狙います。本書を読破すれば線形代数学の数学的基礎が理解でき、Pythonで線形代数学の問題が解けるようになります。Pythonを使うことで線形代数学の理解も深まると思います。Pythonは初心者でも使いやすく、豊富なライブラリ群を持つパワフルなプログラミング言語で、現在すでに広く利用されており、今後も長く利用されることはほぼ確実です。Pythonによる線形代数の処理について覚えておいて損はありません。

数学が非常に達者な人は、達者すぎてITを敬遠することが多いのですが、もったいないことだと以前から思っていました。もちろん数学はそれ自身で面白いのですが、Pythonと結びつくことで、仕事に直接役立つものになります。競争的環境では潤沢に使える資源を使い倒した方が強いことは歴史が教える通りです。今、最も潤沢に使える知的資源は明らかにコンピュータであり、オープンソースのソフトウェアでしょう。手計算は主に数学的原理の理解のために行い、理解したらソフトウェアを使い倒すという戦略の方がこれからの時代は実りが多いのではないでしょうか。

本書の内容は、連立方程式の解法、行列式、固有値などといった標準的な事項から、特異値分解の数学的説明とそれを用いた画像圧縮までを説明します。特異値分解については、和書でまとまった説明がなされているものが少ないので、数学的原理に加え、Pythonを用いたJPEG画像の圧縮まで説明しました。行列式の対称群を用いた表示に絡めて、群論・組合せ理論研究者向けのモジュール`sympy.combinatorics`も使うなど、類書には見られない工夫を凝らしています。

本書では、線形代数学関連の問題を扱う際に必要となるPythonの処理の多くが網羅されていますが、これらはいずれ常識になるでしょう。Pythonに触れたことがある人を想定していますが、インストールと実行方法さえ知っていれば、サンプルコードを動かすことはできますし、プログラムを少しずつ修正していけば、プログラムの動作との対応も分かるでしょう。必要な概念や操作方法は随時説明します。オブジェクト指向とは何か、というような概念的な話で挫折するよりも、実際に小さなプログラムを動かしながら学ぶ方が結局は楽だと思います。

線形代数学の定理の証明を理解することは、Pythonによる行列処理の方法を覚えるよりもずっと長い時間がかかるかもしれません。しかし、筆者は、数式処理も含めた計算がソフトウェアで比較的容易にできるようになったことによって、相対的に証明の理解の重要性が高まったと考えています。技術開発の現場では、数学の定理がそのままの形では使えないことがしばしば生じ、そのような場合には、定理の証明に立ち戻って定理を実際問題で使える形に書き直さなければならなくなるからです。

章末には、本文の理解を助ける問題があり、単純な計算問題や Python の操作の問題の他、証明問題まで用意しています。是非取り組んでみてください。

線形代数学は奥深い数学です。それはありとあらゆるところに、当然のように出現します。信号処理で使われるフーリエ解析は、無限次元の線形代数学の応用で、ディジタル信号処理では行列の計算が本質的な役割を果たします。MIMO という無線通信技術では、複素数成分を持つランダムな行列が自然に現れ、その特異値分解が本質的な役割を果たします。暗号で利用される格子理論では、線形代数学で必ず学習するグラム・シュミットの直交化法が（少し形を変えて）出現します。筆者は、これまでの人生で繰り返し繰り返し線形代数学と邂逅し、そのたびにその深さにうたれました。奥深い線形代数学とパワフルな Python の相乗効果は絶大だと思います。本書をもとにして、読者が線形代数学を活用できるようになることを祈っています。

なお、本書は、拙共著（神永正博・石川賢太「計算力をつける線形代数」内田老鶴圃 (2009 初版)）をベースに佐武一郎「線型代数学（新装版）」裳華房 (2015)、佐藤正次・永井 治「新版 基礎課程 線型代数学」学術図書 (1982) を参考にして記述しました。本書執筆にあたり、大阪公立大学工業高等専門学校の稗田吉成先生には数学的内容についてご助言いただきました。また、東北学院大学の森島佑先生には Python プログラムとその説明についてご助言いただきました。記して感謝いたします。なお残る間違いはすべて筆者の責任です。

2023 年 1 月　神永 正博

目 次

Chapter 1

第1章 行列と連立方程式1

応用家から見た線形代数学は、行列とベクトルの数学です。大雑把に言うと、(1) 連立方程式を解くこと、(2) 行列とベクトルの演算、(3) 固有値（特異値）問題が最重要ポイントです。本章では、(1) と (2) に関する基本事項について説明します。Python のライブラリ NumPy を用いた行列演算についても学びます。連立方程式と行列の関係については、本章だけでは不足なので第 2 章でさらに深く学ぶことになります。

1.1 ▸ 行列とベクトル

行列 (matrix) というのは、数の表のことです。例えば、

$$A = \begin{pmatrix} 1 & 2 & 3 & -4 \\ -1 & 5 & 2 & 7 \\ 0 & -3 & -5 & 3 \end{pmatrix} \tag{1.1}$$

は行列の一つです。横の数字の並びは**行** (row) と呼ばれます。上から順番に、第 1 行、第 2 行、第 3 行のように番号をつけて表現します。例えば、A の第 2 行は、次の太字の部分です。

$$A = \begin{pmatrix} 1 & 2 & 3 & -4 \\ \mathbf{-1} & \mathbf{5} & \mathbf{2} & \mathbf{7} \\ 0 & -3 & -5 & 3 \end{pmatrix}$$

同様に、縦の数字の並びは**列** (column) と呼ばれます。左から順番に、第 1 列、第 2 列、第 3 列、第 4 列などと表現します。例えば、A の第 3 列は、次の太字の部分です。

$$A = \begin{pmatrix} 1 & 2 & \mathbf{3} & -4 \\ -1 & 5 & \mathbf{2} & 7 \\ 0 & -3 & \mathbf{-5} & 3 \end{pmatrix}$$

A は 3 行 4 列の行列ですが、これを 3×4 行列のように表現します。特に行と列の数が等しい行列は、**正方行列** (square matrix) と呼ばれます。正方行列に対しては、$n \times n$ 行列と呼ぶ代わりに n 次正方行列ということもあります。表のそれぞれの数字は A の**成分** (element) と呼ばれます。行番号 i と列番号 j を指定すると成分が決まります。これを (i,j) 成分といいます。例えば、A の $(2,3)$ 成分は、以下の丸で囲んだ数字になります。

$$A = \begin{pmatrix} 1 & 2 & 3 & -4 \\ -1 & 5 & \textcircled{2} & 7 \\ 0 & -3 & -5 & 3 \end{pmatrix}$$

$m \times n$ 行列 A の (i,j) 成分が a_{ij} であるとき、$A = (a_{ij})_{1 \le i \le m, 1 \le j \le n}$ のように成分で表現することもあります。例えば、3×4 行列なら、

$$A = \begin{pmatrix} a_{11} & a_{12} & a_{13} & a_{14} \\ a_{21} & a_{22} & a_{23} & a_{24} \\ a_{31} & a_{32} & a_{33} & a_{34} \end{pmatrix}$$

のようになります。

一般に、

$$\begin{pmatrix} a_{11} & a_{12} & \cdots & a_{1n} \\ a_{21} & a_{22} & \cdots & a_{2n} \\ \vdots & \vdots & & \vdots \\ a_{m1} & a_{m2} & \cdots & a_{mn} \end{pmatrix}$$

のように長方形に配列したものを、**$\boldsymbol{m}$ 行 $\boldsymbol{n}$ 列の行列**、**$\boldsymbol{m \times n}$ 行列**、**$\boldsymbol{m \times n}$ 型行列**などといいます。

成分がすべて実数のときは**実行列** (real matrix)、虚数が含まれる場合は**複素行列** (complex matrix) ということもあります。例えば、電気工学では、インピーダンス（複素抵抗にあたる）を並べた行列が使われ、暗号理論や符号理論では有限体（ガロア体）の元《げん》（要素）が成分になることがあります。問題に応じて成分はいろいろと変わりますので、四則演算のできる代数系、つまり、**体**《たい》 (field) の元としておくのが普通です。これを**係数体** (coefficient field) といいます。本書では、係数体を K で表しますが、一般の K を考えるのではなく、実数体か複素数体の場合のみ考えます。実数体は $\mathbb{R}$、複素数体は $\mathbb{C}$ で表します。行列は通常はアルファベットの大文字で表しますが、1 行だけ、あるいは 1 列だけの行列は**ベクトル** (vector) と呼ばれます。記号としては、小文字を太字にして表現されることが多いでしょう。例えば、次のようなものがベクトルです。

$$\boldsymbol{u} = (3 \;\; 1 \;\; -2 \;\; 3) = (3, 1, -2, 3), \qquad \boldsymbol{v} = \begin{pmatrix} 6 \\ -2 \\ 1 \\ 8 \end{pmatrix}$$

$\boldsymbol{u}$ は**行ベクトル** (row vector) です。横ベクトルと呼ばれることもあります。$\boldsymbol{v}$ は、**列ベクトル** (column vector) または縦ベクトルと呼ばれます。一般に行列の成分と成分の間にはカンマを入れませんが、行ベクトルの場合、見やすさを優先して、間にカンマを入れることがあります。上に矢印を書く書き方もあり、ベクトルを幾何学的に認識する際に用いられます（第 7 章参照）。成分の数が n 個のとき $\boldsymbol{n}$ **次元ベクトル** (n-dimensional vector) と呼ばれます。係数体 K に対する n 次元ベクトル全体を K^n で表します。$K = \mathbb{R}, \mathbb{C}$ のときは、$K^n = \mathbb{R}^n, \mathbb{C}^n$ のように表します。次元という言葉は、ここでは、ベクトルの成分の個数と理解していただいて差支えありません。第 8 章で次元という言葉の意味を深く学習します。

1.2 ▸ 行列の基本変形と連立方程式

行列は表ですが、役に立つ表です。ここでは、行列を使って連立方程式を解いてみましょう。

例題1.1. 次の連立方程式を解いてください。

$$\begin{cases} x + 2y &= 5 \quad \cdots ① \\ -4x + 2y &= -10 \quad \cdots ② \end{cases}$$

解 まず、② の両辺に 1/2 を掛けて（2 で割って）、

$$-2x + y = -5$$

が得られます。これをあらためて ② とすると、この連立方程式は、

$$\begin{cases} x + 2y &= 5 \quad \cdots ① \\ -2x + y &= -5 \quad \cdots ② \end{cases}$$

となります。この変形は、未知数 x, y の値にはもちろん何の影響も与えません。同様に、① を 2 倍して ② に加えてみると、② から x が消えて、

$$\begin{cases} x + 2y &= 5 \quad \cdots ① \\ 0x + 5y &= 5 \quad \cdots ② \end{cases}$$

が得られます。② を 5 で割って、

$$\begin{cases} x + 2y &= 5 \quad \cdots ① \\ 0x + y &= 1 \quad \cdots ② \end{cases}$$

となり、最後に、② を 2 倍して ① から引くと、

$$\begin{cases} x + 0y = 3 \quad \cdots ① \\ 0x + y = 1 \quad \cdots ② \end{cases}$$

となって、連立方程式の解 $x=3, y=1$ が得られます。 □

重要なことの1つは、未知数 x, y は、変形上本質的ではなく、係数だけ見ればよいということです。そこで、行列の形にして変形の過程を見てみることにしましょう。このような行列を**拡大係数行列** (augmented coefficient matrix) といいます。x, y の係数を並べてできる行列は単に**係数行列** (coefficient matrix) といいます。ここで、行列に縦棒が入っているのは、元の連立方程式の左辺と右辺を区別するために便宜的につけたものなので、書かなくてもかまいません。ここで①, ②は、それぞれ、その一つ前の行列の第1行、第2行を意味しています。

$$\left(\begin{array}{cc|c} 1 & 2 & 5 \\ -4 & 2 & -10 \end{array}\right) \to \left(\begin{array}{cc|c} 1 & 2 & 5 \\ -2 & 1 & -5 \end{array}\right) \quad (\tfrac{1}{2} \times ②)$$

$$\to \left(\begin{array}{cc|c} 1 & 2 & 5 \\ 0 & 5 & 5 \end{array}\right) \quad (② + 2 \times ①)$$

$$\to \left(\begin{array}{cc|c} 1 & 2 & 5 \\ 0 & 1 & 1 \end{array}\right) \quad (\tfrac{1}{5} \times ②)$$

$$\to \left(\begin{array}{cc|c} 1 & 0 & 3 \\ 0 & 1 & 1 \end{array}\right) \quad (① + (-2) \times ②)$$

となりますから、拡大係数行列を連立方程式に戻すことで $x=3,\ y=1$ が得られます。

ここで行った変形は以下の2種類の操作だけで構成されています。

- **［操作1］ ある行を何倍（0倍以外）かする**
- **［操作2］ ある行の何倍かを他の行に加える**

次に、未知数が3つの場合を見てみましょう。

例題1.2. 次の連立方程式を解いてください。

$$\begin{cases} x + 3y + 5z &= 14 \quad \cdots ① \\ -2x + 5y + z &= -6 \quad \cdots ② \\ 3x + 2y + 4z &= 16 \quad \cdots ③ \end{cases}$$

解 まず、連立方程式を拡大係数行列に直します。

$$\left(\begin{array}{ccc|c} 1 & 3 & 5 & 14 \\ -2 & 5 & 1 & -6 \\ 3 & 2 & 4 & 16 \end{array}\right)$$

これに対して [操作1]、[操作2] を繰り返して

$$\left(\begin{array}{ccc|c} 1 & 0 & 0 & * \\ 0 & 1 & 0 & * \\ 0 & 0 & 1 & * \end{array}\right)$$

という形にすれば、解が得られることになります。早速やってみます。

$$\left(\begin{array}{ccc|c} 1 & 3 & 5 & 14 \\ -2 & 5 & 1 & -6 \\ 3 & 2 & 4 & 16 \end{array}\right) \to \left(\begin{array}{ccc|c} 1 & 3 & 5 & 14 \\ \mathbf{0} & 11 & 11 & 22 \\ \mathbf{0} & -7 & -11 & -26 \end{array}\right) \quad (②+2\times①, ③+(-3)\times①)$$

$$\to \left(\begin{array}{ccc|c} 1 & 3 & 5 & 14 \\ \mathbf{0} & 1 & 1 & 2 \\ \mathbf{0} & -7 & -11 & -26 \end{array}\right) \quad (\frac{1}{11}\times②)$$

$$\to \left(\begin{array}{ccc|c} 1 & 3 & 5 & 14 \\ \mathbf{0} & 1 & 1 & 2 \\ \mathbf{0} & \mathbf{0} & -4 & -12 \end{array}\right) \quad (③+7\times②)$$

$$\to \left(\begin{array}{ccc|c} 1 & 3 & 5 & 14 \\ \mathbf{0} & 1 & 1 & 2 \\ \mathbf{0} & \mathbf{0} & 1 & 3 \end{array}\right) \quad ((-\frac{1}{4})\times③)$$

$$\to \left(\begin{array}{ccc|c} 1 & 3 & \mathbf{0} & -1 \\ \mathbf{0} & 1 & \mathbf{0} & -1 \\ \mathbf{0} & \mathbf{0} & 1 & 3 \end{array}\right) \quad (①+(-5)\times③, ②+(-1)\times③)$$

$$\to \left(\begin{array}{ccc|c} 1 & \mathbf{0} & \mathbf{0} & 2 \\ \mathbf{0} & 1 & \mathbf{0} & -1 \\ \mathbf{0} & \mathbf{0} & 1 & 3 \end{array}\right) \quad (①+(-3)\times②)$$

となるので、これを元の連立方程式に戻すと、

$$\begin{cases} 1x+\mathbf{0}y+\mathbf{0}z &= 2 \\ \mathbf{0}x+1y+\mathbf{0}z &= -1 \\ \mathbf{0}x+\mathbf{0}y+1z &= 3 \end{cases}$$

となるので、$x=2, y=-1, z=3$ が解となります。消したいと思って消した係数 0 を太文字にしています。ここでも、[操作 1]、[操作 2] しか用いていません。 □

ここで、左下の 0（ここでは 3 つ）を得るまでの処理を**前進消去** (forward elimination) といい、その後の右上の 0（ここでは 3 つ）を得る処理を**後進代入** (backward substitution) といいます。前進消去してから後進代入することで連立方程式が解けるのです。

実は、連立方程式を解くには、**[操作 1]、[操作 2] で万事 OK かというと、そうではありません**。1つ不足があるのです。例を見てみましょう。

例題1.3. 次の連立方程式を解いてください。

$$\begin{cases} x+3y+2z &= 1 \quad \cdots ① \\ -2x-6y+z &= 13 \quad \cdots ② \\ 3x-y+3z &= 14 \quad \cdots ③ \end{cases}$$

解 係数行列を書いて、[操作 1]，[操作 2] で変形してみると、

$$\left(\begin{array}{ccc|c} 1 & 3 & 2 & 1 \\ -2 & -6 & 1 & 13 \\ 3 & -1 & 3 & 14 \end{array}\right) \to \left(\begin{array}{ccc|c} 1 & 3 & 2 & 1 \\ \mathbf{0} & 0 & 5 & 15 \\ \mathbf{0} & -10 & -3 & 11 \end{array}\right) \quad (②+2\times①, ③+(-3)\times①)$$

のように、前進消去の途中で 0 が出てきてほしくないところにも 0 が出てきてしまいます。

しかし、連立方程式の式の順序は解に影響を与えないので、② と ③ を入れ替えて、

$$\left(\begin{array}{ccc|c} 1 & 3 & 2 & 1 \\ \mathbf{0} & -10 & -3 & 11 \\ \mathbf{0} & 0 & 5 & 15 \end{array}\right) \quad (② と ③ を交換)$$

として計算を続ければよいのです。

$$\left(\begin{array}{ccc|c} 1 & 3 & 2 & 1 \\ \mathbf{0} & -10 & -3 & 11 \\ \mathbf{0} & 0 & 5 & 15 \end{array}\right) \to \left(\begin{array}{ccc|c} 1 & 3 & 2 & 1 \\ \mathbf{0} & -10 & -3 & 11 \\ \mathbf{0} & \mathbf{0} & 1 & 3 \end{array}\right) \quad (\frac{1}{5}\times③)$$

$$\to \left(\begin{array}{ccc|c} 1 & 3 & \mathbf{0} & -5 \\ \mathbf{0} & -10 & \mathbf{0} & 20 \\ \mathbf{0} & \mathbf{0} & 1 & 3 \end{array}\right) \quad (①+(-2)\times③, ②+3\times③)$$

$$\to \left(\begin{array}{ccc|c} 1 & 3 & \mathbf{0} & -5 \\ \mathbf{0} & 1 & \mathbf{0} & -2 \\ \mathbf{0} & \mathbf{0} & 1 & 3 \end{array}\right) \quad ((-\frac{1}{10})\times②)$$

$$\to \left(\begin{array}{ccc|c} 1 & \mathbf{0} & \mathbf{0} & 1 \\ \mathbf{0} & 1 & \mathbf{0} & -2 \\ \mathbf{0} & \mathbf{0} & 1 & 3 \end{array}\right) \quad (①+(-3)\times②)$$

となり、解 $x=1,\ y=-2,\ z=3$ が得られました。 □

つまり、連立方程式を解くのに必要な操作は、

- **［操作 1］　ある行を何倍（0 倍以外）かする**
- **［操作 2］　ある行の何倍かを他の行に加える**
- **［操作 3］　ある行と別の行とを交換する**

の 3 つだということが分かります。この 3 つの操作は、いずれも、**連立方程式の解を変化させない変形**で、**行列の（行）基本変形** (elementary (row) operation) と呼ばれています。行列の基本変形は、未知数の個数が増えても同じようにできます。基本変形は、非常に簡単なことではあるのですが、後ほど説明する「ランク」、「逆行列」、「行列式」など、線形代数学で重要な役割を果たす量（または行列）はすべて行列の基本変形によって計算することができます。

Python で連立方程式を解く方法については、行列の演算を説明してからの方が分かりやすいと思いますので、第 2 章で説明します。

1.3 ▸ 行列に演算を入れる

連立方程式の係数を並べて行列にするだけだと単なる表にすぎませんが、行列の間に演算を入れることでもっと便利になります。行列の本格的な活用は第 2 章以降で学ぶことにして、ここでは、行列とその演算の導入のみを行います。

以下、行列 A, B は、型が同じで、対応する成分がすべて等しいとき $A = B$ と書きます。

行列 A, B の型が同じであれば、足し算、引き算が定義できます。つまり、対応する成分同士を足したものが $A + B$ で、引いたものが $A - B$ になります。例を見てみましょう。

例題1.4.　次の行列 A, B について、その型は何でしょうか。また、$A+B, A-B$ を求めてください。

$$A = \begin{pmatrix} 3 & 9 & -4 \\ 1 & 4 & 3 \end{pmatrix}, \quad B = \begin{pmatrix} -2 & 1 & 3 \\ 4 & -3 & 5 \end{pmatrix}$$

解 いずれも 2×3 型で、それぞれ、

$$A + B = \begin{pmatrix} 3 + (-2) & 9 + 1 & -4 + 3 \\ 1 + 4 & 4 + (-3) & 3 + 5 \end{pmatrix} = \begin{pmatrix} 1 & 10 & -1 \\ 5 & 1 & 8 \end{pmatrix}$$

$$A - B = \begin{pmatrix} 3 - (-2) & 9 - 1 & -4 - 3 \\ 1 - 4 & 4 - (-3) & 3 - 5 \end{pmatrix} = \begin{pmatrix} 5 & 8 & -7 \\ -3 & 7 & -2 \end{pmatrix}$$

となります。 □

すべての成分が 0 である行列を**零《ゼロ》行列** (zero matrix) といい、O で表します。

$$O = \begin{pmatrix} 0 & 0 & \cdots & 0 \\ 0 & 0 & \cdots & 0 \\ \vdots & \vdots & \ddots & \vdots \\ 0 & 0 & \cdots & 0 \end{pmatrix}$$

O は、普通の数における 0 と同じ役割を果たします。A と同じ型の零行列 O に対して、

$$A + O = O + A = A$$

が成り立ちます。必要に応じて、$m \times n$ 型の零行列を $O_{m,n}$ のように型を添えて書く場合もあります。また、すべての成分が 0 のベクトルを**零《ゼロ》ベクトル** (zero vector) と呼び、$\mathbf{0}$ で表します。

また、行列 A に対して、すべての成分の符号を逆にしたものを $-A$ と書きます。明らかに、$A + (-A) = (-A) + A = O$ が成り立ちます。

スカラー (scalar) とは、行列やベクトルではなく、係数体の元のことで、本書では実数体 $\mathbb{R}$ や複素数体 $\mathbb{C}$ の元のことです。ベクトルは太字の小文字で表しましたが、スカラーは小文字で表現するのが一般的です。k をスカラーとするとき、行列 A のすべての成分を k 倍したものを行列 A の k 倍といい、kA で表します。

例題1.5. 例題 1.4. の行列 A の -2 倍を求めてください。

解 次のようになります。

$$\begin{aligned} -2A &= -2 \begin{pmatrix} 3 & 9 & -4 \\ 1 & 4 & 3 \end{pmatrix} \\ &= \begin{pmatrix} -2 \cdot 3 & -2 \cdot 9 & -2 \cdot (-4) \\ -2 \cdot 1 & -2 \cdot 4 & -2 \cdot 3 \end{pmatrix} = \begin{pmatrix} -6 & -18 & 8 \\ -2 & -8 & -6 \end{pmatrix} \end{aligned}$$

□

1.4 ▸ Python における行列の表現と簡単な計算

ここで、Python における行列の表現を見ておきましょう。Python のインストールはお済みでしょうか[*1]。IPython という対話型環境を利用して様子を見る方法もありますが、ここでは、小さな処理でもプログラムの形で説明します。以下、**関数** (function) という言葉と**メソッド** (method) という言葉を使いますが、細かいことはあまり気にされなくて結構です。関数というのは、何らかの値を入力

[*1] 本書では、Anaconda を利用して Python と統合環境 Spyder をインストールした場合を想定しています。`pip` を利用してインストールされた方は、今後のアップデートやライブラリのインストールは `pip` で統一してください。Anaconda でインストールされた方は、今後のアップデートやライブラリのインストールは `conda` で統一してください。両者を併用するのはトラブルの元です。

すると、その値に応じた何らかの処理をしてくれるものと考えていただければ結構です。おおよそ数学でいう関数と似ていますが、もう少し広い意味で解釈してください。関数への入力値は、引数《ひきすう》と呼ばれ、関数から返ってくる値を返り値（戻り値）といいます。数学の関数では、答が数字で返ってくる場合が多いのですが、プログラム言語においては、グラフの描画など必ずしも数字が返ってくるわけではありません。メソッドは関数とやっていることはほぼ同じです。Python では、行列やベクトルなどは**オブジェクト** (object) として認識されます。オブジェクトとは、Python における操作対象となるデータやプログラムなどのことで、オブジェクトの中にある関数がメソッドです[*2]。

本書では、様々な**ライブラリ** (library) を使います。ライブラリというのは、特定の目的のためによく使われる関数やメソッドをまとめたもので、Python ではモジュールとして提供されます。プログラムの最初で

`import` **ライブラリ名等**

のように宣言します。ライブラリの名前をユーザが使いやすい名前に付け替えるには、

`import` **ライブラリ名** `as` **ユーザが指定したライブラリ名の別名**

のように宣言します。本書では、ライブラリの宣言を「ライブラリをインポートする」というように表現します。この他、

`from` **ライブラリ名** `import` **識別子名**

という書き方もあります。これは、ライブラリ名で指定されたライブラリのうち、識別子名で指定されたものだけインポートするという意味です。

Python で行列とベクトルを扱う場合に基本となるライブラリは、NumPy と SymPy です。SymPy は数式処理のライブラリですが、これについてはのちほど説明することにして、ここでは NumPy について説明します。

Python で配列を扱う際には、リストにする方法と `ndarray` にする方法の 2 つがよく利用されます。ベクトルや行列を扱う際には、NumPy を使うのが一般的です。NumPy を利用することで高速な処理ができるからです。

そのため、Python で線形代数の処理を行う場合、`ndarray` というデータ型にして、NumPy で処理を行うことが一般的です。

`ndarray` は単に配列と呼ばれることが多いので、以下、単に配列といえば `ndarray` のことを指します[*3]。`ndarray` は、n-dimensional array（n 次元配列）という意味です。1 次元の配列はリストと似ていますが、リストでは異なる型が混ざっていてもよく、例えば、

[*2] 正確にはクラスに所属しているものがメソッドですが、この種の定義についてはあまり気にしないで使っていきましょう。使っているうちになんとなく分かります。

[*3] 標準ライブラリにも `array` という組込み型があり、これも配列ですが、1 次元配列だけです。本書では多次元配列が中心となるため、`ndarray` を扱います。

```
a = [5, 2.71828, "linear algebra"]
```

のように、整数、実数、文字列が混ざったリストを作成することができます。一方、ndarray ではこのような型の混合は許されません。

ndarray を使った行列計算の例を見ておきましょう。

例題1.6. NumPy を利用して、

$$A = \begin{pmatrix} 1 & 4 & -3 \\ -2 & 1 & 2 \end{pmatrix}, \quad B = \begin{pmatrix} 2 & -3 & 5 \\ -1 & 4 & 1 \end{pmatrix}$$

に対して、$2A - 3B$ を計算し、結果を表示してください。

解 例えば、次のようにします。

リスト 1.1 NumPyMatrixBasics.py

```
1  import numpy as np
2  
3  A = np.array([[1, 4, -3], [-2, 1, 2]])
4  B = np.array([[2, -3, 5], [-1, 4, 1]])
5  
6  C = 2*A - 3*B
7  print(C)
```

1 行目で numpy を np という名前をつけてインポートしています。これは広く使われている略記法ですので、本書でもこれにならいます。3 行目、4 行目で行列を定義しています。行列の成分のデータ型は、dtype という引数で指定しますが、指定しない場合は引数から型を推定し、引数がない場合は float 型（Python では 64 ビットの浮動小数点表現である倍精度浮動小数点数のこと）になっています[*4]。本書ではデフォルト[*5]のまま使いますので、あまり気にされなくてよいかと思います。

ご覧になればお分かりかと思いますが、行ベクトルを並べて行列を表示しています。6 行目で $C = 2A - 3B$ を計算し、7 行目で表示しています。実行すると、

```
[[ -4  17 -21]
 [ -1 -10   1]]
```

となり、答が、

*4 import sys として、sys.float_info を表示させれば詳細が表示されます。
*5 初期設定・初期値のことです。何も指定しなかった場合を指してデフォルトという言葉を使います。

$$\begin{pmatrix} -4 & 17 & -21 \\ -1 & -10 & 1 \end{pmatrix}$$

となることが分かります。 □

補足1.1. 本書全般の話ですが、Python プログラムでよく見かける次の記述は省いています。

```
if __name__ == '__main__'
```

これは、モジュール（Python ファイル（.py）のこと）を直接実行した場合に、__name__ という変数の値が、__main__ となることを利用して、この直後に、モジュールを直接実行したときだけ実行したいコードを書いておき、モジュールを直接実行した場合と、モジュールをインポートした場合の動作を変えるために必要な処理です。

例題1.7. NumPy を利用して、8 次元の零ベクトル（行ベクトル）と 3×4 型の零行列、すべての成分が 1 の 5×3 型の行列をつくり、表示してください。

解 次のようにするのが一般的でしょう。成分がすべて 0 の行列と 1 の行列は特別で、以下のように簡単につくることができます。

リスト 1.2　NumPyZeroOneMatrix.py

```
import numpy as np

zv = np.zeros(8)
Z = np.zeros((3, 4))
Ones = np.ones((5, 3))
print('8-dimensional zero vector\n', zv)
print('3x4 zero matrix\n', Z)
print('A 5x3 matrix such that all elements are 1.\n', Ones)
```

実行結果は、次のようになります。

```
8-dimensional zero vector
 [0. 0. 0. 0. 0. 0. 0. 0.]
3x4 zero matrix
 [[0. 0. 0. 0.]
 [0. 0. 0. 0.]
 [0. 0. 0. 0.]]
```

```
A 5x3 matrix such that all elements are 1
 [[1. 1. 1.]
 [1. 1. 1.]
 [1. 1. 1.]
 [1. 1. 1.]
 [1. 1. 1.]]
```

成分に小数点がついているのは、float 型だからです。

1.5 ▸ 行列の積

連立方程式、例えば、

$$\begin{cases} 3x+5y+4z+2w &= 0 \\ 6x+y+3z+2w &= 6 \\ 5x+5y+8z+5w &= 3 \\ 4x+3y+8z+6w &= 3 \end{cases}$$

を行列とベクトルで、次のように表現すると便利です。

$$\begin{pmatrix} 3 & 5 & 4 & 2 \\ 6 & 1 & 3 & 2 \\ 5 & 5 & 8 & 5 \\ 4 & 3 & 8 & 6 \end{pmatrix} \begin{pmatrix} x \\ y \\ z \\ w \end{pmatrix} = \begin{pmatrix} 0 \\ 6 \\ 3 \\ 3 \end{pmatrix}$$

この式が成り立つように**積** (product) を定義します。連立方程式と、その行列表示を「掛け算」と思って眺めてみると、計算の規則が見えてくるでしょう。

左辺の行列の 1 行目と未知数の列ベクトルを見てください。

$$\begin{pmatrix} 3 & 5 & 4 & 2 \\ & & & \\ & & & \\ & & & \end{pmatrix} \begin{pmatrix} x \\ y \\ z \\ w \end{pmatrix} = \begin{pmatrix} 3x+5y+4z+2w \\ \\ \\ \end{pmatrix}$$

2 行目、3 行目、4 行目も見てみましょう。

$$\begin{pmatrix} & & & \\ 6 & 1 & 3 & 2 \\ & & & \\ & & & \end{pmatrix} \begin{pmatrix} x \\ y \\ z \\ w \end{pmatrix} = \begin{pmatrix} \\ 6x+y+3z+2w \\ \\ \\ \end{pmatrix}$$

$$\begin{pmatrix} & & & \\ & & & \\ 5 & 5 & 8 & 5 \\ & & & \end{pmatrix}\begin{pmatrix} x \\ y \\ z \\ w \end{pmatrix} = \begin{pmatrix} \\ \\ 5x+5y+8z+5w \\ \\ \end{pmatrix}$$

$$\begin{pmatrix} & & & \\ & & & \\ & & & \\ 4 & 3 & 8 & 6 \end{pmatrix}\begin{pmatrix} x \\ y \\ z \\ w \end{pmatrix} = \begin{pmatrix} \\ \\ \\ 4x+3y+8z+6w \end{pmatrix}$$

ここまでくると、もう計算の仕組みが分かったのではないでしょうか。つまり、行列の**同じ行にある行ベクトルと列ベクトルの成分を掛けて足している**のです。

次に、2 つの連立方程式をまとめて表現することを考えましょう。未知数が 3 つの場合を例として考えてみます。

$$\begin{pmatrix} 3 & 2 & 2 \\ 5 & 3 & 6 \\ 3 & 7 & 4 \end{pmatrix}\begin{pmatrix} x \\ y \\ z \end{pmatrix} = \begin{pmatrix} 1 \\ 2 \\ 3 \end{pmatrix}$$

$$\begin{pmatrix} 3 & 2 & 2 \\ 5 & 3 & 6 \\ 3 & 7 & 4 \end{pmatrix}\begin{pmatrix} p \\ q \\ r \end{pmatrix} = \begin{pmatrix} 4 \\ 5 \\ 6 \end{pmatrix}$$

は、2 つの連立方程式を行列の積で表したものです。左辺の 3×3 行列は全く同じです。そこで、これをまとめて、次のように書けたら便利なので、行列の積をこのように定義するのです。

$$\begin{pmatrix} 3 & 2 & 2 \\ 5 & 3 & 6 \\ 3 & 7 & 4 \end{pmatrix}\begin{pmatrix} x & p \\ y & q \\ z & r \end{pmatrix} = \begin{pmatrix} 1 & 4 \\ 2 & 5 \\ 3 & 6 \end{pmatrix}$$

計算の規則は先ほどと同じで、行と列を掛けて足しています。列ベクトルが 2 つ並んだことで行列になっていることに注意しましょう。

この考え方に基づいて一般の行列の積を定義することができます。積を考える上で重要なことは、行ベクトルと列ベクトルの成分の掛け算ができるようになっているかということです。例えば、次のような行列の積は定義できません。

例題1.8.　次の行列の積は計算できるでしょうか。

$$\begin{pmatrix} 1 & 5 & 9 \\ -2 & 3 & 7 \\ 3 & -8 & 6 \end{pmatrix}\begin{pmatrix} 2 & 7 & 3 \\ 4 & 3 & 1 \end{pmatrix}$$

解 計算できません（定義できません）。実際、計算してみようと思うと、

$$1 \times 2 + 5 \times 4 + 9 \times ? = ???$$

ということになって計算ができません。左の行列の列の数が 3 なのに、後ろの行列の行の数が 2 しかないので掛け算ができないのです。 □

つまり、行列 A と行列 B の積 AB が定義できるためには、次の条件が必要なのです。

$$A \text{ の列の数} = B \text{ の行の数}$$

掛け算の練習をしてみましょう。上に挙げた例題の積の順序を入れ替えたものを考えます。

例題1.9. 次の行列の積を求めてください。

$$\begin{pmatrix} 2 & 7 & 3 \\ 4 & 3 & 1 \end{pmatrix} \begin{pmatrix} 1 & 5 & 9 \\ -2 & 3 & 7 \\ 3 & -8 & 6 \end{pmatrix}$$

解 この例題においては、左の行列の列の数、右の行列の行の数がともに 3 ですので、掛け算ができる条件が満たされています。

$$\begin{aligned} & \begin{pmatrix} \mathbf{2} & \mathbf{7} & \mathbf{3} \\ \mathbf{4} & \mathbf{3} & \mathbf{1} \end{pmatrix} \begin{pmatrix} 1 & 5 & 9 \\ -2 & 3 & 7 \\ 3 & -8 & 6 \end{pmatrix} \\ &= \begin{pmatrix} \mathbf{2}\cdot 1 + \mathbf{7}\cdot(-2) + \mathbf{3}\cdot 3 & \mathbf{2}\cdot 5 + \mathbf{7}\cdot 3 + \mathbf{3}\cdot(-8) & \mathbf{2}\cdot 9 + \mathbf{7}\cdot 7 + \mathbf{3}\cdot 6 \\ \mathbf{4}\cdot 1 + \mathbf{3}\cdot(-2) + \mathbf{1}\cdot 3 & \mathbf{4}\cdot 5 + \mathbf{3}\cdot 3 + \mathbf{1}\cdot(-8) & \mathbf{4}\cdot 9 + \mathbf{3}\cdot 7 + \mathbf{1}\cdot 6 \end{pmatrix} \\ &= \begin{pmatrix} -3 & 7 & 85 \\ 1 & 21 & 63 \end{pmatrix} \end{aligned}$$

□

例題 1.8. と例題 1.9. から分かるように、行列 A と B に対して積 AB が定義できても、A と B の順序を入れ替えた積 BA が定義できるとは限らないのです。

一般に積 AB と積 BA がともに定義できるのは、A が $m \times n$ 型で、B が $n \times m$ 型のときに限ります。この場合、AB は、$m \times m$ 型、BA は、$n \times n$ 型の行列になります。特に、行列 A, B がともに正方行列のとき、つまり、$m = n$ のときは、積 AB と積 BA が定義でき、同じ型の行列になります。そこで正方行列 A の k $(k \geq 1)$ 個の積

$$\overbrace{AA \cdots A}^{k \text{ 個}}$$

が定義できますが、これを A^k で表します。

積 AB と積 BA が定義できたとしても、普通の数のように $AB = BA$ が成り立つとは限りません。$AB \neq BA$ となる例を見てみましょう。

例題1.10. 次の行列に対し、AB と BA を求めてください。

$$A = \begin{pmatrix} 2 & 1 \\ 1 & 3 \end{pmatrix}, \quad B = \begin{pmatrix} 0 & -1 \\ 1 & 0 \end{pmatrix}$$

解

$$AB = \begin{pmatrix} 2 & 1 \\ 1 & 3 \end{pmatrix} \begin{pmatrix} 0 & -1 \\ 1 & 0 \end{pmatrix} = \begin{pmatrix} 1 & -2 \\ 3 & -1 \end{pmatrix}$$

$$BA = \begin{pmatrix} 0 & -1 \\ 1 & 0 \end{pmatrix} \begin{pmatrix} 2 & 1 \\ 1 & 3 \end{pmatrix} = \begin{pmatrix} -1 & -3 \\ 2 & 1 \end{pmatrix}$$

となり、$AB \neq BA$ であることが分かります。$AB = BA$ が成り立つとき、A と B は**可換** (commutative) であるといい、$AB \neq BA$ のときは、**非可換** (non-commutative) であるといいます。行列の積は一般に非可換であり、行列を普通の数のように扱うことはできません。ここが線形代数学の面白いところであると同時に難しさの源泉でもあります。 □

ここまで行列の成分は実数ばかりでしたが、複素行列を扱う必要がある場合もあります。最初に説明したように、電気工学では複素抵抗にあたるインピーダンスという量を成分に持つ行列が登場します。ディジタル信号処理でも離散フーリエ変換を行う際に、複素数を成分に持つ行列が現れます。

Python で複素数を扱う方法を含め、NumPy における行列の積の計算法を説明しましょう。リスト 1.3 をご覧ください。

リスト 1.3　ComplexNumber.py

```
import numpy as np

z1 = 2 - 3j
z2 = complex(2, -3)
z3 = 3 + 0j
print(z1, z2)
print(type(z3))

print(z1.real, z1.imag)
print(type(z1.real), type(z1.imag))
```

```
11  print(z1.conjugate())
12  
13  A = np.array([[2 + 3j, -1 + 2j, 2 + 1j], [-3 - 1j, 3 + 4j, 2 - 1j]])
14  B = np.array([[1 + 1j, 2j], [-1j, 3 + 2j], [5 - 2j, 6 + 1j]])
15  
16  C = A @ B
17  D = B @ A
18  print(C, D, sep = '\n')
19  print(np.conjugate(C.transpose()))
20  print(C.T)
```

実行すると、次の出力が得られます。

```
(2-3j) (2-3j)
<class 'complex'>
2.0 -3.0
<class 'float'> <class 'float'>
(2+3j)
[[13. +7.j -2.+16.j]
 [10.-16.j 16. +8.j]]
[[  1. -1.j -11. +7.j   3. +7.j]
 [ -4.-11.j   3.+19.j   9. -1.j]
 [ -1. +2.j  13.+39.j  25. -3.j]]
[[13. -7.j 10.+16.j]
 [-2.-16.j 16. -8.j]]
```

リスト 1.3 のプログラムを説明しましょう。3 行目、4 行目ではいずれも $2-3i$ を定義しています。Python では、虚数単位を j で表します。これは電気工学などで使われる記法です。電気工学では、電流を i で表しますので、混同を避けるため、このように書く習慣が定着したようです。

4 行目は、complex という複素数型の数値を生成する**コンストラクタ** (constructor) です。コンストラクタとは、新しくオブジェクトをつくったときに呼び出されて内容の初期化などを行う関数あるいはメソッドのことです。見てお分かりの通り、complex(実部, 虚部) の形で表現します。5 行目は、z3 = 3 としてもよさそうですが、z3 = 3 + 0j と書くことで、複素数型と認識させることができます。7 行目で z3 の型を表示しています。<class 'complex'> と表示されていますね。9 行目では、z1 の実部 z1.real と虚部 z1.imag を表示しています。10 行目でそれぞれの型を表示しています。結果は、<class 'float'> <class 'float'>となり、いずれも float 型（浮動小数点型）と認識されていることが分かります。11 行目では、z1 の複素共役を表示しています。complex 型のオブジェ

クト `z1` に対して、`conjugate` メソッドを使って共役複素数をつくっているのです。

13 行目、14 行目では、複素数成分の行列

$$A = \begin{pmatrix} 2+3i & -1+2i & 2+i \\ -3-i & 3+4i & 2-i \end{pmatrix}, \quad B = \begin{pmatrix} 1+i & 2i \\ -i & 3+2i \\ 5-2i & 6+i \end{pmatrix}$$

を定義しています。ここで、i を `1j` のように表現する必要があるということにご注意ください。ただ `j` と書くと複素数と認識されず、次のようなエラーメッセージが出力されます。

```
NameError: name 'j' is not defined
```

16 行目、17 行目では行列の積を計算しています。行列の積 AB は、`A @ B` を用いて計算できます[*6]。

積の非可換性はあるものの、数の演算で成り立つ性質の多くは次のように行列の演算についても成り立ちます。

- （和の性質）$A+B=B+A, A+O=O+A=A,$
  $(A+B)+C=A+(B+C)$（和の結合法則）
- （積の性質）$AO=OA=O,$（ただし積が定義できる場合）
  $(AB)C=A(BC)$（積の結合法則）
- （スカラー倍）$0A=O, 1A=A, (ab)A=a(bA),$
  $(aA)B=a(AB)$
- （分配法則）$a(A+B)=aA+aB, (a+b)A=aA+bA,$
  $A(B+C)=AB+AC, (A+B)C=AC+BC$

ここで A, B, C, O は行列、a, b はスカラーであり、すべての演算が定義できるものとします。

いずれも自然な性質ですが、積の結合法則は明らかとまではいえないでしょう。これについては、第 2 章で行列の積の成分表示の際に証明します。

章末問題

問題1-1　**(数学)**　拡大係数行列を基本変形することによって以下の連立方程式を解いてください。

[*6] A, B を NumPy の `matrix` クラスで定義しておけば、単純に、`A * B` のように書くだけでよいため可読性が高く便利なのですが、公式ドキュメント（`https://numpy.org/doc/stable/reference/generated/numpy.matrix.html`）によれば、「`matrix` クラスを使うことは、たとえ線形代数の処理であっても、今後は推奨されません。代わりに通常の配列を使用してください。このクラスは、いずれ削除される可能性があります」とあるので、本書では、`matrix` クラスは利用しません。

$$(1)\begin{cases} x+2y &= 1 \\ -2x+y &= 3 \end{cases} \quad (2)\begin{cases} 2x+3y &= 1 \\ 3x-y &= 7 \end{cases} \quad (3)\begin{cases} 3x+2y &= 3 \\ 7x-4y &= 2 \end{cases}$$

問題1-2 **(数学)** 拡大係数行列を基本変形することによって以下の連立方程式を解いてください。

$$(1)\begin{cases} x+2y+2z &= 1 \\ -3x-y+z &= -1 \\ 2x-3y+3z &= 8 \end{cases} \quad (2)\begin{cases} x+2y-3z &= -7 \\ 3x+4y-5z &= -11 \\ -x+3y+z &= -10 \end{cases}$$

問題1-3 **(数学)** 1.5 節にならって、問題 1-2 の連立方程式を $A\boldsymbol{x}=\boldsymbol{b}$（$A$ は、3×3 型の行列）の形で表現してください。

問題1-4 **(数学)** 次の式をまとめて 1 つの式にしてください。

$$\begin{pmatrix} 3 & 2 & 1 \\ 1 & 8 & 9 \end{pmatrix}\begin{pmatrix} a \\ b \\ c \end{pmatrix} = \begin{pmatrix} 3 \\ 4 \end{pmatrix}, \begin{pmatrix} 3 & 2 & 1 \\ 1 & 8 & 9 \end{pmatrix}\begin{pmatrix} p \\ q \\ r \end{pmatrix} = \begin{pmatrix} -1 \\ 5 \end{pmatrix}$$

問題1-5 **(Python)** NumPy を利用して、

$$A=\begin{pmatrix} 3 & 4 \\ -1 & -3 \\ 1 & 2 \end{pmatrix}, \quad B=\begin{pmatrix} -3 & 5 \\ 2 & 6 \\ 0 & -2 \end{pmatrix}$$

に対して、$-3A+5B$ を計算し、手計算した結果と比較してください。

問題1-6 **(Python)** NumPy を用いて $m\times n$ 型の零行列をつくる場合は、次のようにします。これを利用して、3×5 型の零行列を定義し、表示してください。

```
Z = np.zeros((m, n))
```

問題1-7 **(数学)(Python)** 手計算と NumPy の両方で以下の計算をしてください。

$$(1)\begin{pmatrix} 3 & 5 \\ -2 & 1 \end{pmatrix}\begin{pmatrix} 1 & 0 & -2 \\ 3 & -1 & 2 \end{pmatrix}, \quad (2)\begin{pmatrix} 1 & 2 \\ -1 & 9 \\ 3 & -4 \end{pmatrix}\begin{pmatrix} 3 & 8 & 2 \\ 0 & 2 & 1 \end{pmatrix}$$

問題1-8 **(数学)(Python)** 手計算と NumPy の両方で以下の行列の積 AB, BA の計算をしてください。

$$A=\begin{pmatrix} -1+3i & 2+3i & 4+i \\ -4-3i & 1+i & 3-2i \end{pmatrix}, \quad B=\begin{pmatrix} 2+2i & i \\ 1-i & 1+i \\ 3-i & 5+2i \end{pmatrix}$$

問題1-9 **(数学)** $AB=O$ であり、かつ、$A\neq O$ かつ $B\neq O$ であるような 2×2 行列 A,B の例を示してください。

第2章 行列と連立方程式2

前章に引き続き、行列の積の成分表示やトレース、転置行列などに加え、NumPyとSymPyによる連立方程式の解法を学びます。

2.1 ▶ 行列の積の成分表示

行列の積を成分で表示しておきましょう。$A = (a_{ij})_{1 \leq i \leq m, 1 \leq j \leq r}$, $B = (b_{ij})_{1 \leq i \leq r, 1 \leq j \leq n}$ の積 $AB = (c_{ij})_{1 \leq i \leq m, 1 \leq j \leq n}$ の (i, j) 成分は、次のように表すことができます。

$$c_{ij} = \sum_{k=1}^{r} a_{ik} b_{kj} \tag{2.1}$$

この成分表示に基づいて、積の結合法則を示してみましょう。A, B, C をそれぞれ $m \times r$, $r \times s$, $s \times n$ 型の行列とします。このとき、$(AB)C$, $A(BC)$ はいずれも $m \times n$ 型になっていることが分かります。$A = (a_{ij})_{1 \leq i \leq m, 1 \leq j \leq r}$, $B = (b_{ij})_{1 \leq i \leq r, 1 \leq j \leq s}$, $C = (c_{ij})_{1 \leq i \leq s, 1 \leq j \leq n}$ とし、$(AB)C$ の (i, j) 成分を d_{ij} とすると、

$$\begin{aligned} d_{ij} &= \sum_{k=1}^{s} (AB)_{ik} c_{kj} \\ &= \sum_{k=1}^{s} \left(\sum_{l=1}^{r} a_{il} b_{lk} \right) c_{kj} \end{aligned}$$

となります。$A(BC)$ の (i, j) 成分を d'_{ij} と書くことにすれば、d'_{ij} は次のように書けます。

$$\begin{aligned} d'_{ij} &= \sum_{l=1}^{r} a_{il} (BC)_{lj} \\ &= \sum_{l=1}^{r} a_{il} \left(\sum_{k=1}^{s} b_{lk} c_{kj} \right) \end{aligned}$$

d_{ij}, d'_{ij} の (i,j) 成分の表示式を見ると、和の順序を変えただけであることが分かります。つまり、$d_{ij} = d'_{ij}$ となるのです。これは、$(AB)C = A(BC)$ であること、すなわち、結合法則が成り立つことを示しています。

$m \times n$ 型の行列 $A = (a_{ij})_{1 \leq i \leq m, 1 \leq j \leq n}$ の行と列を入れ替えてできる $n \times m$ 型の行列を A の**転置行列** (transpose matrix) といい、$A^\top$ で表します[*1]。

例えば、

$$\begin{pmatrix} 1 & 2 & 3 \\ 4 & 5 & 6 \end{pmatrix}^\top = \begin{pmatrix} 1 & 4 \\ 2 & 5 \\ 3 & 6 \end{pmatrix}, \quad \begin{pmatrix} 1 & 2 & 3 \end{pmatrix}^\top = \begin{pmatrix} 1 \\ 2 \\ 3 \end{pmatrix}$$

となります。複素行列に関しては、成分の複素共役をとったものを $\overline{A} = (\overline{a_{ij}})_{1 \leq i \leq m, 1 \leq j \leq n}$ で表し、さらに転置した行列 $\overline{A}^\top$ $(\overline{A^\top})$ を A の**随伴《ずいはん》行列** (adjoint matrix) または、**エルミート転置行列** (Hermitian transpose matrix) といい、A^* で表します。

正方行列 A が、$A = A^\top$ を満たすとき、**対称行列** (symmetric matrix)、$A = A^*$ を満たすとき、**エルミート行列** (Hermitian matrix) といいます。成分が実数のときは、対称行列とエルミート行列は同じものになります。成分が実数の対称行列を略して**実対称行列** (real symmetric matrix) といいます。実対称行列、エルミート行列は重要な行列ですので、第 10 章、第 11 章でその性質を詳しく説明し、第 12 章で特異値分解に応用します。

例題2.1. $m \times r$ 型の行列 $A = (a_{ij})_{1 \leq i \leq m, 1 \leq j \leq r}$ と $r \times n$ 型の行列 $B = (b_{ij})_{1 \leq i \leq r, 1 \leq j \leq n}$ に対して、次の関係式が成り立つことを証明してください。

$$(AB)^\top = B^\top A^\top$$

解 積 AB が定義できて、$m \times n$ 型の行列になることはすぐに分かります。$A^\top, B^\top$ は、それぞれ、$r \times m$ 型、$n \times r$ 型の行列ですから、積 $B^\top A^\top$ も定義できて、$n \times m$ 型の行列です。$(AB)^\top$ は、$n \times m$ 型ですので、両者の (i,j) 成分が一致することを示せばよいことになります。$(AB)^\top$ の (i,j) 成分は、AB の (j,i) 成分ですから、$\displaystyle\sum_{k=1}^{r} a_{jk} b_{ki}$ となります。一方、$B^\top A^\top$ の (i,j) 成分は、$\displaystyle\sum_{k=1}^{r} b_{ki} a_{jk}$ となり、両者が一致していることが示せました。 □

例題2.2. Python を用いて、次の行列 A, B に対して、$(AB)^\top = B^\top A^\top$ が成り立つことを確認してください。

$$A = \begin{pmatrix} 1 & 3 & -5 \\ -4 & 6 & 2 \end{pmatrix}, \quad B = \begin{pmatrix} 2 & -3 \\ -1 & 4 \\ 5 & 6 \end{pmatrix}$$

---

*1 数学の教科書では ${}^tA$ と書かれるのが一般的で、筆者もこの記号が好きですが、工学系の文献では $A^\top$ と書かれることが多いので、ここでは工学ルールに従いました。なお、A' という記法もよく見かけます。

解 行列の転置には、T または transpose メソッドを使います。例えば、次のようにすればいいでしょう。

リスト 2.1　NumPyMatrixTranspose.py

```
1   import numpy as np
2
3   A = np.array([[1, 3, -5], [-4, 6, 2]])
4   B = np.array([[2, -3], [-1, 4], [5, 6]])
5
6   AT = A.T; BT = B.T
7   C = A @ B; CT = C.T
8   #AT = A.transpose(); BT = B.transpose()
9   #C = A @ B; CT = C.transpose()
10  print(CT, BT @ AT, sep = '\n')
```

10 行目は結果の出力です。ここで、sep という引数はセパレータ（区切り）を指定するもので、ここでは、sep = '\n' として改行をセパレータに指定しています。結果は次のようになります。

```
[[-26  -4]
 [-21  48]]
[[-26  -4]
 [-21  48]]
```

つまり、

$$(AB)^\mathsf{T} = B^\mathsf{T} A^\mathsf{T} = \begin{pmatrix} -26 & -4 \\ -21 & 48 \end{pmatrix}$$

となっています。A は 2×3 型、B は 3×2 型ですので、AB と $(AB)^\mathsf{T}$ はともに 2×2 型、A^T は 3×2 型、B^T が 2×3 型ですので、$B^\mathsf{T} A^\mathsf{T}$ は 2×2 型となっていることが確認できます。8 行目と 9 行目がコメントアウト[*2]されていますが、これは 6 行目、7 行目の処理と同じです。 □

n 次の正方行列 A の**対角成分** (diagonal element) とは、a_{ii} $(i = 1, 2, \ldots, n)$ のことです。対角成分以外が 0 であるような正方行列は、**対角行列** (diagonal matrix) と呼ばれます。対角行列は、対角成分だけを並べて、

[*2] # をつけてコメント化してプログラムから一時的に除外することをコメントアウトといいます。

$$\begin{pmatrix} a_{11} & 0 & \cdots & 0 \\ 0 & a_{22} & \cdots & \cdots \\ \vdots & \vdots & \ddots & \vdots \\ 0 & \cdots & \cdots & a_{nn} \end{pmatrix} = \mathrm{diag}(a_{11}, a_{22}, \ldots, a_{nn})$$

のように書くことが多く、Python でも使われていますので、本書でも使用します。対角行列は非常に扱いやすい行列です。特に、

$$I = \begin{pmatrix} 1 & 0 & \cdots & 0 \\ 0 & 1 & \cdots & 0 \\ \vdots & \vdots & \ddots & \vdots \\ 0 & 0 & \cdots & 1 \end{pmatrix}$$

という正方行列は、同じ型を持つ正方行列 A に対して、$AI = IA = A$ を満たします。これを**単位行列** (identity matrix) といいます。次数を添えて、I_n のように表すこともあります。また、単位行列のスカラー倍を**スカラー行列** (scalar matrix) といいます。

Python で単位行列や対角行列をつくる方法、対角成分を与えて対角行列をつくる方法を説明しておきます。リスト 2.2 のプログラムは、単位行列 I、0 から $n^2 - 1$ までの整数を並べた $n \times n$ の行列 A、A の対角成分 d、d を対角成分に持つような対角行列 B をつくって表示します（ここでは $n = 4$ としています)。

リスト 2.2 Diag.py

```
import numpy as np

n = 4
I = np.eye(n) # identity
J = np.eye(n, k = 1)
K = np.eye(n, k = -1)
A = np.arange(n**2).reshape((n, n))
d = np.diag(A)
B = np.diag(d)
print('I=', I,'J=', J, 'K=', K, 'A=', A, sep='\n')
print('np.diag(A)=', d, 'np.diag(d)=', B, sep='\n')
```

実行結果は、次のようになります。ちょっと縦長で恐縮ですが、説明のためです。

```
I=
[[1. 0. 0. 0.]
 [0. 1. 0. 0.]
 [0. 0. 1. 0.]
 [0. 0. 0. 1.]]
J=
[[0. 1. 0. 0.]
 [0. 0. 1. 0.]
 [0. 0. 0. 1.]
 [0. 0. 0. 0.]]
K=
[[0. 0. 0. 0.]
 [1. 0. 0. 0.]
 [0. 1. 0. 0.]
 [0. 0. 1. 0.]]
A=
[[ 0  1  2  3]
 [ 4  5  6  7]
 [ 8  9 10 11]
 [12 13 14 15]]
np.diag(A)=
[ 0  5 10 15]
np.diag(d)=
[[ 0  0  0  0]
 [ 0  5  0  0]
 [ 0  0 10  0]
 [ 0  0  0 15]]
```

リスト 2.2 のプログラムが何をしているかを説明します。4 行目は $n \times n$ 型の単位行列 I をつくっています。5 行目では、1 を並べる位置を右上に 1 ずらしています（`k = 1` と指定）。6 行目では、1 を並べる位置を左下に 1 ずらしています（`k = -1` と指定）。これらはもちろん対角行列ではありませんが、単位行列と類似の行列ということで紹介しています。7 行目では、0 から $n^2 - 1$ までの整数を並べて $n \times n$ の行列 A をつくっています。`arange(N)` で、0 から $N - 1$ までの公差 1 の等差数列をつくり、`reshape` メソッドで $n \times n$ の行列に成形しています。`reshape` メソッドは配列を任意の形状に変換できますが、元の配列と成分数が一致する形状（行列の場合は、行列の成分数と一致する形状）でないと `ValueError` となります。ここでは、`reshape((n, n))` としてリストを引数にしていますが、`reshape(n, n)` のように書くこともできます。これは `ndarray` 型として認識されています。`diag(M)` は、行列 M の対角成分を取り出して 1 次元の `ndarray` 型のデータをつくります。9 行目では、1 次元配列 d を対角成分に持つ対角行列 B をつくっています。10 行目、11 行目は結果の出力の処理です。

次に、行列を扱う上で重要な量としてトレースを説明します。

定義2.1. n 次の（対角行列とは限らない）正方行列 $A = (a_{ij})_{1 \leq i,j \leq n}$ の対角成分の和を**トレース** (trace) といい、$\mathrm{tr}A$ または $\mathrm{tr}(A)$ で表す。式で書けば、次のようになる。

$$\mathrm{tr}(A) = \sum_{i=1}^{n} a_{ii}$$

トレースは対角成分の和ですから、n 次の正方行列 A, B とスカラー k に対して、

$$\mathrm{tr}(A + B) = \mathrm{tr}A + \mathrm{tr}B, \quad \mathrm{tr}(kA) = k\,\mathrm{tr}A$$

が成り立つのは当然のことですが、さらに、次の重要な性質を持ちます。

定理2.1. A, B を n 次の正方行列とする。このとき、$\mathrm{tr}(AB) = \mathrm{tr}(BA)$ が成り立つ。

証明 $A = (a_{ij})_{1 \leq i,j \leq n}$, $B = (b_{ij})_{1 \leq i,j \leq n}$ とします。このとき、AB, BA のトレースは、それぞれ

$$\mathrm{tr}(AB) = \sum_{i=1}^{n} \sum_{k=1}^{n} a_{ik} b_{ki}$$

$$\mathrm{tr}(BA) = \sum_{i=1}^{n} \sum_{k=1}^{n} b_{ik} a_{ki}$$

となりますが、和の順序を交換して比較すると、

$$\begin{aligned} \mathrm{tr}(BA) &= \sum_{i=1}^{n} \sum_{k=1}^{n} b_{ik} a_{ki} \\ &= \sum_{k=1}^{n} \sum_{i=1}^{n} a_{ki} b_{ik} \\ &= \sum_{i=1}^{n} \sum_{k=1}^{n} a_{ik} b_{ki} \\ &= \mathrm{tr}(AB) \end{aligned}$$

となります。3 番目の等式では、i と k の文字を書き換えています。 □

こんなことが分かったからといってどんな役に立つのか、という声が聞こえてきそうですので、ちょっと面白い例を挙げておきましょう。

例題2.3.　n 次の正方行列 A, B で、0 ではない定数 k に対して、

$$AB - BA = kI$$

となるものは存在するでしょうか。

解　存在しません。$AB - BA = kI$ の両辺のトレースをとると、

$$\mathrm{tr}(AB - BA) = \mathrm{tr}(kI) = kn$$

となりますが、右辺が 0 でないのに対し、左辺は、定理 2.1. より、$\mathrm{tr}(AB-BA) = \mathrm{tr}(AB) - \mathrm{tr}(BA) = 0$ となりますので、矛盾します。つまり、どんな A, B を使っても、$AB - BA = kI (k \neq 0)$ という等式を満たすことはできないのです。 $\square$

例題 2.3. のようなことは、トレースという概念を知らないとすぐには思いつかないでしょう[3]。

定理 2.1. の結果は、3 つの行列 $A = (a_{ij})_{1 \leq i,j \leq n}, B = (b_{ij})_{1 \leq i,j \leq n}, C = (c_{ij})_{1 \leq i,j \leq n}$ に対して、

$$\mathrm{tr}(ABC) = \mathrm{tr}(BCA) = \mathrm{tr}(CAB)$$

が成り立つ、という形で拡張できます。トレースは図 2.1 のような巡回的な順序変更で不変に保たれます。

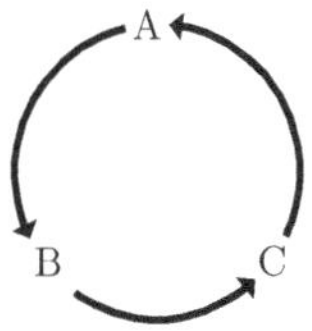

図 2.1　トレースを不変に保つ積の順序

しかし、巡回的でない順序変更ではそうではありません、例えば、$\mathrm{tr}(ABC)$ と $\mathrm{tr}(ACB)$ は一般に異なります。Python で確認してみましょう。

例題2.4.　Python を利用して、以下の 3 つの行列に対して、$\mathrm{tr}(ABC), \mathrm{tr}(BCA), \mathrm{tr}(CAB), \mathrm{tr}(ACB)$

---

[3] このような行列は存在しないのですが、無限次元の線形作用素（演算子）においては、この関係（正準交換関係）を満たすものが存在し、量子力学の基礎になっています。実際、量子力学では、（空間 1 次元の）運動量 p は、$\hat{p} = -i\hbar \frac{d}{dx}$ という微分作用素に対応し、位置 x は x を掛けるという作用素 $\hat{x} = x \times$ に対応します。適当な関数 ψ に対し、$(\hat{x}\hat{p} - \hat{p}\hat{x})\psi = -i\hbar x\psi' + i\hbar(x\psi)' = -i\hbar x\psi' + i\hbar\psi + i\hbar x\psi' = i\hbar\psi$ となりますので、作用素としては、$\hat{x}\hat{p} - \hat{p}\hat{x} = i\hbar I$ となっていることを意味します。これが正準交換関係です。

を求めてください。

$$A = \begin{pmatrix} 1 & 2 \\ -1 & 3 \end{pmatrix}, \quad B = \begin{pmatrix} 4 & 1 \\ 2 & -1 \end{pmatrix}, \quad C = \begin{pmatrix} -2 & 1 \\ 4 & -5 \end{pmatrix}$$

リスト 2.3　ABC.py

```
1  import numpy as np
2
3  A = np.array([[1, 2], [-1, 3]])
4  B = np.array([[4, 1], [2, -1]])
5  C = np.array([[-2, 1], [4, -5]])
6
7  ABC = A @ B @ C; BCA = B @ C @ A; CAB = C @ A @ B
8  ACB = A @ C @ B
9
10 print(np.trace(ABC), np.trace(BCA), np.trace(CAB))
11 print(np.trace(ACB))
```

ここで、7 行目、8 行目で演算子`@`（アットマーク）を使っています。行列のトレースは、10 行目、11 行目のように、NumPy の `trace` 関数を使って計算することができます。実行すると、$\mathrm{tr}(ABC) = \mathrm{tr}(BCA) = \mathrm{tr}(CAB) = 2$, $\mathrm{tr}(ACB) = 36$ となります。確かに巡回的に順序を変えたときと巡回的でない場合で、結果が違っていることが確認できますね。　□

2.2 ▸ 行列の積と基本変形の関係・Python による行列成分の操作

行列の積と基本変形の関係について簡単に述べておきましょう。$m \times n$ 行列 A の行に基本変形を行うことは、以下のような m 次の行列を A の左から掛けることと同じです。以下各々、**[操作 1]**、**[操作 2]**、**[操作 3]** に対応します。

$$
\begin{array}{cc}
 & \begin{array}{ccccccc} & & & i & & & \end{array} \\
\begin{array}{c} \\ \\ \\ i \\ \\ \\ \\ \end{array} &
\begin{pmatrix}
1 & & & & & & \\
 & \ddots & & & & & \\
 & & 1 & & & & \\
 & & & k & & & \\
 & & & & 1 & & \\
 & & & & & \ddots & \\
 & & & & & & 1
\end{pmatrix}
\end{array}
\quad (\textbf{[操作 1]}\ i \text{ 行を } k \text{ 倍する})
$$

$$
\begin{array}{cc}
 & \begin{array}{ccccccc} & & i & & j & & \end{array} \\
\begin{array}{c} \\ \\ i \\ \\ j \\ \\ \\ \end{array} &
\begin{pmatrix}
1 & & & & & & \\
 & \ddots & & & & & \\
 & & 1 & & & & \\
 & & \vdots & \ddots & & & \\
 & & k & \cdots & 1 & & \\
 & & & & & \ddots & \\
 & & & & & & 1
\end{pmatrix}
\end{array}
\quad (\textbf{[操作 2]}\ i \text{ 行を } k \text{ 倍して } j \text{ 行に加える})
$$

$$
\begin{array}{cc}
 & \begin{array}{ccccccc} & & i & & j & & \end{array} \\
\begin{array}{c} \\ \\ i \\ \\ j \\ \\ \\ \end{array} &
\begin{pmatrix}
1 & & & & & & \\
 & \ddots & & & & & \\
 & & 0 & \cdots & 1 & & \\
 & & \vdots & \ddots & \vdots & & \\
 & & 1 & \cdots & 0 & & \\
 & & & & & \ddots & \\
 & & & & & & 1
\end{pmatrix}
\end{array}
\quad (\textbf{[操作 3]}\ i \text{ 行と } j \text{ 行を入れ替える})
$$

右から上記の n 次の正方行列を掛ければ、列基本変形になります（行と列を読み替えてください）。簡単な例で試してみましょう。

2 行目を k 倍する操作と、2 列目を k 倍する操作は、それぞれ次のようになります。

$$
\begin{pmatrix} 1 & 0 & 0 \\ 0 & k & 0 \\ 0 & 0 & 1 \end{pmatrix}
\begin{pmatrix} 1 & 2 & 3 & 4 \\ 5 & 6 & 7 & 8 \\ 9 & 10 & 11 & 12 \end{pmatrix}
=
\begin{pmatrix} 1 & 2 & 3 & 4 \\ 5k & 6k & 7k & 8k \\ 9 & 10 & 11 & 12 \end{pmatrix}
$$

$$\begin{pmatrix} 1 & 2 & 3 & 4 \\ 5 & 6 & 7 & 8 \\ 9 & 10 & 11 & 12 \end{pmatrix} \begin{pmatrix} 1 & 0 & 0 & 0 \\ 0 & k & 0 & 0 \\ 0 & 0 & 1 & 0 \\ 0 & 0 & 0 & 1 \end{pmatrix} = \begin{pmatrix} 1 & 2k & 3 & 4 \\ 5 & 6k & 7 & 8 \\ 9 & 10k & 11 & 12 \end{pmatrix}$$

1 行目を k 倍して 3 行目に加える操作と、1 列目を k 倍して 3 列目に加える操作は、それぞれ次のようになります。

$$\begin{pmatrix} 1 & 0 & 0 \\ 0 & 1 & 0 \\ k & 0 & 1 \end{pmatrix} \begin{pmatrix} 1 & 2 & 3 & 4 \\ 5 & 6 & 7 & 8 \\ 9 & 10 & 11 & 12 \end{pmatrix} = \begin{pmatrix} 1 & 2 & 3 & 4 \\ 5 & 6 & 7 & 8 \\ 9+k & 10+2k & 11+3k & 12+4k \end{pmatrix}$$

$$\begin{pmatrix} 1 & 2 & 3 & 4 \\ 5 & 6 & 7 & 8 \\ 9 & 10 & 11 & 12 \end{pmatrix} \begin{pmatrix} 1 & 0 & k & 0 \\ 0 & 1 & 0 & 0 \\ 0 & 0 & 1 & 0 \\ 0 & 0 & 0 & 1 \end{pmatrix} = \begin{pmatrix} 1 & 2 & 3+k & 4 \\ 5 & 6 & 7+5k & 8 \\ 9 & 10 & 11+9k & 12 \end{pmatrix}$$

最後に 1 行目と 3 行目を入れ替える操作と 1 列目と 3 列目を入れ替える操作は、それぞれ次のようになります。

$$\begin{pmatrix} 0 & 0 & 1 \\ 0 & 1 & 0 \\ 1 & 0 & 0 \end{pmatrix} \begin{pmatrix} 1 & 2 & 3 & 4 \\ 5 & 6 & 7 & 8 \\ 9 & 10 & 11 & 12 \end{pmatrix} = \begin{pmatrix} 9 & 10 & 11 & 12 \\ 5 & 6 & 7 & 8 \\ 1 & 2 & 3 & 4 \end{pmatrix}$$

$$\begin{pmatrix} 1 & 2 & 3 & 4 \\ 5 & 6 & 7 & 8 \\ 9 & 10 & 11 & 12 \end{pmatrix} \begin{pmatrix} 0 & 0 & 1 & 0 \\ 0 & 1 & 0 & 0 \\ 1 & 0 & 0 & 0 \\ 0 & 0 & 0 & 1 \end{pmatrix} = \begin{pmatrix} 3 & 2 & 1 & 4 \\ 7 & 6 & 5 & 8 \\ 11 & 10 & 9 & 12 \end{pmatrix}$$

Python でここで示したような行列をつくるには、単位行列をつくった上で、行列の成分を操作する必要が出てきます。Python で基本変形の行列をつくってみましょう。

例題2.5. 次数 n と i, j, k を適当に指定して、行列の基本変形の［操作 2］、［操作 3］の行列を生成して表示する Python プログラムを示してください。

解 行列 A の (i, j) 成分は `A[i][j]` と書きます。ただし Python においては、行列の成分の行番号と列番号は、0 から始まることにご注意ください。

リスト 2.4　MatrixOperation23.py

```
import numpy as np
```

```

n = 6; i = 1; j = 3; k = 10
B = np.eye(n)
B[j, :] += k * B[i, :]
S = np.eye(n)
S[[i, j], :] = S[[j, i], :]
print(B, S, sep ='\n')
```

ここでは、$n = 6$ 次の行列で、$i = 1, j = 3, k = 10$ を指定しています。特に複雑なことはしていません。実行結果は次のようになります。

```
[[ 1.  0.  0.  0.  0.  0.]
 [ 0.  1.  0.  0.  0.  0.]
 [ 0.  0.  1.  0.  0.  0.]
 [ 0. 10.  0.  1.  0.  0.]
 [ 0.  0.  0.  0.  1.  0.]
 [ 0.  0.  0.  0.  0.  1.]]
[[1. 0. 0. 0. 0. 0.]
 [0. 0. 0. 1. 0. 0.]
 [0. 0. 1. 0. 0. 0.]
 [0. 1. 0. 0. 0. 0.]
 [0. 0. 0. 0. 1. 0.]
 [0. 0. 0. 0. 0. 1.]]
```

□

2.3 ▸ 解がただ一つに定まらない場合

連立方程式は、いつでも解を 1 つだけ持つとは限りませんし、それどころか解を持たないこともあります。ここでは、そのような連立方程式について説明します。

例えば 3 元連立方程式を解くには、基本変形を繰り返して、

$$\left(\begin{array}{ccc|c} 1 & 0 & 0 & \alpha \\ 0 & 1 & 0 & \beta \\ 0 & 0 & 1 & \gamma \end{array}\right)$$

の形に変形すれば、解 $x = \alpha, y = \beta, z = \gamma$ を得ることができるのでした。これがうまくいかなくなるのはどのような場合でしょうか。

例題2.6. 次の連立方程式を解いてください。

$$\begin{cases} x+2y+3z &= 6 \quad \cdots ① \\ 2x-y+z &= 2 \quad \cdots ② \\ 3x+y+4z &= 8 \quad \cdots ③ \end{cases}$$

解 拡大係数行列は、

$$\left(\begin{array}{ccc|c} 1 & 2 & 3 & 6 \\ 2 & -1 & 1 & 2 \\ 3 & 1 & 4 & 8 \end{array}\right)$$

となります。第1章で学んだように基本変形してみましょう。

$$\left(\begin{array}{ccc|c} 1 & 2 & 3 & 6 \\ 2 & -1 & 1 & 2 \\ 3 & 1 & 4 & 8 \end{array}\right) \to \left(\begin{array}{ccc|c} 1 & 2 & 3 & 6 \\ \mathbf{0} & -5 & -5 & -10 \\ \mathbf{0} & -5 & -5 & -10 \end{array}\right) \quad (②+(-2)\times①, ③+(-3)\times①)$$

$$\to \left(\begin{array}{ccc|c} 1 & 2 & 3 & 6 \\ \mathbf{0} & 1 & 1 & 2 \\ \mathbf{0} & 1 & 1 & 2 \end{array}\right) \quad ((-\frac{1}{5})\times②, (-\frac{1}{5})\times③)$$

$$\to \left(\begin{array}{ccc|c} 1 & 2 & 3 & 6 \\ \mathbf{0} & 1 & 1 & 2 \\ \mathbf{0} & \mathbf{0} & 0 & 0 \end{array}\right) \quad (③+(-1)\times②)$$

$$\to \left(\begin{array}{ccc|c} 1 & \mathbf{0} & 1 & 2 \\ \mathbf{0} & 1 & 1 & 2 \\ \mathbf{0} & \mathbf{0} & 0 & 0 \end{array}\right) \quad (①+(-2)\times②)$$

となって、これ以上先の操作ができなくなります。ここで連立方程式の形に戻すと、

$$\begin{cases} x+0y+z &= 2 \quad \cdots ① \\ 0x+y+z &= 2 \quad \cdots ② \\ 0x+0y+0z &= 0 \quad \cdots ③ \end{cases}$$

という式になります。3行目の式は、いつでも成り立つ当たり前の式です。ここで、もし $z=t$ とすれば（t は任意の値をとります）、①、②から、x, y, z は、

$$\begin{cases} x &= 2-t \\ y &= 2-t \\ z &= t \end{cases}$$

と書くことができます。t はどんな値をとってもよいのですから、解は無数にあることになります。こ

のような t を**媒介変数** (parameter) または**パラメータ**といいます。

補足2.1.　ここでは、媒介変数を $z=t$ としましたが、もちろん他のとり方もあります。例えば、$x=t$ とすれば、

$$\begin{cases} x &= t \\ y &= t \\ z &= 2-t \end{cases}$$

となり、この解も前の解と同じものを表しています。

このような場合でも、基本変形を可能な限りした上で連立方程式に戻し、未知数のうちいくつか（ここでは z）をパラメータとして最後の式に代入すれば、求める解が得られることが分かります。

解が無数にある連立方程式をもう少し詳しく考察するために、未知数の数を 1 つ増やして 4 つにしてみます。

例題2.7.　次の連立方程式を解いてください。

$$\begin{cases} x+3y+2z-w &= 5 \\ 2x-y-5z+2w &= -2 \\ 3x+2y-3z+w &= 3 \\ x-4y-7z+3w &= -7 \end{cases}$$

解 拡大係数行列に直して基本変形してみましょう。

$$\left(\begin{array}{cccc|c} 1 & 3 & 2 & -1 & 5 \\ 2 & -1 & -5 & 2 & -2 \\ 3 & 2 & -3 & 1 & 3 \\ 1 & -4 & -7 & 3 & -7 \end{array}\right) \to \left(\begin{array}{cccc|c} 1 & 3 & 2 & -1 & 5 \\ 0 & -7 & -9 & 4 & -12 \\ 0 & -7 & -9 & 4 & -12 \\ 0 & -7 & -9 & 4 & -12 \end{array}\right)$$

$$\to \left(\begin{array}{cccc|c} 1 & 3 & 2 & -1 & 5 \\ 0 & -7 & -9 & 4 & -12 \\ 0 & 0 & 0 & 0 & 0 \\ 0 & 0 & 0 & 0 & 0 \end{array}\right)$$

$$\to \left(\begin{array}{cccc|c} 1 & 0 & -\frac{13}{7} & \frac{5}{7} & -\frac{1}{7} \\ 0 & 1 & \frac{9}{7} & -\frac{4}{7} & \frac{12}{7} \\ 0 & 0 & 0 & 0 & 0 \\ 0 & 0 & 0 & 0 & 0 \end{array}\right)$$

これを連立方程式に直すと、次のようになります。3 行目と 4 行目は当たり前の式ですので、実際

には不要です。

$$\begin{cases} x - \frac{13}{7}z + \frac{5}{7}w & = -\frac{1}{7} \\ y + \frac{9}{7}z - \frac{4}{7}w & = \frac{12}{7} \end{cases}$$

これは、

$$\begin{cases} x & = -\frac{1}{7} + \frac{13}{7}z - \frac{5}{7}w \\ y & = \frac{12}{7} - \frac{9}{7}z + \frac{4}{7}w \end{cases}$$

となります。ここで、$z = 7t_1$、$w = 7t_2$ とすれば、

$$\begin{cases} x & = -\frac{1}{7} + 13t_1 - 5t_2 \\ y & = \frac{12}{7} - 9t_1 + 4t_2 \\ z & = 7t_1 \\ w & = 7t_2 \end{cases}$$

が解になることが分かります。この例では、4 つの方程式が並んでいますが、実質的には 2 つしかありませんでした。つまり、可能な限り変形した結果、拡大係数行列には、0 でない数のある行が 2 行、すべてが 0 になる行が 2 行出てきたことになります。このとき、0 でない数のある行の数を行列の**ランク** (rank) または**階数**といいます。行列を A とするとき、そのランクを $\mathrm{rank}A$ で表します。

パラメータは t_1, t_2 の 2 つですので、次の等式が成り立っていることが分かります。

$$\text{未知数の個数} - \text{ランク} = 4 - 2 = 2 = \text{パラメータの個数}$$

ここでは、上記のように基本変形の結果、0 が並ばない行の個数をランクとすると思っていただいて結構です。しかし、基本変形でランクが変わらないことなどをきちんと示さないと、正確な定義にはなりません。正確な定義については、第 8 章をご覧ください。

先ほど未知数が 3 つの場合の例を見ましたが、このときも未知数の個数は 3、ランクが 2、パラメータの個数が 1 $(= 3 - 2)$ 個で、この等式が成り立っていることが分かります。これは偶然ではありません。一般に次の等式が成り立ちます。

定理2.2.

$$\text{未知数の個数} - \text{ランク} = \text{パラメータの個数}$$

定理 2.2. の証明にはいろいろと準備が必要になりますので、ランクの定義と合わせ第 8 章までお待ちください。

もう一つ例を見ておきましょう。

例題2.8. 次の連立方程式を解いてください。

$$
\begin{cases}
x+4y+5z &= 10\\
2x+3y+4z &= 8\\
4x+11y+14z &= 0
\end{cases}
$$

解 拡大係数行列を基本変形してみると、次のようになります。

$$
\left(\begin{array}{ccc|c}
1 & 4 & 5 & 10\\
2 & 3 & 4 & 8\\
4 & 11 & 14 & 0
\end{array}\right)
\rightarrow
\left(\begin{array}{ccc|c}
1 & 4 & 5 & 10\\
0 & -5 & -6 & -12\\
0 & -5 & -6 & -40
\end{array}\right)
$$

$$
\rightarrow
\left(\begin{array}{ccc|c}
1 & 4 & 5 & 10\\
0 & -5 & -6 & -12\\
0 & 0 & 0 & -28
\end{array}\right)
$$

ここで 3 行目を方程式に直すと、

$$0x+0y+0z=-28$$

となりますが、こんなことはあり得ませんので、この連立方程式には、**解が存在しない**のです。

このように解が存在しない場合も、基本変形を利用することで判断できるのです。

2.4 ▸ Python で連立方程式を解く

ここまで見てきたように、連立方程式が解を 1 つだけ持つためには、拡大係数行列のランクが未知数の個数に一致している必要があります。第 2.3 節で見たように、ランクが未知数の個数と異なる場合は、解が無数にあったり、解がなかったりします。NumPy では、連立方程式を $A\boldsymbol{x}=\boldsymbol{b}$ という形式で認識します。このとき、連立方程式が解ける条件は A のランクが未知数の個数に一致することです。

例題2.9.　NumPy を用いて、例題 1.2.（第 1 章, p. 4）と例題 2.7. の連立方程式を解いてください。

解 例題 1.2.、2.7. の連立方程式を解く最も基本的な方法は、次のようなものです。

リスト 2.5 のプログラムは、例題 1.2. の方程式を解くものですが、4 行目、5 行目をコメントアウトして、6 行目、7 行目のコメント部分を外すと例題 2.7. を解きます。

リスト 2.5　SolveLinearEq.py

```
1  import numpy as np
2  import numpy.linalg as LA
3
```

```
4   A = np.array([[1, 3, 5], [-2, 5, 1], [3, 2, 4]])
5   b = np.array([14, -6, 16])
6   #A = np.array([[1, 3, 2, -1], [2, -1, -5, 2], [3, 2, -3, 1], [1, -4, -7,
        3]])
7   #b = np.array([5, -2, 3, 7])
8
9   r = LA.matrix_rank(A)
10  print('rank(A) =', r)
11  try:
12      x = LA.solve(A, b)
13      print(x)
14  except Exception as message:
15      print(message)
```

2 行目では、NumPy の線形代数関係の関数がまとまっている `numpy.linalg` を `LA` という名前でインポートしています。ここで、4 行目、5 行目で $A, \boldsymbol{b}$ を `np.array` として与えています。9 行目で A のランクを求めて 10 行目で表示し、11 行目で $A\boldsymbol{x} = \boldsymbol{b}$ を解いて、$\boldsymbol{x}$ を求め、12 行目で $\mathrm{rank}A$ とともに表示しています。結果は次のように表示されます。

```
rank(A) = 3
[ 2. -1.  3.]
```

見ての通り、結果は $x = 2, y = -1, z = 3$ ですが、`float` 型なので、答が整数であるにもかかわらず、後ろに小数点がついています。もちろん無限小数になる場合など、桁が不足する場合は近似値が出力されます。

ランクの計算にはいくつかの方法がありますが、ここでは、`numpy.linalg` の `matrix_rank` メソッドを使っています。

4 行目、5 行目をコメントアウトして、6 行目、7 行目のコメントを外して例題 2.7. の連立方程式を解かせると、ランク = 2 を表示した後は次のようなエラーメッセージが出力されるかと思います（やってみてください）。

```
Singular matrix
```

これは、A が**特異行列** (singular matrix) であることを意味しています。逆行列（第 3 章で説明します）を持たないという意味ですが、ここでは、A が n 次正方行列のとき、$\mathrm{rank}A < n$ という意味だと理解しておいて差支えありません。

11 行目から 15 行目までの例外を処理しているところで、`try:` で実行した結果エラーがあれば、エラーメッセージを受け取って、それを表示しています。`Exception` は、`SystemExit`, `KeyboardInterrupt`

などのシステム終了以外の例外を処理するためのクラス `Exception` を `except` 節に指定してエラーに対処しています[*4]。`SystemExit`, `KeyboardInterrupt` などの例外処理に関しては、`Exception` を継承していないので、そのまま終了となります。本書では例外処理には深く立ち入りませんが、ソフトウェア開発上重要な問題です。詳細は Python の公式ドキュメント[*5]をご参照ください。解説はいろいろありますが、仕様に関しては、公式ドキュメントを読むのが一番手っ取り早いと思います。次に、SymPy を使う方法を説明します。

例題2.10.　SymPy を用いて、連立方程式

$$(1)\begin{cases} x+2y+3z &= 4 \\ -2x+5y+z &= -5 \\ 4x+3y+2z &= 8 \end{cases}, \quad (2)\begin{cases} x+2y+3z &= 4 \\ -2x+5y+z &= -5 \\ -x+7y+4z &= 1 \end{cases}$$

を解いてください。

解 (1) は、意図的に（無限小数になる）分数が解になるように設定しました。(2) は、解が存在しない方程式になっています。SymPy で連立方程式を解くには、

$$f_1 = x+2y+3z-4$$
$$f_2 = -2x+5y+z+5$$
$$f_3 = 4x+3y+2z-8$$

として、$f_1 = f_2 = f_3 = 0$ を x, y, z について解くという形にする必要があります。リスト 2.6 をご覧ください。リスト 2.6 の 12 行目のように f_1, f_2, f_3 を指定しなければなりません。

リスト 2.6　SolveLinearEqSymPy.py

```
1  import sympy
2  
3  x, y, z = sympy.var(’x y z’)
4  f1 = x + 2*y + 3*z - 4
5  f2 = -2*x + 5*y + z + 5
6  f3 = 4*x + 3*y + 2*z - 8
7  #f1 = x + 2*y + 3*z - 4
8  #f2 = -2*x + 5*y + z + 5
```

[*4] クラスとはデータ処理の方法を定めたものと理解しておいてください。本書ではこの種の問題の深いところには立ち入りませんので、感覚的な理解で結構です。

[*5] `https://docs.python.org/3/`

```
9  #f3 = -x + 7*y + 4*z - 1
10
11 try:
12     sol = sympy.solve([f1, f2, f3], [x, y, z])
13     print(sol)
14 except Exception as message:
15     print(message)
```

リスト 2.6 の 1 行目で SymPy をインポートし、3 行目で x, y, z を SymPy で処理する変数として定義しています。4 行目から 6 行目で、解くべき連立方程式を 3 つの式で定義しています。連立方程式を解いている本体は、12 行目の `sympy.solve` という部分です。`[f1, f2, f3]`, `[x, y, z]` という、解くべき方程式のリストと未知数のリストを渡す必要があります。

リスト 2.6 のプログラムを実行すると、以下のように分数は分数のまま表示されます。

```
{x: 101/55, y: -26/55, z: 57/55}
```

これは辞書型のオブジェクトです。辞書型とは見ての通り、`{ }`の中に key（ここでは、x, y, z）と value（ここでは、101/55, −26/55, 57/55）の組み合わせが含まれている型のことです。

NumPy では数値計算の誤差が混入するのが普通ですが、SymPy ではそのような心配はありません。問題は計算時間が大幅に増えてしまうことです。扱う方程式がこの程度のサイズの問題では気にならないと思いますが、サイズが大きくなってくると無視できない差になってきます。

4, 5, 6 行目をコメントアウトし、7, 8, 9 行目のコメントを外して実行すると、空のリスト

```
[]
```

が返ってきます。これは解が存在しないことに対応しています。

`sympy.solve` は連立方程式に限らず、より複雑な代数方程式を解く際にも利用できます。1 つ例を示しておきます。

例題2.11. SymPy を用いて、連立方程式

$$
\begin{cases} x^2 + y^2 & = 25 \\ x + y & = 2 \end{cases}
$$

を解いてください。

解 リスト 2.6 のプログラムを少し修正すればうまくいきます。例えば、リスト 2.7 のようにすればいいでしょう。

リスト 2.7　SolveAlgebraicEqSymPy.py

```
import sympy

x, y = sympy.var('x y')
f1 = x**2 + y**2 - 25
f2 = x + y - 2

try:
    sol = sympy.solve([f1, f2], [x, y])
    print(sol)
except Exception as message:
    print(message)
```

実行結果は次のようになります。

```
[(1 - sqrt(46)/2, 1 + sqrt(46)/2), (1 + sqrt(46)/2, 1 - sqrt(46)/2)]
```

これは、

$$(x, y) = \left(1 - \frac{\sqrt{46}}{2}, 1 + \frac{\sqrt{46}}{2}\right), \quad \left(1 + \frac{\sqrt{46}}{2}, 1 - \frac{\sqrt{46}}{2}\right)$$

であることを示しています。

章末問題

問題2-1　**(Python)**　リスト 2.1 を修正して、例題 2.2. の A, B に対して、$(BA)^{\mathsf{T}} = A^{\mathsf{T}}B^{\mathsf{T}}$ が成り立っていることを確認してください。

問題2-2　**(数学)**　行列 A, B, C に対して、$(ABC)^{\mathsf{T}} = C^{\mathsf{T}}B^{\mathsf{T}}A^{\mathsf{T}}$ であることを証明してください。ただし、A は $m \times r$ 型、B は $r \times s$ 型、C は $s \times n$ 型の行列とします。また、$(ABC)^{\mathsf{T}}$ の型はどうなりますか。

問題2-3　**(数学)**　n 次の正方行列 A, B がともに対称行列で、さらに、AB が対称行列のとき、A と B は可換であることを証明してください。

問題2-4　**(Python)**　Python を使って、以下の行列をつくって表示してください。

$$J = \begin{pmatrix} 0 & 0 & 1 & 0 & 0 \\ 0 & 0 & 0 & 1 & 0 \\ 0 & 0 & 0 & 0 & 1 \\ 0 & 0 & 0 & 0 & 0 \\ 0 & 0 & 0 & 0 & 0 \end{pmatrix}, \quad K = \begin{pmatrix} 0 & 0 & 0 & 0 & 0 \\ 0 & 0 & 0 & 0 & 0 \\ 0 & 0 & 0 & 0 & 0 \\ 1 & 0 & 0 & 0 & 0 \\ 0 & 1 & 0 & 0 & 0 \end{pmatrix}$$

問題2-5 **(数学)** 行列の積の成分表示を利用して、3つの行列 $A = (a_{ij})_{1 \leq i,j \leq n}$, $B = (b_{ij})_{1 \leq i,j \leq n}$, $C = (c_{ij})_{1 \leq i,j \leq n}$ に対して、

$$\mathrm{tr}(ABC) = \mathrm{tr}(BCA) = \mathrm{tr}(CAB)$$

が成り立つことを証明してください。

問題2-6 **(数学)** n 次の正方行列 A, B と 0 ではない定数 k に対して、

$$A^2B - ABA = kI$$

となるようなものは存在するでしょうか。

問題2-7 **(Python)** 次数 n と i, k を適当に指定して、行列の基本変形の［操作 1］の行列を生成して表示する Python プログラムを示してください。

問題2-8 **(Python)** 行列の積は NumPy を使えば簡単に求められますが、あえて、$m \times r$ 型の行列 $A = (a_{ij})_{1 \leq i \leq m, 1 \leq j \leq r}$ と $r \times n$ 型の行列 $B = (b_{ij})_{1 \leq i \leq r, 1 \leq j \leq n}$ の積を積の成分表示に基づいて実装（プログラムを書くこと）してください。

問題2-9 **(Python)** n 次正方行列 A に対しては、べき乗 A^k が定義できました。Python では、`numpy.linalg.matrix_power(A, k)`, `A**k`（A を `sympy.Matrix` 型として定義した場合）のようにすれば A^k が計算できますが、ここではあえてこれらを使わずに、NumPy の行列積 (`@`) を使って、行列のべき乗を行う関数を実装してみてください[*6]。

問題2-10 **(Python)** リスト 2.5 とリスト 2.7 のプログラムを修正して、問題 1-2 の連立方程式を解いてください。

問題2-11 **(Python)** リスト 2.7 のプログラムを修正して、

$$\begin{cases} x^2 + y^2 + z^2 & = 50 \\ x - y + z & = 2 \\ x + 2y + z & = 1 \end{cases}$$

を解いてください。

[*6] 本当に k 回の乗算をするよりも効率的な方法として、k を 2 進数にして、左から読んでいく方法があります。まず、$M = I$（単位行列）と初期化してから M の 2 乗 M^2 を求め、k のビットが 1 であれば A との乗算処理 $M = AM$ を行い、0 であれば何もせず次のビットを読む、という処理を繰り返すことで、効率的なべき乗計算ができます。k を 2 進数に直して各々のビットを取り出すには、`bit = format(k,"b")` とすると、k の上位ビットから順に `k[0], k[1],...` となって、各々のビットの値を知ることができます。

第 3 章　逆行列

行列については、普通の数字のように零（行列）でなければ割り算ができる、というわけにはいきません。本章では、行列の逆数にあたる逆行列について説明し、NumPy、SymPy による逆行列の求め方、また逆行列を用いて連立方程式を解く方法について説明します。

3.1 ▸ 逆行列の定義

線形代数学の目的の一つは、連立方程式を解くことです。連立方程式は、第 1 章、第 2 章で学んだように、基本変形で解くことができました。

一方、連立方程式は、行列と未知数を並べた列ベクトルを用いて、

$$A\boldsymbol{x} = \boldsymbol{b} \tag{3.1}$$

と書くこともできます（そもそも本書では、この書き方ができるように行列の積を導入したのでした）。この方程式 (3.1) が解をただ一つ持つと仮定しましょう。普通の数と似たように考えられるとするなら、(3.1) の両辺を A で**割って**、つまり（左から）A^{-1} を**掛けて**

$$\boldsymbol{x} = A^{-1}\boldsymbol{b} \tag{3.2}$$

のようにできるのではないかと思われます。(3.2) のように書ければとても便利です。(3.2) が成り立つように、A^{-1} を決めることを考えます。

普通の（零でない）数 a の逆数 a^{-1} は、

$$aa^{-1} = a^{-1}a = 1$$

となる数のことでした。A^{-1} を考えるために、行列の世界における 1（いち）を定義する必要があります。これは第 2 章で説明した通り、次のような単位行列になります。

$$I = \begin{pmatrix} 1 & 0 & \cdots & 0 \\ 0 & 1 & \cdots & 0 \\ \vdots & \vdots & \ddots & \vdots \\ 0 & 0 & \cdots & 1 \end{pmatrix}$$

数の場合の関係式 $aa^{-1} = a^{-1}a = 1$ を行列に書き換えて、

$$AA^{-1} = A^{-1}A = I$$

となるように A^{-1} を決めればよいのではないかと思われます。そもそも、$AX = I$ となるような X と、$YA = I$ となる Y が仮に存在したとしても、一致するのかどうかが、この段階では分かりませんが、この問題は後ほど扱うことにします。ここでは、$X = Y$ となる場合（実はこれは正しい）に、この $X(= Y)$ を A の**逆行列** (inverse matrix) と呼び、A^{-1} で表すことにしましょう。逆行列を持つ行列 A を**正則行列** (regular matrix) といいます。**可逆行列** (invertible matrix)、**非特異行列** (non-singular matrix) ということもあります。

3.2 ▸ 逆行列の計算

逆行列を求めるにはどうすればいいでしょうか。2×2 行列を例に考えてみましょう。

例題3.1. 次の行列 A の逆行列を求めてください。

$$A = \begin{pmatrix} 1 & -2 \\ -3 & 5 \end{pmatrix}$$

解 この A の逆行列を求める直接的な方法は、

$$\begin{pmatrix} 1 & -2 \\ -3 & 5 \end{pmatrix} \begin{pmatrix} x & y \\ z & w \end{pmatrix} = \begin{pmatrix} 1 & 0 \\ 0 & 1 \end{pmatrix}$$

となる x, y, z, w を求めることでしょう。これは、2 つの連立方程式

$$\begin{pmatrix} 1 & -2 \\ -3 & 5 \end{pmatrix} \begin{pmatrix} x \\ z \end{pmatrix} = \begin{pmatrix} 1 \\ 0 \end{pmatrix}, \quad \begin{pmatrix} 1 & -2 \\ -3 & 5 \end{pmatrix} \begin{pmatrix} y \\ w \end{pmatrix} = \begin{pmatrix} 0 \\ 1 \end{pmatrix}$$

をまとめたものですから、それぞれを解いて 4 つの未知数を求めればよいことになります。やるべきことはもちろん基本変形ですが、左の行列が全く同じ方程式を解くのですから、基本変形はまとめて行ってよいはずです。つまり、次の行列

$$\left(\begin{array}{cc|cc} 1 & -2 & 1 & 0 \\ -3 & 5 & 0 & 1 \end{array}\right)$$

を基本変形して、

$$\left(\begin{array}{cc|cc} 1 & 0 & x & y \\ 0 & 1 & z & w \end{array}\right)$$

の形にすれば、行列の右側に逆行列が現れることになります。

実際に計算してみましょう。

$$\left(\begin{array}{cc|cc} 1 & -2 & 1 & 0 \\ -3 & 5 & 0 & 1 \end{array}\right) \to \left(\begin{array}{cc|cc} 1 & -2 & 1 & 0 \\ 0 & -1 & 3 & 1 \end{array}\right)$$
$$\to \left(\begin{array}{cc|cc} 1 & -2 & 1 & 0 \\ 0 & 1 & -3 & -1 \end{array}\right)$$
$$\to \left(\begin{array}{cc|cc} 1 & 0 & -5 & -2 \\ 0 & 1 & -3 & -1 \end{array}\right)$$

となるので、A の逆行列は、

$$A^{-1} = \begin{pmatrix} -5 & -2 \\ -3 & -1 \end{pmatrix}$$

となるはずです。実際、掛け算してみると、次のようになります。

$$\begin{pmatrix} 1 & -2 \\ -3 & 5 \end{pmatrix}\begin{pmatrix} -5 & -2 \\ -3 & -1 \end{pmatrix}$$
$$= \begin{pmatrix} 1 \cdot (-5) - 2 \cdot (-3) & 1 \cdot (-2) - 2 \cdot (-1) \\ (-3) \cdot (-5) + 5 \cdot (-3) & (-3) \cdot (-2) + 5 \cdot (-1) \end{pmatrix}$$
$$= \begin{pmatrix} 1 & 0 \\ 0 & 1 \end{pmatrix}$$

行列では、掛け算の順序を入れ替えると答が変わってしまうかもしれません。掛け算の順序を入れ替えて計算してみると、

$$\begin{pmatrix} -5 & -2 \\ -3 & -1 \end{pmatrix}\begin{pmatrix} 1 & -2 \\ -3 & 5 \end{pmatrix}$$
$$= \begin{pmatrix} (-5) \cdot 1 + (-2) \cdot (-3) & (-5) \cdot (-2) + (-2) \cdot 5 \\ -3 \cdot 1 + (-1) \cdot (-3) & (-3) \cdot (-2) + (-1) \cdot 5 \end{pmatrix}$$
$$= \begin{pmatrix} 1 & 0 \\ 0 & 1 \end{pmatrix}$$

となって、確かに逆行列になっていることが分かります。

ここで、ちょっと不思議なことが起きています。行列では順序を変えて掛け算すると答が変わるの

が普通ですが、今の例では、順序によらず同じ答になっています。これは偶然ではありません。

定理3.1. $AX = I$ となる行列 X が存在すれば、$XA = I$ となる。

つまり、$AX = I$ となる行列 X を求めておけば、自動的に $XA = I$ になるというわけです。

この証明にはもう少し準備がいるので、第5章で再び取り上げることにして、さしあたり次の易しい事実を述べておきましょう。

定理3.2. $AX = I$ となる行列 X と、$YA = I$ を満たす行列 Y は等しい。

証明 このとき、

$$X = IX = (YA)X = Y(AX) = YI = Y$$

となることが分かります。 □

また、この定理から逆行列は存在したとしても、1つしかないことが分かります。なぜなら、もし $AX = XA = I,\ AZ = ZA = I$ となったとすると、

$$X = XI = X(AZ) = (XA)Z = IZ = Z$$

となるからです。

2×2 行列については、より具体的な公式を得ることができます。次の例題3.2.をご覧ください。

例題3.2.

$$A = \begin{pmatrix} a & b \\ c & d \end{pmatrix}$$

に対し、

$$A^2 - (a+d)A + (ad-bc)I = O \tag{3.3}$$

が成り立つことを示し、(3.3) を用いて、$ad - bc \neq 0$ のとき、A の逆行列 A^{-1} が、

$$A^{-1} = \frac{1}{ad-bc}\begin{pmatrix} d & -b \\ -c & a \end{pmatrix}$$

となることを示してください。

解 (3.3) は、**ケーリー・ハミルトンの定理**（定理11.6.）の特別な場合です。一般の場合は第11章

で説明します。2×2 行列の場合は直接計算することで確認できます。

$$
\begin{aligned}
A^2-(a+d)A &= \begin{pmatrix} a & b \\ c & d \end{pmatrix}\begin{pmatrix} a & b \\ c & d \end{pmatrix} - (a+d)\begin{pmatrix} a & b \\ c & d \end{pmatrix} \\
&= \begin{pmatrix} a^2+bc & ab+bd \\ ac+cd & bc+d^2 \end{pmatrix} - \begin{pmatrix} a^2+ad & ab+bd \\ ac+cd & ad+d^2 \end{pmatrix} \\
&= -\begin{pmatrix} ad-bc & 0 \\ 0 & ad-bc \end{pmatrix} = -(ad-bc)I
\end{aligned}
$$

となって、等式が示されました。(3.3) は、

$$
A\{A-(a+d)I\} = \{A-(a+d)I\}A = A^2-(a+d)A = -(ad-bc)I \tag{3.4}
$$

と書けますから、$ad-bc \neq 0$ であれば、(3.4) の両辺を $-(ad-bc)$ で割って、

$$
A\left(-\frac{1}{ad-bc}\{A-(a+d)I\}\right) = \left(-\frac{1}{ad-bc}\{A-(a+d)I\}\right)A = I
$$

となります。この等式は、A が逆行列

$$
A^{-1} = -\frac{1}{ad-bc}(A-(a+d)I) = \frac{1}{ad-bc}\begin{pmatrix} d & -b \\ -c & a \end{pmatrix}
$$

を持つことを示しています。 □

この証明から、$ad-bc \neq 0$ は、A が逆行列を持つための必要十分条件であることも分かります。逆行列の計算に慣れるために、もう一つ例を計算しておきましょう。

例題3.3. 定理 3.2. を認めて、次の行列 A の逆行列を求めてください。

$$
A = \begin{pmatrix} 1 & 1 & 0 \\ -2 & 0 & 1 \\ -1 & 2 & 2 \end{pmatrix}
$$

解 先ほどの例と同じように計算してみると、次のようになります。

$$
\left(\begin{array}{ccc|ccc} 1 & 1 & 0 & 1 & 0 & 0 \\ -2 & 0 & 1 & 0 & 1 & 0 \\ -1 & 2 & 2 & 0 & 0 & 1 \end{array}\right)
$$

$$
\rightarrow \left(\begin{array}{ccc|ccc} 1 & 1 & 0 & 1 & 0 & 0 \\ 0 & 2 & 1 & 2 & 1 & 0 \\ 0 & 3 & 2 & 1 & 0 & 1 \end{array}\right)
$$

$$
\to \left(\begin{array}{ccc|ccc} 1 & 1 & 0 & 1 & 0 & 0 \\ 0 & 1 & 1/2 & 1 & 1/2 & 0 \\ 0 & 3 & 2 & 1 & 0 & 1 \end{array}\right)
$$

$$
\to \left(\begin{array}{ccc|ccc} 1 & 1 & 0 & 1 & 0 & 0 \\ 0 & 1 & 1/2 & 1 & 1/2 & 0 \\ 0 & 0 & 1/2 & -2 & -3/2 & 1 \end{array}\right)
$$

$$
\to \left(\begin{array}{ccc|ccc} 1 & 1 & 0 & 1 & 0 & 0 \\ 0 & 1 & 1/2 & 1 & 1/2 & 0 \\ 0 & 0 & 1 & -4 & -3 & 2 \end{array}\right)
$$

$$
\to \left(\begin{array}{ccc|ccc} 1 & 1 & 0 & 1 & 0 & 0 \\ 0 & 1 & 0 & 3 & 2 & -1 \\ 0 & 0 & 1 & -4 & -3 & 2 \end{array}\right)
$$

$$
\to \left(\begin{array}{ccc|ccc} 1 & 0 & 0 & -2 & -2 & 1 \\ 0 & 1 & 0 & 3 & 2 & -1 \\ 0 & 0 & 1 & -4 & -3 & 2 \end{array}\right)
$$

以上より、求める逆行列は、

$$
A^{-1} = \begin{pmatrix} -2 & -2 & 1 \\ 3 & 2 & -1 \\ -4 & -3 & 2 \end{pmatrix}
$$

となります。

逆行列はいつでも存在するわけではありません。明らかに零行列は逆行列を持ちませんが、零行列でなくても逆行列が存在しない場合があります。そのような例を見てみましょう。

例題3.4. 次の行列が逆行列を持つかを判定してください。

$$
A = \begin{pmatrix} 1 & 2 & 1 \\ 2 & -1 & 3 \\ 3 & 1 & 4 \end{pmatrix}
$$

解 例題 3.3. と同じように基本変形してみると、

$$
\left(\begin{array}{ccc|ccc} 1 & 2 & 1 & 1 & 0 & 0 \\ 2 & -1 & 3 & 0 & 1 & 0 \\ 3 & 1 & 4 & 0 & 0 & 1 \end{array}\right)
$$

$$
\rightarrow \left(\begin{array}{ccc|ccc} 1 & 2 & 1 & 1 & 0 & 0 \\ 0 & -5 & 1 & -2 & 1 & 0 \\ 0 & -5 & 1 & -3 & 0 & 1 \end{array}\right)
$$

$$
\rightarrow \left(\begin{array}{ccc|ccc} 1 & 2 & 1 & 1 & 0 & 0 \\ 0 & -5 & 1 & -2 & 1 & 0 \\ 0 & 0 & 0 & -1 & -1 & 1 \end{array}\right)
$$

となって、3 行目の左半分がすべて 0 になり、これ以上変形できなくなります。これは、A が逆行列を持たないことを意味しています。左半分だけ見ると、$\mathrm{rank}A = 2$ であり、A の次数 3 よりも小さくなっています。

基本変形を繰り返していき、「もし左側を単位行列にできなくなったら、その行列の逆行列は存在しない」と結論することができるのです。

3.3 ▸ 逆行列の性質

逆行列の代数的な性質について見ていきましょう。

例題3.5.　A, B が $n \times n$ 型の正則行列であるとき、AB も正則行列であり、次が成り立つことを示してください。

$$
(AB)^{-1} = B^{-1}A^{-1}
$$

解　A, B は正則行列なので、A^{-1}, B^{-1} が存在します。ともに $n \times n$ 行列なので、積 $B^{-1}A^{-1}$ が定義できて、$n \times n$ 行列になります。

$$
\begin{aligned}
AB(B^{-1}A^{-1}) &= A(BB^{-1})A^{-1} \\
&= AIA^{-1} = AA^{-1} = I \\
(B^{-1}A^{-1})AB &= B^{-1}(A^{-1}A)B \\
&= B^{-1}IB = B^{-1}B = I
\end{aligned}
$$

となることと逆行列の一意性から、$B^{-1}A^{-1}$ が AB の逆行列であることが示せました。 □

例題3.6.　A, B が正則で、$A + B$ も正則であるとき、次の等式が成り立つことを示してください。

$$
(A + B)^{-1} = A^{-1} - A^{-1}(B^{-1} + A^{-1})^{-1}A^{-1}
$$

解　A, B が正則で、$A+B$ も正則ですので、$A^{-1}(A+B)B^{-1}$ が存在し、$A^{-1}(A+B)B^{-1} = B^{-1}+A^{-1}$ となることが分かります。また、この等式より、$B^{-1} + A^{-1}$ が正則であることも分かります。よって、

$$(B^{-1}+A^{-1})(B^{-1}+A^{-1})^{-1}=I$$

より、

$$B^{-1}(B^{-1}+A^{-1})^{-1}+A^{-1}(B^{-1}+A^{-1})^{-1}=I$$

となるので、両辺に A^{-1} を右から掛けて整理すると、

$$B^{-1}(B^{-1}+A^{-1})^{-1}A^{-1}=A^{-1}-A^{-1}(B^{-1}+A^{-1})^{-1}A^{-1}$$

左辺に、$B^{-1}+A^{-1}=A^{-1}(A+B)B^{-1}$ を代入して、例題 3.5. の結果を用いると、

$$\begin{aligned}B^{-1}(B^{-1}+A^{-1})^{-1}A^{-1}&=B^{-1}(A^{-1}(A+B)B^{-1})^{-1}A^{-1}\\&=B^{-1}(B^{-1})^{-1}(A+B)^{-1}(A^{-1})^{-1}A^{-1}\\&=B^{-1}B(A+B)^{-1}AA^{-1}\\&=(A+B)^{-1}\end{aligned}$$

となり、問題の等式が成り立つことが分かります。 □

3.4 ▸ Python による逆行列の求め方

NumPy を使って逆行列を計算するには、`linalg.inv` 関数を使います。例を挙げて説明しましょう。

例題3.7. NumPy を用いて次の各行列の逆行列を求めてください。

$$A=\begin{pmatrix}1&1&0\\-2&0&1\\-1&2&2\end{pmatrix},\quad\begin{pmatrix}1&1&0\\-2&0&1\\0&0&0\end{pmatrix},\quad\begin{pmatrix}1&2&1\\2&-1&3\\3&1&4\end{pmatrix}$$

解 例えば、次のようにします。

▸ リスト 3.1 MatrixInverseCheck.py ◂

```
import numpy as np
import numpy.linalg as LA

A = np.array([[1, 1, 0], [-2, 0, 1], [-1, 2, 2]])
#A = np.array([[1, 1, 0], [-2, 0, 1], [0, 0, 0]]) # singular
#A = np.array([[1, 2, 1], [2, -1, 3], [3, 1, 4]]) # singular
```

```
7
8   r = LA.matrix_rank(A)
9   print('rank(A) =', r)
10  try:
11      InvA = LA.inv(A)
12      print(InvA, A @ InvA, sep='\n')
13  except Exception as message:
14      print(message)
```

4 行目で行列を定義し、8 行目でそのランクを計算して 9 行目で出力しています。10 行目から 14 行目までは、例題 2.9. の場合と同じく例外処理をしているところです。ここでは、LA.inv(A) の処理でエラーが発生したときに例外処理がなされます。12 行目で、逆行列 A^{-1} と、AA^{-1} を表示しています。もちろん、$AA^{-1} = I$ にならなければなりません。

このまま実行すると、結果は次のようになります。

```
rank(A) = 3
[[-2. -2.  1.]
 [ 3.  2. -1.]
 [-4. -3.  2.]]
[[1. 0. 0.]
 [0. 1. 0.]
 [0. 0. 1.]]
```

4 行目をコメントアウトして、5 行目のコメントを外すと、2 番目の行列に対する処理を行うことになります。行列の 3 行目が 0 だけですので、当然ランクは 3 にならず、逆行列は存在しません。プログラムを実行すると、

```
rank(A) = 2
Singular matrix
```

となります。ランクが 2 で、逆行列が存在しないということが分かります。これは期待通りの動作です。

ところが、4, 5 行目をコメントアウトして 6 行目のコメントを外すと、意外なことが起きます。実行結果は次のようになります（NumPy のバージョンによって数値が異なる場合があります）。

```
rank(A) = 2
[[-5.40431955e+15 -5.40431955e+15  5.40431955e+15]
 [ 7.72045650e+14  7.72045650e+14 -7.72045650e+14]
 [ 3.86022825e+15  3.86022825e+15 -3.86022825e+15]]
```

```
[[ 0.5 0. -1.]
 [-2.  2. -2.]
 [ 0.  2. -2.]]
```

この行列は例題 3.4. の行列ですので、ランクが 2 であるのは期待通りです。したがって、逆行列は存在しないはずなのですが、なにやら巨大な成分の逆行列らしきものが表示されています。その下を見ると、この逆行列もどきと A の積が、

$$\begin{pmatrix} 1/2 & 0 & -1 \\ -2 & 2 & -2 \\ 0 & 2 & -2 \end{pmatrix}$$

となっています。これはもちろん正しくありません。これは数値計算の誤差がもたらした結果です。数値計算を行う場合には、誤差の問題を頭においておく必要があります。

これと関係して、逆行列が存在する場合でも誤差なく計算しておきたい場合があります。一つの解決策は、SymPy を使うことです。SymPy は数式処理のためのライブラリで、線形代数を含む計算機代数の多くの機能をサポートしています。

例題3.8. SymPy を使って、以下の行列が逆行列を持つかを判定し、逆行列を持てば逆行列を求めて表示してください。

$$A = \begin{pmatrix} 8 & 3 & 1 \\ 2 & -1 & 3 \\ 3 & 1 & 4 \end{pmatrix}, \quad \begin{pmatrix} 1 & 2 & 1 \\ 2 & -1 & 3 \\ 3 & 1 & 4 \end{pmatrix}$$

同じく SymPy を用いて、記号のまま、

$$A = \begin{pmatrix} a & b \\ c & d \end{pmatrix}$$

の逆行列を求めてください。

解 例えば次のようにすればいいでしょう。

リスト 3.2 SympyMatrix.py

```
import sympy

A = sympy.Matrix([[8, 3, 1], [2, -1, 3], [3, 1, 4]])
#A = sympy.Matrix([[1, 2, 1], [2, -1, 3], [3, 1, 4]]) # singular
#(a, b, c, d) = sympy.symbols('a b c d')
```

```
6   #A = sympy.Matrix([[a, b], [c, d]])
7
8   try:
9       InvA = A.inv()
10      print(InvA, A * InvA, sep='\n')
11  except Exception as message:
12      print(message)
```

実行結果は、次のようになります。

```
Matrix([[7/48, 11/48, -5/24], [-1/48, -29/48, 11/24],
                                        [-5/48, -1/48, 7/24]])
Matrix([[1, 0, 0], [0, 1, 0], [0, 0, 1]])
```

これは、A の逆行列が、

$$A^{-1} = \begin{pmatrix} 7/48 & 11/48 & -5/24 \\ -1/48 & -29/48 & 11/24 \\ -5/48 & -1/48 & 7/24 \end{pmatrix}$$

であることを示しています。`numpy.linalg.inv` を用いた場合には成分は float 型として計算されるので、誤差（丸め誤差、打切り誤差、桁落ち等）が生じることは避けられませんが、SymPy ではそのようなことはありません。ただし、誤差なしに計算するには相応の処理時間が必要になり、規模の大きな行列の逆行列の計算では無視できない時間的コストがかかります。

3 行目をコメントアウトして、4 行目のコメントを外すと、例題 3.7. で `numpy.linalg.inv` を用いた計算では、ランクが 2 であるにもかかわらず計算誤差によって逆行列もどきが求まってしまいました。その行列に対し、SymPy を用いた場合は、次のようなエラーメッセージが出力されます。

```
Matrix det == 0; not invertible.
```

「`Matrix det == 0`」とは、行列の行列式が 0 であることを意味しています。行列式については第 4 章で説明します。「可逆でない (`not invertible`)」と書いてありますね。正しく判定できているということです。

3 行目、4 行目をコメントアウトし、5 行目、6 行目のコメントを外して実行すると、次のようになります。

```
Matrix([[d/(a*d - b*c), -b/(a*d - b*c)],
            [-c/(a*d - b*c), a/(a*d - b*c)]])
Matrix([[a*d/(a*d - b*c) - b*c/(a*d - b*c), 0],
            [0, a*d/(a*d - b*c) - b*c/(a*d - b*c)]])
```

やや見づらいですが、結果はそれぞれ次のようになります[*1]。後者は約分されていませんが、整理すれば単位行列であることが分かります。

$$
A^{-1} = \begin{pmatrix} \frac{d}{ad-bc} & -\frac{b}{ad-bc} \\ -\frac{c}{ad-bc} & \frac{a}{ad-bc} \end{pmatrix}
$$

$$
AA^{-1} = \begin{pmatrix} \frac{ad}{ad-bc} - \frac{bc}{ad-bc} & 0 \\ 0 & \frac{ad}{ad-bc} - \frac{bc}{ad-bc} \end{pmatrix} = \begin{pmatrix} 1 & 0 \\ 0 & 1 \end{pmatrix}
$$

リスト 3.2 の 5 行目は、a, b, c, d を記号 (symbols) として扱うことの宣言です。

```
sympy.var('a b c d')
```

と書いても同じ結果が得られます。6 行目で、a, b, c, d を記号として行列を定義しています。

例題3.9. 次の連立方程式を NumPy を利用して逆行列を求めることによって解いてください。

$$
\begin{pmatrix} 1 & -1 & 1 \\ 2 & 3 & -3 \\ -1 & 4 & 1 \end{pmatrix} \begin{pmatrix} x \\ y \\ z \end{pmatrix} = \begin{pmatrix} 4 \\ -2 \\ 5 \end{pmatrix}
$$

解 方程式を $A\boldsymbol{x} = \boldsymbol{b}$ とみなせば、

$$
\begin{pmatrix} x \\ y \\ z \end{pmatrix} = \begin{pmatrix} 1 & -1 & 1 \\ 2 & 3 & -3 \\ -1 & 4 & 1 \end{pmatrix}^{-1} \begin{pmatrix} 4 \\ -2 \\ 5 \end{pmatrix}
$$

を計算することで x, y, z が求まることになります。Python では例えば以下のようにします。

リスト 3.3 SolveLEqusingMatInv.py

```
import numpy as np
import numpy.linalg as LA

A = np.array([[1, -1, 1], [2, 3, -3], [-1, 4, 1]])
b = np.array([4, -2, 5]).reshape((3,1))

r = LA.matrix_rank(A)
```

[*1] 数式を奇麗に表示する方法もありますが、ここでは立ち入らないことにします。ご興味のある方は、sympy.init_printing() を検索してみると情報が得られると思います。

```
8   print('rank(A) =', r)
9   try:
10      InvA = LA.inv(A)
11      x = InvA @ b
12      print(x)
13  except Exception as message:
14      print(message)
```

実行すると次のようになり、$x = 2, y = 1, z = 3$ となることが分かります。

```
rank(A) = 3
[[2.]
 [1.]
 [3.]]
```

注意が必要なのは5行目で、ここで $\boldsymbol{b}$ を列ベクトル（この場合、3×1 行列）に加工するため、ndarray の reshape メソッドを使っていることです。この処理をしないと、1×3 型の行列とみなされてエラーになってしまいます。

章末問題

問題3-1 **(数学)**　(3.3) を用いて、次の行列が正則かどうかを判定し、正則であれば逆行列を求めてください。

$$(1)\begin{pmatrix} 2 & -5 \\ 3 & 7 \end{pmatrix},\quad (2)\begin{pmatrix} 5 & -2 \\ -15 & 6 \end{pmatrix},\quad (3)\begin{pmatrix} a & 1-a \\ 2-a & a \end{pmatrix}(a\text{ は定数})$$

問題3-2 **(数学)**　次の行列 A を基本変形することにより、正則かどうかを判定し、正則であれば逆行列を求めてください。

$$A = \begin{pmatrix} 1 & -1 & 2 \\ 2 & -1 & 3 \\ 3 & a & 2-a \end{pmatrix}(a\text{ は定数})$$

問題3-3 **(数学)**　A, B, C が n 次の正則行列であるとき、ABC も正則行列であり、次の等式が成り立つことを証明してください。

$$(ABC)^{-1} = C^{-1}B^{-1}A^{-1}$$

問題3-4 **(数学)**　n 次の正方行列 A が正則行列であるとき、A^{T} も正則行列であり、次が成り立つことを証明してください。

$$(A^{\top})^{-1} = (A^{-1})^{\top}$$

問題3-5 **(数学)** 例題 3.6. の結果を応用して、次の恒等式（**ウッドベリーの行列恒等式** (Woodbury matrix identity)[*2]）を証明してください。ただし、A, C, U は $n \times n$ 型の正則行列で $A + UCV$ も正則行列であるとします。

$$(A + UCV)^{-1} = A^{-1} - A^{-1}U(C^{-1} + VA^{-1}U)^{-1}VA^{-1}$$

問題3-6 **(Python)** 次の連立方程式を Python で逆行列を求めることによって解いてください。NumPy を使うやり方と SymPy を使うやり方の両方を示してください。

$$\begin{pmatrix} 1 & 6 & -2 \\ -1 & 5 & 7 \\ 1 & 3 & 3 \end{pmatrix} \begin{pmatrix} x \\ y \\ z \end{pmatrix} = \begin{pmatrix} 1 \\ 5 \\ 3 \end{pmatrix}$$

問題3-7 **(Python)** 2000×2000 の行列 A をランダムに生成し、2000 次元ベクトル $\boldsymbol{b}$ に対して連立方程式 $A\boldsymbol{x} = \boldsymbol{b}$ を解く際に、逆行列を求めて $A^{-1}\boldsymbol{b}$ を求める方法と、`numpy.linalg.solve` を用いて解く方法の処理時間を比較してください。どのくらい違いがあるでしょうか。処理時間は、`time` をインポートして、処理開始時点で `start = time.time()` とし、終了時点で `end = time.time()` として、両者の差をとれば測定することができます[*3]。ここで、$A, \boldsymbol{b}$ の成分は 0 から 1 までの一様乱数とします。以下のようにすると簡単です。

```
A = np.random.rand(2000, 2000)
b = np.random.rand(2000)
```

なお、A は一般には逆行列を持たないこともあり得ますが、その確率は非常に小さいので、ここでは無視してかまいません[*4]。

[*2] 正確にはその特別な場合です。

[*3] ただし、この方法では、CPU 自体の実行時間は測れません。CPU 処理時間を測るには、`time.process_time()` を使います。ここでは結果に大差ないので、`time.time()` を使っています。

[*4] その理由は、第 6 章の行列式について学ぶとある程度見当がつくかと思います。A の行列式 $|A| = 0$ が、成分の多項式 $= 0$ となる「薄い」集合（正確にはルベーグ測度が 0）であるためです。

第 4 章　行列式・ブロック行列

連立方程式 $A\boldsymbol{x} = \boldsymbol{b}$ がただ一つの解を持つための条件は、A のランクで表現できました。ここではこの問題を具体化するため、行列式を導入します。本章では、行列式の操作的な定義とともにその基本的な性質を整理します。さらに行列を小さな行列のまとまりと見るブロック行列の考え方について述べるとともに、NumPy、SymPy を用いて行列式を計算する方法やブロック行列の扱いについて説明します。

4.1 ▸ 2×2 行列の行列式

例題 3.2. で、$ad - bc \neq 0$ のとき、

$$A = \begin{pmatrix} a & b \\ c & d \end{pmatrix}$$

の逆行列が、

$$A^{-1} = \frac{1}{ad - bc} \begin{pmatrix} d & -b \\ -c & a \end{pmatrix}$$

と表されることを示しました。ここに現れた

$$ad - bc$$

という式に注目しましょう。これを 2×2 行列 A に対する**行列式** (determinant) と呼び、$\det A$ または $|A|$ で表します。どちらの記号も使われますが、絶対値と区別したいときには、$\det A$ を使うことが多いでしょう（例えば、多変数の微積分における変数変換の公式では、行列式と絶対値が混在します)。計算のときには、いちいち det, det と書くのは面倒ですので、$|A|$ を用いることにします。

$$\begin{vmatrix} a & b \\ c & d \end{vmatrix} = ad - bc$$

この $ad-bc$ は A が逆行列を持つかどうかを判定できる重要な式なので、これを $n \times n$ 行列に一般化できたら便利なのではないでしょうか。

そこで、2×2 行列に対する行列式の持つ性質を調べるところから始めます。性質といっても闇雲に調べるのではなく、行列の基本変形で値がどうなるかを見ていきます。まず、**行列式は、ある行を k 倍して他の行に加えても値を変えません**。つまり、

$$\textbf{(性質 1)}\ \begin{vmatrix} a & b \\ c+ka & d+kb \end{vmatrix} = \begin{vmatrix} a & b \\ c & d \end{vmatrix}$$

$$\textbf{(性質 1}'\textbf{)}\ \begin{vmatrix} a+kc & b+kd \\ c & d \end{vmatrix} = \begin{vmatrix} a & b \\ c & d \end{vmatrix}$$

が成り立ちます。これは簡単に確認できます。例えば、(性質 1) は、

$$\begin{vmatrix} a & b \\ c+ka & d+kb \end{vmatrix} = a(d+kb) - b(c+ka)$$
$$= ad + kab - bc - kab = ad - bc$$

となることが確かめられます。

以下の性質も簡単に確認できます。**行列式は、ある行を k 倍すると値が k 倍になります**。

$$\textbf{(性質 2)}\ \begin{vmatrix} ka & kb \\ c & d \end{vmatrix} = k\begin{vmatrix} a & b \\ c & d \end{vmatrix}$$

$$\textbf{(性質 2}'\textbf{)}\ \begin{vmatrix} a & b \\ kc & kd \end{vmatrix} = k\begin{vmatrix} a & b \\ c & d \end{vmatrix}$$

そしてもう一つ。**行を入れ換えると符号が変わります(交代性)**。

$$\textbf{(性質 3)}\ \begin{vmatrix} c & d \\ a & b \end{vmatrix} = -\begin{vmatrix} a & b \\ c & d \end{vmatrix}$$

(性質 1) から (性質 3) までは、行列式が基本変形でどのように値が変わるのかを示しています。

次の性質は基本変形と直接の関係はありませんが、第 5 章で説明する余《よ》因《いん》子《し》展開《てんかい》で用いられるため、重要です。

$$\textbf{(性質 4)}\ \begin{vmatrix} a+a' & b+b' \\ c & d \end{vmatrix} = \begin{vmatrix} a & b \\ c & d \end{vmatrix} + \begin{vmatrix} a' & b' \\ c & d \end{vmatrix}$$

$$\textbf{(性質 4}'\textbf{)}\ \begin{vmatrix} a & b \\ c+c' & d+d' \end{vmatrix} = \begin{vmatrix} a & b \\ c & d \end{vmatrix} + \begin{vmatrix} a & b \\ c' & d' \end{vmatrix}$$

(性質 4) は、直接計算することで確かめられます。実際、

$$\begin{vmatrix} a+a' & b+b' \\ c & d \end{vmatrix} = (a+a')d-(b+b')c$$

$$= (ad-bc)+(a'd-b'c) = \text{右辺}$$

となります。(性質 4′）も同様に確かめることができます。

実は、**これらすべての性質は、行だけでなく列に関しても成り立ちます**。

例えば、(性質 4)、(性質 4′）の列バージョンは、次のようになります。

$$\begin{vmatrix} a+a' & b \\ c+c' & d \end{vmatrix} = \begin{vmatrix} a & b \\ c & d \end{vmatrix} + \begin{vmatrix} a' & b \\ c' & d \end{vmatrix}$$

$$\begin{vmatrix} a & b+b' \\ c & d+d' \end{vmatrix} = \begin{vmatrix} a & b \\ c & d \end{vmatrix} + \begin{vmatrix} a & b' \\ c & d' \end{vmatrix}$$

そして、単位行列の行列式は、1 になります。

$$\textbf{(性質 5)} \begin{vmatrix} 1 & 0 \\ 0 & 1 \end{vmatrix} = 1$$

4.2 ▸ 行列式の定義・Python による行列式の計算

前節で挙げた性質はすべて 2×2 行列に対する行列式に関するものですが、**一般の正方行列 A に対しても、（性質 1）から（性質 5）までを満たすような A の関数が 1 つだけ存在する**ことが分かっています。この関数を A の行列式といいます。あらためて定義を具体化してみると次のようになります。

定義4.1. 正方行列 A に対し、

1. ある行（列）を定数倍して他の行に加えても値が変わらない
2. ある行（列）を定数倍すると、値も同じ定数倍される
3. 2 つの行（列）を入れ替えると符号が変わる
4. ある行（列）が和になっていたら、他の行（列）は同じで、それぞれの行（列）をとったものに分かれる
5. 単位行列 I に対する値は 1 である

という性質を満たす関数を A の行列式といい、$|A|$ または $\det A$ で表す[1]。A の次数が n のとき、これを A の行列式の**次数** (degree) という。

---

[1] ただし、4 番目の性質から 1 番目の性質を導くことができますので、実際に必要な条件は 4 つだけですが、ここでは基本変形との関係が見やすいようにしています。なお、これらの性質を満たす関数が一意的に決まることは第 6 章で証明します。

例題4.1. これらの性質を利用して、

$$\begin{vmatrix} 1 & 3 & 3 \\ 2 & 6 & -7 \\ 6 & 12 & 6 \end{vmatrix}$$

を計算してください。

解

$$\begin{aligned}
&\begin{vmatrix} 1 & 3 & 3 \\ 2 & 6 & -7 \\ 6 & 12 & 6 \end{vmatrix} \\
&= 6\begin{vmatrix} 1 & 3 & 3 \\ 2 & 6 & -7 \\ 1 & 2 & 1 \end{vmatrix} \quad \text{（(性質 2) を利用）} \\
&= 6\begin{vmatrix} 1 & 3 & -1 \\ 0 & 0 & -13 \\ 0 & -1 & -2 \end{vmatrix} \quad \text{（(性質 1) を利用）} \\
&= -6\begin{vmatrix} 1 & 3 & -1 \\ 0 & -1 & -2 \\ 0 & 0 & -13 \end{vmatrix} \quad \text{（(性質 3) を利用）} \\
&= (-6)\cdot(-1)\cdot(-13)\begin{vmatrix} 1 & 3 & -1 \\ 0 & 1 & 2 \\ 0 & 0 & 1 \end{vmatrix} \quad \text{（(性質 2) を利用）} \\
&= -(-6)\cdot(-13)\begin{vmatrix} 1 & 3 & 0 \\ 0 & 1 & 0 \\ 0 & 0 & 1 \end{vmatrix} \quad \text{（(性質 1) を利用）} \\
&= -(-6)\cdot(-13)\begin{vmatrix} 1 & 0 & 0 \\ 0 & 1 & 0 \\ 0 & 0 & 1 \end{vmatrix} \\
&= -(-6)\cdot(-13) = -78 \quad \text{（(性質 5) を利用）}
\end{aligned}$$

となりました。基本変形を繰り返すだけで答が求まることに注意しましょう。

計算上、以下の 2 つの定理は重要です。

定理4.1. 基本変形の途中で、すべて 0 の行（列）が現れたら、その行列式の値は 0 になる。

証明 $|A|$ の計算の途中で、すべて 0 の行が現れたとしましょう。すると、その行は、すべて 0 なのですから、（性質 2）より 0 をくくりだすことができます。つまり、その行列式の値は 0 になります。列についても同様です。 □

定理4.2.

上三角行列 (upper triangular matrix) の行列式は対角成分の積に等しい。つまり、次の等式が成り立つ。

$$\begin{vmatrix} a_{11} & a_{12} & a_{13} & \cdots & a_{1\,n-1} & a_{1n} \\ 0 & a_{22} & a_{23} & \cdots & a_{2\,n-1} & a_{2n} \\ 0 & 0 & a_{33} & \cdots & a_{3\,n-1} & a_{3n} \\ \vdots & \vdots & \vdots & \ddots & \vdots & \vdots \\ 0 & 0 & \vdots & \ddots & a_{n-1\,n-1} & a_{n-1\,n} \\ 0 & 0 & 0 & \cdots & 0 & a_{nn} \end{vmatrix} = a_{11}a_{22}a_{33}\cdots a_{nn}$$

証明 まず、a_{nn} をくくり出して、

$$\begin{vmatrix} a_{11} & a_{12} & a_{13} & \cdots & a_{1\,n-1} & a_{1n} \\ 0 & a_{22} & a_{23} & \cdots & a_{2\,n-1} & a_{2n} \\ 0 & 0 & a_{33} & \cdots & a_{3\,n-1} & a_{3n} \\ \vdots & \vdots & \vdots & \ddots & \vdots & \vdots \\ 0 & 0 & \vdots & \ddots & a_{n-1\,n-1} & a_{n-1\,n} \\ 0 & 0 & 0 & \cdots & 0 & a_{nn} \end{vmatrix} = a_{nn} \begin{vmatrix} a_{11} & a_{12} & a_{13} & \cdots & a_{1\,n-1} & a_{1n} \\ 0 & a_{22} & a_{23} & \cdots & a_{2\,n-1} & a_{2n} \\ 0 & 0 & a_{33} & \cdots & a_{3\,n-1} & a_{3n} \\ \vdots & \vdots & \ddots & \ddots & \vdots & \vdots \\ \vdots & \vdots & \ddots & \ddots & a_{n-1\,n-1} & a_{n-1\,n} \\ 0 & 0 & 0 & \cdots & 0 & 1 \end{vmatrix}$$

と変形することができます。ここで、基本変形を繰り返して第 n 列の右端をすべて 0 にすると、

$$= a_{nn} \begin{vmatrix} a_{11} & a_{12} & a_{13} & \cdots & a_{1\,n-1} & a_{1n} \\ 0 & a_{22} & a_{23} & \cdots & a_{2\,n-1} & a_{2n} \\ 0 & 0 & a_{33} & \cdots & a_{3\,n-1} & a_{3n} \\ \vdots & \vdots & \ddots & \ddots & \vdots & \vdots \\ \vdots & \vdots & \ddots & \ddots & a_{n-1\,n-1} & a_{n-1\,n} \\ 0 & 0 & 0 & \cdots & 0 & 1 \end{vmatrix} = a_{nn} \begin{vmatrix} a_{11} & a_{12} & a_{13} & \cdots & a_{1\,n-1} & 0 \\ 0 & a_{22} & a_{23} & \cdots & a_{2\,n-1} & 0 \\ 0 & 0 & a_{33} & \cdots & a_{3\,n-1} & 0 \\ \vdots & \vdots & \ddots & \ddots & \vdots & \vdots \\ \vdots & \vdots & \ddots & \ddots & a_{n-1\,n-1} & 0 \\ 0 & 0 & 0 & \cdots & 0 & 1 \end{vmatrix}$$

となります。ここで、右辺から $a_{n-1\,n-1}$ をくくりだせば、

$$
a_{nn}a_{n-1\,n-1}\begin{vmatrix} a_{11} & a_{12} & a_{13} & \cdots & a_{1\,n-1} & 0 \\ 0 & a_{22} & a_{23} & \cdots & a_{2\,n-1} & 0 \\ 0 & 0 & a_{33} & \cdots & a_{3\,n-1} & 0 \\ \vdots & \vdots & \ddots & \vdots & \vdots & \\ 0 & 0 & 0 & \cdots & 1 & 0 \\ 0 & 0 & 0 & \cdots & 0 & 1 \end{vmatrix}
$$

となります。同様の操作を繰り返していけば、最終的に、上三角行列の行列式が、対角成分の積になることが分かります。 □

したがって、行列式の計算に限れば、**上三角行列にまで変形しておけば、対角成分の積が行列式の値**になるので、その後の変形は不要なのです。

ここでPythonで行列式を計算する方法を説明しておきましょう。

例題4.2. NumPyとSymPyを用いて、以下の行列式の値を計算してください。

$$
\begin{vmatrix} 1 & 2 & 3 & 4 \\ -2 & 3 & 1 & 0 \\ 3 & 4 & -1 & 2 \\ 0 & 2 & 5 & -1 \end{vmatrix}
$$

解 例えば、リスト4.1のようにすればよいでしょう。

リスト4.1 ExNumPySymPyDet.py

```
import numpy as np
import numpy.linalg as LA
import sympy

A = np.array([[1, 2, 3, 4], [-2, 3, 1, 0], [3, 4, -1, 2], [0, 2, 5,
    -1]])
B = sympy.Matrix([[1, 2, 3, 4], [-2, 3, 1, 0], [3, 4, -1, 2], [0, 2, 5,
    -1]])

print(LA.det(A), sympy.det(B), sep = '\n')
```

リスト4.1では、与えられた行列をNumPyで定義したものをA、SymPyで定義したものをBとしています。NumPy による行列式の計算は、8 行目で `numpy.linalg.det` 関数、SymPy での計算は、`sympy.det` 関数で行っています。実行結果は以下のようになります。

```
346.00000000000017
346
```

結果を見ればお分かりかと思いますが、SymPy で求めた結果は 346 で、これが正確な値です。一方、NumPy で計算したものでは 346.00000000000017 となっており、数値計算の誤差が生じていることが分かります。 □

4.3 ▸ ブロック行列と行列式

行列を区切って考えると便利なことがあります。行列式とも関係が深いので、ここで整理しておきましょう。

$$
\left(\begin{array}{c|cc|ccc}
a_{11} & a_{12} & a_{13} & a_{14} & a_{15} & a_{16} \\ \hline
a_{21} & a_{22} & a_{23} & a_{24} & a_{25} & a_{26} \\
a_{31} & a_{32} & a_{33} & a_{34} & a_{35} & a_{36} \\ \hline
a_{41} & a_{42} & a_{43} & a_{44} & a_{45} & a_{46} \\
a_{51} & a_{52} & a_{53} & a_{54} & a_{55} & a_{56} \\
a_{61} & a_{62} & a_{63} & a_{64} & a_{65} & a_{66}
\end{array}\right)
$$

このように、行列 A をいくつかの縦線と横線で区切ることを**行列の分割** (matrix partitioning) といいます。区切られた部分を A の**小行列** (submatrix) または**ブロック行列** (block matrix) と呼んでいます。話を簡単にするために、小さい行列の分割の例を見てみましょう。

$$
A = \left(\begin{array}{cc|cc}
a_{11} & a_{12} & a_{13} & a_{14} \\
a_{21} & a_{22} & a_{23} & a_{24} \\ \hline
a_{31} & a_{32} & a_{33} & a_{34} \\
a_{41} & a_{42} & a_{43} & a_{44}
\end{array}\right) = \left(\begin{array}{c|c}
A_{11} & A_{12} \\ \hline
A_{21} & A_{22}
\end{array}\right)
$$

$$
B = \left(\begin{array}{c|c}
b_{11} & b_{12} \\
b_{21} & b_{22} \\ \hline
b_{31} & b_{32} \\
b_{41} & b_{42}
\end{array}\right) = \left(\begin{array}{c|c}
B_{11} & B_{12} \\ \hline
B_{21} & B_{22}
\end{array}\right)
$$

という行列の分割を考えてみます。AB を成分のまま計算してみると、

$$
\left(\begin{array}{cc|cc}
a_{11} & a_{12} & a_{13} & a_{14} \\
a_{21} & a_{22} & a_{23} & a_{24} \\ \hline
a_{31} & a_{32} & a_{33} & a_{34} \\
a_{41} & a_{42} & a_{43} & a_{44}
\end{array}\right)
\left(\begin{array}{c|c}
b_{11} & b_{12} \\
b_{21} & b_{22} \\ \hline
b_{31} & b_{32} \\
b_{41} & b_{42}
\end{array}\right)
$$

$$
= \left(\begin{array}{c|c}
a_{11}b_{11}+a_{12}b_{21}+a_{13}b_{31}+a_{14}b_{41} & a_{11}b_{12}+a_{12}b_{22}+a_{13}b_{32}+a_{14}b_{42} \\
a_{21}b_{11}+a_{22}b_{21}+a_{23}b_{31}+a_{24}b_{41} & a_{21}b_{12}+a_{22}b_{22}+a_{23}b_{32}+a_{24}b_{42} \\ \hline
a_{31}b_{11}+a_{32}b_{21}+a_{33}b_{31}+a_{34}b_{41} & a_{31}b_{12}+a_{32}b_{22}+a_{33}b_{32}+a_{34}b_{42} \\
a_{41}b_{11}+a_{42}b_{21}+a_{43}b_{31}+a_{44}b_{41} & a_{41}b_{12}+a_{42}b_{22}+a_{43}b_{32}+a_{44}b_{42}
\end{array}\right)
$$

$$
= \left(\begin{array}{c|c}
A_{11}B_{11}+A_{12}B_{21} & A_{11}B_{12}+A_{12}B_{22} \\ \hline
A_{21}B_{11}+A_{22}B_{21} & A_{21}B_{12}+A_{22}B_{22}
\end{array}\right)
$$

となって、通常の行列の計算と同じように、

$$
\left(\begin{array}{c|c}
A_{11} & A_{12} \\ \hline
A_{21} & A_{22}
\end{array}\right)
\left(\begin{array}{c|c}
B_{11} & B_{12} \\ \hline
B_{21} & B_{22}
\end{array}\right)
= \left(\begin{array}{c|c}
A_{11}B_{11}+A_{12}B_{21} & A_{11}B_{12}+A_{12}B_{22} \\ \hline
A_{21}B_{11}+A_{22}B_{21} & A_{21}B_{12}+A_{22}B_{22}
\end{array}\right)
$$

となることが分かります。これはこの例に限らず一般に正しいのです。ただし、分割して掛け算する場合は、対応するブロック同士が掛け算できる形になっていなければならないのはもちろんのことです。ここでは掛け算を例に出しましたが、対応する行列の型が同じ場合は、足し算、引き算もブロックごとにできます。

例題4.3. 次の 2 つの行列を適当に分割し、ブロック行列の計算を経由して以下の積を計算してください。

$$
\begin{pmatrix}
1 & 3 & 1 & 0 \\
2 & 5 & 0 & 1 \\
0 & 0 & 3 & -2 \\
0 & 0 & 1 & 2
\end{pmatrix}
\begin{pmatrix}
-2 & 0 & 0 & 0 \\
1 & 3 & 0 & 0 \\
1 & 0 & 1 & -1 \\
0 & 1 & 3 & 2
\end{pmatrix}
$$

解 与えられた行列を

$$
\left(\begin{array}{cc|cc}
1 & 3 & 1 & 0 \\
2 & 5 & 0 & 1 \\ \hline
0 & 0 & 3 & -2 \\
0 & 0 & 1 & 2
\end{array}\right)
\left(\begin{array}{cc|cc}
-2 & 0 & 0 & 0 \\
1 & 3 & 0 & 0 \\ \hline
1 & 0 & 1 & -1 \\
0 & 1 & 3 & 2
\end{array}\right)
$$

のように分割し、ブロックごとに計算します。まず、$(1,1)$ ブロックは、

$$
\begin{pmatrix} 1 & 3 \\ 2 & 5 \end{pmatrix}
\begin{pmatrix} -2 & 0 \\ 1 & 3 \end{pmatrix}
+
\begin{pmatrix} 1 & 0 \\ 0 & 1 \end{pmatrix}
\begin{pmatrix} 1 & 0 \\ 0 & 1 \end{pmatrix}
$$

$$
= \begin{pmatrix} 1 & 9 \\ 1 & 15 \end{pmatrix}
+ \begin{pmatrix} 1 & 0 \\ 0 & 1 \end{pmatrix}
= \begin{pmatrix} 2 & 9 \\ 1 & 16 \end{pmatrix}
$$

となります。零行列との積は零行列になることに注意すると、$(1,2)$ ブロック、$(2,1)$ ブロック、$(2,2)$ ブロックはそれぞれ、

$$\begin{pmatrix} 1 & 0 \\ 0 & 1 \end{pmatrix}\begin{pmatrix} 1 & -1 \\ 3 & 2 \end{pmatrix} = \begin{pmatrix} 1 & -1 \\ 3 & 2 \end{pmatrix}$$

$$\begin{pmatrix} 3 & -2 \\ 1 & 2 \end{pmatrix}\begin{pmatrix} 1 & 0 \\ 0 & 1 \end{pmatrix} = \begin{pmatrix} 3 & -2 \\ 1 & 2 \end{pmatrix}$$

$$\begin{pmatrix} 3 & -2 \\ 1 & 2 \end{pmatrix}\begin{pmatrix} 1 & -1 \\ 3 & 2 \end{pmatrix} = \begin{pmatrix} -3 & -7 \\ 7 & 3 \end{pmatrix}$$

となりますから、求める行列は、

$$\left(\begin{array}{cc|cc} 2 & 9 & 1 & -1 \\ 1 & 16 & 3 & 2 \\ \hline 3 & -2 & -3 & -7 \\ 1 & 2 & 7 & 3 \end{array}\right) = \begin{pmatrix} 2 & 9 & 1 & -1 \\ 1 & 16 & 3 & 2 \\ 3 & -2 & -3 & -7 \\ 1 & 2 & 7 & 3 \end{pmatrix}$$

となります。 □

行列の分割に関する行列式の性質として、次の定理が便利です。

定理4.3.　A を m 次の正方行列、D を n 次の正方行列とするとき

$$\begin{vmatrix} A & B \\ O & D \end{vmatrix} = \begin{vmatrix} A & O \\ C & D \end{vmatrix} = |A||D|$$

が成り立つ。特に、A が 1 次の正方行列のとき、次が成り立つ。

$$\begin{vmatrix} a & b_{11} & \cdots & b_{1\,n} \\ 0 & & & \\ \vdots & & D & \\ 0 & & & \end{vmatrix} = \begin{vmatrix} a & 0 & \cdots & 0 \\ c_{11} & & & \\ \vdots & & D & \\ c_{n\,1} & & & \end{vmatrix} = a|D|$$

証明 2 つの等式がありますが、まず、

$$\begin{vmatrix} A & B \\ O & D \end{vmatrix} = |A||D|$$

を証明します。D が正則でなければ、第 $m+1$ 行から第 $m+n$ 行までの行基本変形により、少なくとも 1 つの行がすべて 0 になるようにできます。このとき両辺とも 0 となり、等号が成り立ちます。同様に、A が正則でない場合は、第 1 列から第 m 列までの列基本変形により、少なくとも 1 つの列がすべて 0 になるようにでき、等号が成り立つことが分かります。

A, D が正則の場合を考えます。与えられた行列のブロック単位の基本変形を考えると、第 1 行から

第 m 行までの基本変形と、第 $m+1$ 行から第 $m+n$ 行までの基本変形から

$$\begin{vmatrix} A & B \\ O & D \end{vmatrix} = |A| \begin{vmatrix} I & B' \\ O & D \end{vmatrix} = |A||D| \begin{vmatrix} I & B' \\ O & I \end{vmatrix} = |A||D|$$

が成り立ちます（ここで、B' は、第 1 行から第 m 行の変形で B が変化したもの）。後者についても、第 m 列を右隣の列と n 回入れ替えて、第 $m+n$ 列へ移動し、これを第 $m-1$ 列 $, \cdots ,$ 第 1 列と繰り返していって、行に対しても同様の入れ替えを行うことで、

$$\begin{vmatrix} A & O \\ C & D \end{vmatrix} = (-1)^{nm} \begin{vmatrix} O & A \\ D & C \end{vmatrix} = (-1)^{nm}(-1)^{nm} \begin{vmatrix} D & C \\ O & A \end{vmatrix} = |A||D|$$

が成り立つことが分かります。 □

定理4.4. n 次の正方行列 A, B に対し、以下の等式が成り立つ。

$$|AB| = |A||B|$$

証明 A, B と n 次の単位行列 I を使って、次のような行列式を考えます。

$$\begin{vmatrix} A & O \\ -I & B \end{vmatrix}$$

この行列式の値は、右上のブロックが零行列になっていますから、定理 4.3. より $|A||B|$ と等しいことが分かります。一方、下半分のブロックに左から A を掛けたものを上半分のブロックに加えても行列式の値は変わりませんので、

$$\begin{aligned} \begin{vmatrix} A & O \\ -I & B \end{vmatrix} &= \begin{vmatrix} A + A(-I) & O + AB \\ -I & B \end{vmatrix} \\ &= \begin{vmatrix} O & AB \\ -I & B \end{vmatrix} \\ &= (-1)^n \begin{vmatrix} -I & B \\ O & AB \end{vmatrix} && (*) \\ &= (-1)^n |-I||AB| \\ &= (-1)^n \cdot (-1)^n |AB| = |AB| && (**) \end{aligned}$$

となります。ここで、ブロックの入れ換えには n 回行を入れ換えなければならないので $(*)$ が成り立ち、$(**)$ は、$-I$ の対角成分はすべて -1 なので、$|-I| = (-1)^n$ となることから導かれます。これらは、同じ行列式を計算した結果なので等しく、$|AB| = |A||B|$ となることが分かります。 □

例題4.4.　A, B を n 次の正方行列とするとき、次の公式を証明してください[2]。

$$\begin{vmatrix} A & B \\ B & A \end{vmatrix} = |A+B||A-B|$$

解　まず、2 列目（ブロック単位で 2 列目）を 1 列目に加えて、2 行目から 1 行目を引けば、

$$\begin{vmatrix} A & B \\ B & A \end{vmatrix} = \begin{vmatrix} A+B & B \\ B+A & A \end{vmatrix}$$
$$= \begin{vmatrix} A+B & B \\ O & A-B \end{vmatrix} = |A+B||A-B|$$

となり、公式が示されました。最後の等式で定理 4.3 を使いました。 □

定理 4.4. の証明で威力を発揮したブロック行列は、いろいろなところで役立ちます。特に行列式との関係で重要です。いくつか例を見ておきましょう。

例題4.5.　A, B, C, D を n 次の正方行列とし、A が正則であるとき、次の等式が成り立つことを証明してください。

$$\begin{pmatrix} A & B \\ C & D \end{pmatrix} = \begin{pmatrix} I & O \\ CA^{-1} & I \end{pmatrix} \begin{pmatrix} A & O \\ O & D-CA^{-1}B \end{pmatrix} \begin{pmatrix} I & A^{-1}B \\ O & I \end{pmatrix} \tag{4.1}$$

この等式から、行列式に関する次の等式を導いてください。

$$\begin{vmatrix} A & B \\ C & D \end{vmatrix} = |A||D-CA^{-1}B| \tag{4.2}$$

解　(4.1) の右辺を計算して左辺に一致することを示せばいいですね。

$$\begin{pmatrix} I & O \\ CA^{-1} & I \end{pmatrix} \begin{pmatrix} A & O \\ O & D-CA^{-1}B \end{pmatrix} \begin{pmatrix} I & A^{-1}B \\ O & I \end{pmatrix}$$
$$= \begin{pmatrix} IA+O^2 & IO+O(D-CA^{-1}B) \\ CA^{-1}A+IO & CA^{-1}O+I(D-CA^{-1}B) \end{pmatrix} \begin{pmatrix} I & A^{-1}B \\ O & I \end{pmatrix}$$
$$= \begin{pmatrix} A & O \\ C & D-CA^{-1}B \end{pmatrix} \begin{pmatrix} I & A^{-1}B \\ O & I \end{pmatrix}$$
$$= \begin{pmatrix} AI+O^2 & AA^{-1}B+OI \\ CI+(D-CA^{-1}B)O & CA^{-1}B+(D-CA^{-1}B)I \end{pmatrix} = \begin{pmatrix} A & B \\ C & D \end{pmatrix}$$

---

[2] 章末の問題 4-7 もご覧ください。

となります。この両辺の行列式をとれば、定理 4.4. と定理 4.3. より、

$$\begin{aligned} \begin{vmatrix} A & B \\ C & D \end{vmatrix} &= \begin{vmatrix} I & O \\ CA^{-1} & I \end{vmatrix} \begin{vmatrix} A & O \\ O & D-CA^{-1}B \end{vmatrix} \begin{vmatrix} I & A^{-1}B \\ O & I \end{vmatrix} \\ &= \begin{vmatrix} A & O \\ O & D-CA^{-1}B \end{vmatrix} = |A||D-CA^{-1}B| \end{aligned}$$

が得られ、(4.2) が示されました。 □

(4.2) は、次のように基本変形で導くこともできます。

$$\begin{aligned} \begin{vmatrix} A & B \\ C & D \end{vmatrix} &= |A| \begin{vmatrix} I & A^{-1}B \\ C & D \end{vmatrix} \\ &= |A| \begin{vmatrix} I & A^{-1}B \\ O & D-CA^{-1}B \end{vmatrix} = |A||D-CA^{-1}B| \end{aligned}$$

(4.1) を使うとブロック行列の逆行列の公式を求めることができます。

例題4.6. 例題 4.5. の式 (4.1) を利用して、A と $G = D - CA^{-1}B$ が正則のとき次の公式が成り立つことを示してください。

$$\begin{pmatrix} A & B \\ C & D \end{pmatrix}^{-1} = \begin{pmatrix} A^{-1} + A^{-1}BG^{-1}CA^{-1} & -A^{-1}BG^{-1} \\ -G^{-1}CA^{-1} & G^{-1} \end{pmatrix}$$

解 (4.1) より、

$$\begin{aligned} \begin{pmatrix} A & B \\ C & D \end{pmatrix}^{-1} &= \begin{pmatrix} I & A^{-1}B \\ O & I \end{pmatrix}^{-1} \begin{pmatrix} A & O \\ O & G \end{pmatrix}^{-1} \begin{pmatrix} I & O \\ CA^{-1} & I \end{pmatrix}^{-1} \\ &= \begin{pmatrix} I & -A^{-1}B \\ O & I \end{pmatrix} \begin{pmatrix} A^{-1} & O \\ O & G^{-1} \end{pmatrix} \begin{pmatrix} I & O \\ -CA^{-1} & I \end{pmatrix} \\ &= \begin{pmatrix} A^{-1} & -A^{-1}BG^{-1} \\ O & G^{-1} \end{pmatrix} \begin{pmatrix} I & O \\ -CA^{-1} & I \end{pmatrix} \\ &= \begin{pmatrix} A^{-1} + A^{-1}BG^{-1}CA^{-1} & -A^{-1}BG^{-1} \\ -G^{-1}CA^{-1} & G^{-1} \end{pmatrix} \end{aligned}$$

ここで、章末問題 4-2 の公式を使いました。 □

4.4 ▸ NumPy・SymPy におけるブロック行列の扱い

NumPy を使って、いくつかの行列をブロック行列としてはめこんで新たな行列をつくる方法のう

ち、最も直感的に扱える numpy.block を紹介します。

例題4.7.　NumPy を用いて、例題 4.3. の行列を 2×2 型のブロック行列 4 つを次のように組み合わせた行列 M_1, M_2 として定義し、積 $M_1 M_2$ を求めてください。

$$M_1 = \left(\begin{array}{c|c} A_1 & B_1 \\ \hline C_1 & D_1 \end{array}\right), \quad M_2 = \left(\begin{array}{c|c} A_2 & B_2 \\ \hline C_2 & D_2 \end{array}\right)$$

解　M_1, M_2 を構成するブロック行列は、それぞれ以下のようになります。

$$A_1 = \begin{pmatrix} 1 & 3 \\ 2 & 5 \end{pmatrix}, \quad B_1 = I_2, \quad C_1 = O_{2,2}, \quad D_1 = \begin{pmatrix} 3 & -2 \\ 1 & 2 \end{pmatrix}$$

$$A_2 = \begin{pmatrix} -2 & 0 \\ 1 & 3 \end{pmatrix}, \quad B_2 = O_{2,2}, \quad C_2 = I_2, \quad D_2 = \begin{pmatrix} 1 & -1 \\ 3 & 2 \end{pmatrix}$$

これらを numpy.block を使ってまとめ、$M_1 M_2$ を計算するプログラムがリスト 4.2 になります。

リスト 4.2　BlockMatrix.py

```
import numpy as np

A1 = np.array([[1,3],[2,5]])
B1 = np.eye(2)
C1 = np.zeros((2,2))
D1 = np.array([[3,-2],[1,2]])
M1 = np.block([[A1,B1],[C1,D1]])

A2 = np.array([[-2,0],[1,3]])
B2 = np.zeros((2,2))
C2 = np.eye(2)
D2 = np.array([[1,-1],[3,2]])
M2 = np.block([[A2,B2],[C2,D2]])

M3 = M1 @ M2

print('M1=', M1, 'M2=', M2, 'M1M2=', M3, sep='\n')
```

3 行目から 6 行目までと 9 行目から 12 行目までは、ブロック行列それぞれを ndarray 型で定義しています。これらはこれまでと同様です。重要なのは、7 行目、13 行目の処理です。例えば、7 行目は、

```
M1 = np.block([[A1,B1],[C1,D1]])
```

となっていますが、これは np.array とするのではなく、np.block としている以外は、2×2 行列の記法と同じです。プログラムを実行すると、次のように、ブロック行列から M_1, M_2 が正しく定義されており、その積が例題 4.3. で既に計算した $M_1 M_2$ に一致していることが確認できます。

```
M1=
[[ 1.  3.  1.  0.]
 [ 2.  5.  0.  1.]
 [ 0.  0.  3. -2.]
 [ 0.  0.  1.  2.]]
M2=
[[-2.  0.  0.  0.]
 [ 1.  3.  0.  0.]
 [ 1.  0.  1. -1.]
 [ 0.  1.  3.  2.]]
M1M2=
[[ 2.  9.  1. -1.]
 [ 1. 16.  3.  2.]
 [ 3. -2. -3. -7.]
 [ 1.  2.  7.  3.]]
```

例題4.8. 2×2 行列 A, B, C と零行列 $O_{2,2}$ をブロック行列として次のように定義された行列 M を考えます。

$$M = \left(\begin{array}{c|c} A & C \\ \hline O_{2,2} & B \end{array}\right)$$

NumPy を用いて、A, B, C をランダムに変化させても、$|M|$ の値は C によらずに $|A||B|$ に一致することを確認してください。ただし、行列の成分は、半開区間 $[-10, 10)$ の範囲の実数を一様ランダムに選ぶものとします[*3]。

解 ブロック行列については、例題 4.7. と同様にすればよいのですが、ランダムな行列の生成をどうするかが問題ですね。一様乱数を生成する方法として標準的なのは、numpy.random.uniform を使うことです。以下のように書きます。

[*3] 一様分布に従う乱数という意味ですが、ここでは、「numpy.random.uniform を使って生成できる乱数」だと理解していただければ結構です。この問題自体は、確率分布と無関係です。

```
np.random.uniform(low = a, high = b, size = (m, n))
```

ここで、size = (m, n) は、$m \times n$ 型の行列の意味になります。low、high はそれぞれ成分の乱数の範囲にあたります。a, b $(a < b)$ には適当な数字を指定します。すると、$[a, b)$ の範囲の乱数を成分とした $m \times n$ 型の乱数行列が生成されます[*4]。これらを用いてリスト 4.3 のようにすれば、乱数行列 M が生成され、その行列式が計算できます。

リスト 4.3　ExBlockMatrixDet.py

```
1  import numpy as np
2  import numpy.linalg as LA
3
4  A = np.random.uniform(low = -10, high = 10, size = (2, 2))
5  B = np.random.uniform(low = -10, high = 10, size = (2, 2))
6  C = np.random.uniform(low = -10, high = 10, size = (2, 2))
7  O = np.zeros((2,2))
8
9  M = np.block([[A, C], [O, B]])
10
11 print(M, LA.det(M), LA.det(A)*LA.det(B), sep='\n')
```

4 行目から 6 行目までで、乱数行列 A, B, C を生成しています。7 行目では 2×2 型の零行列を生成しています。

実行結果は、次のようになります。

```
[[-6.6394227   3.88555035 -9.27266906 -9.36105425]
 [-8.38319062  6.94211592 -7.39213     8.278782  ]
 [ 0.          0.         -1.49935992 -2.41030357]
 [ 0.          0.         -1.60034274 -7.30782583]]
-95.97677430139986
-95.97677430139987
```

乱数は毎回変化しますので、これは一例にすぎません。みなさんの PC 上では、別の行列が生成され、行列式の値も異なるでしょう。上の計算では $|M|$ と $|A||B|$ の値がわずかに違いますが、これは

[*4] 同じ範囲で一様な整数の乱数を生成するには、A = np.random.randint(low = -10, high = 10, size = (2, 2)) のようにします。様々な確率分布に従う乱数を生成できますが、本書は線形代数学の教科書なので、乱数についてはこのあたりでやめておきます。

数値計算の誤差によるものです[*5]。

次に SymPy でブロック行列を扱う方法を説明します。

例題4.9. n 次の正方行列 A, B, C に対し、$2n$ 次の正方行列 X, Y を以下のように定義します。

$$X = \begin{pmatrix} A & I_n \\ -I_n & B \end{pmatrix}, \quad Y = \begin{pmatrix} A & O_{n,n} \\ C & -I_n \end{pmatrix}$$

SymPy を用いて、ブロック行列のまま計算して、X^{-1} と $X^{-1}Y$ を数式として表示してください。

解 SymPy でブロック行列を扱うこともできますが、行列の場合は可換とは限りませんので、sympy.Symbol ではなく、sympy.MatrixSymbol を使う必要があります。

リスト 4.4 ExSympyMatrix.py

```
1  import sympy
2
3  n = 2
4  A = sympy.MatrixSymbol('A', n, n)
5  B = sympy.MatrixSymbol('B', n, n)
6  C = sympy.MatrixSymbol('C', n, n)
7  I = sympy.Identity(n)
8  O = sympy.ZeroMatrix(n, n)
9
10 X = sympy.BlockMatrix([[A, I],[-I,B]])
11 Y = sympy.BlockMatrix([[A,O],[C,-I]])
12
13 print(sympy.block_collapse(sympy.Inverse(X)))
14 print(sympy.block_collapse(sympy.Inverse(X)*Y))
```

4 行目から 6 行目においては、A, B, C を MatrixSymbol として定義しています。n は本当はなんでもいいのですが、一応指定する必要があるので、すべて 2×2 行列としてあります。7 行目では、n 次（ここでは 2 次）の単位行列を定義しています。8 行目は $n \times n$ の零行列を定義しています。SymPy におけるブロック行列は、BlockMatrix を使って定義します。ご覧になれば分かるかと思いますが、

[*5] 計算機で実数や複素数を扱う際に、理論上一致する数値が数値計算の誤差によって異なる値になってしまうことがよくあります。2 つの値の一致は単純にイコールかどうかだけでは判定できず、差が所定の数よりも小さい場合に一致と判定する方法がよく使われます。

普通の行列のようにブロックを並べる点は、NumPy の `block` と同じです。13 行目では、逆行列を `sympy.Inverse` によって指定しています。逆行列は存在するものとして扱われます。実行すると、

```
Matrix([
[      -(-I - B*A)**(-1)*B,     (-I - B*A)**(-1)],
[I + A*(-I - B*A)**(-1)*B, -A*(-I - B*A)**(-1)]])
Matrix([
[          -(-I - B*A)**(-1)*B*A + (-I - B*A)**(-1)*C,  -(-I - B*A)**(-1)],
[(I + A*(-I - B*A)**(-1)*B)*A - A*(-I - B*A)**(-1)*C, A*(-I - B*A)**(-1)]])
```

となります。やや見づらいので数式らしく書けば、

$$X^{-1} = \begin{pmatrix} -(-I-BA)^{-1}B & (-I-BA)^{-1} \\ I+A(-I-BA)^{-1}B & -A(-I-BA)^{-1} \end{pmatrix}$$

$$X^{-1}Y = \begin{pmatrix} -(-I-BA)^{-1}BA+(-I-BA)^{-1}C & -(-I-BA)^{-1} \\ (I+A(-I-BA)^{-1}B)A-A(-I-BA)^{-1}C & A(-I-BA)^{-1} \end{pmatrix}$$

となります。見事にブロック行列の計算ができていますね。 □

　最終行（13, 14 行目）で `sympy.block_collapse` としていますが、これは、逆行列と行列の積を計算した結果を返すように指定する処理です [6]。もし、そのまま `print(sympy.Inverse(X)*Y)` としてしまうと、実行結果は、

```
Matrix([
[ A, I],
[-I, B]])**(-1)*Matrix([
[A,  0],
[C, -I]])
```

となって、逆行列の計算と行列の積がなされないままになってしまいます。

章末問題

問題4-1　**(Python)**　NumPy と SymPy を用いて、以下の行列式の値を計算してください。

---

[6] collapse とは、崩壊する、つぶれる、折りたたむ、分解するという意味ですが、ここでは、「計算して展開する」という意味とご理解いただければと思います。

$$\begin{vmatrix} 3 & 1 & 4 & 1 \\ 5 & 9 & 2 & 6 \\ 5 & 3 & 5 & 8 \\ 9 & 7 & 9 & 3 \end{vmatrix}$$

問題4-2 **(数学)**　I を n 次の単位行列、X, Y を n 次の正方行列とするとき、次の公式を示してください。

$$\begin{pmatrix} I & X \\ O & I \end{pmatrix}^{-1} = \begin{pmatrix} I & -X \\ O & I \end{pmatrix}$$

$$\begin{pmatrix} I & O \\ Y & I \end{pmatrix}^{-1} = \begin{pmatrix} I & O \\ -Y & I \end{pmatrix}$$

問題4-3 **(数学)**　手計算で次の行列式の値を求めてください。

$$\begin{vmatrix} 1 & 2 & 4 & -1 \\ 2 & 3 & 0 & 1 \\ 1 & 1 & 3 & -4 \\ 2 & 3 & 1 & 1 \end{vmatrix}$$

問題4-4 **(数学)**　I を n 次の単位行列、A, B を n 次の正方行列とするとき、次の公式を示してください。ただし、i は虚数単位とします。

$$\begin{vmatrix} A & -B \\ B & A \end{vmatrix} = |A - iB||A + iB|$$

問題4-5 **(数学)**　次の行列式を因数分解した形で表してください。ただし、a, b, c は定数です。

$$\begin{vmatrix} a & a & a \\ a & b & b \\ a & b & c \end{vmatrix}$$

問題4-6 **(Python)**　SymPy を用いて問題 4-5 の行列の行列式を求めてください。なお、因数分解した形にしたい場合は、`sympy.factor` 関数を用いるとよいでしょう。

問題4-7 **(Python)**　例題 4.4. の公式

$$\begin{vmatrix} A & B \\ B & A \end{vmatrix} = |A + B||A - B|$$

が成り立つことを Python を用いて確認するため、A, B を 2 次の正方行列をランダムに選んで、両辺の値が一致することを示してください。ただし、行列の成分は、$[-10, 10)$ 上の

一様乱数としてください。左辺は $|A^2 - B^2|$ や $|A|^2 - |B|^2$ に一致するでしょうか。

問題4-8　**(数学)**　例題 4.9. に現れる

$$X = \begin{pmatrix} A & I \\ -I & B \end{pmatrix}$$

の逆行列 X^{-1} が、

$$\begin{pmatrix} (I + BA)^{-1}B & -(I + BA)^{-1} \\ I - A(I + BA)^{-1}B & A(I + BA)^{-1} \end{pmatrix}$$

であることをブロック行列の積を求めることによって示してください。ただし、A, B は n 次の正方行列で、I は n 次の単位行列とします。

問題4-9　**(数学)**　問題 4-4 の結果を利用して、次の行列の行列式を求めてください。

$$\begin{vmatrix} a & b & -c & -d \\ -b & a & -d & c \\ c & d & a & b \\ d & -c & -b & a \end{vmatrix}$$

Chapter 5

第5章 行列式の余因子展開・クラメルの公式

ここでは、行列式の余因子《よいんし》展開について説明します。余因子展開は、行列式をより次数の小さな行列式で表現する方法の一つですが、これを用いることで、連立方程式の解の公式であるクラメルの公式を導くことができます。

5.1 ▸ 3×3 行列の行列式の余因子展開

一般の余因子展開を説明するため、最初に、3×3 行列の行列式を観察しましょう。行列式の（**性質4**）から、

$$
\begin{aligned}
&\begin{vmatrix} a_{11} & a_{12} & a_{13} \\ a_{21} & a_{22} & a_{23} \\ a_{31} & a_{32} & a_{33} \end{vmatrix} \\
&= \begin{vmatrix} a_{11}+0 & 0+a_{12} & 0+a_{13} \\ a_{21} & a_{22} & a_{23} \\ a_{31} & a_{32} & a_{33} \end{vmatrix} \\
&= \begin{vmatrix} a_{11} & 0 & 0 \\ a_{21} & a_{22} & a_{23} \\ a_{31} & a_{32} & a_{33} \end{vmatrix} + \begin{vmatrix} 0 & a_{12} & a_{13} \\ a_{21} & a_{22} & a_{23} \\ a_{31} & a_{32} & a_{33} \end{vmatrix} \\
&= \begin{vmatrix} a_{11} & 0 & 0 \\ a_{21} & a_{22} & a_{23} \\ a_{31} & a_{32} & a_{33} \end{vmatrix} + \begin{vmatrix} 0 & a_{12} & 0 \\ a_{21} & a_{22} & a_{23} \\ a_{31} & a_{32} & a_{33} \end{vmatrix} + \begin{vmatrix} 0 & 0 & a_{13} \\ a_{21} & a_{22} & a_{23} \\ a_{31} & a_{32} & a_{33} \end{vmatrix}
\end{aligned}
$$

という形に分解することができます。さらに、a_{11}, a_{12}, a_{13} をくくりだし、

$$
\begin{aligned}
&= a_{11}\begin{vmatrix} 1 & 0 & 0 \\ a_{21} & a_{22} & a_{23} \\ a_{31} & a_{32} & a_{33} \end{vmatrix} + a_{12}\begin{vmatrix} 0 & 1 & 0 \\ a_{21} & a_{22} & a_{23} \\ a_{31} & a_{32} & a_{33} \end{vmatrix} \\
&\quad + a_{13}\begin{vmatrix} 0 & 0 & 1 \\ a_{21} & a_{22} & a_{23} \\ a_{31} & a_{32} & a_{33} \end{vmatrix}
\end{aligned}
$$

となることが分かります。第 2 項で第 1 列と第 2 列を入れ換え、第 3 項で第 2 列と第 3 列を入れ換え、さらに、第 1 列と第 2 列を入れ換えて 1 を (1,1) 成分に持ってくると、

$$
\begin{aligned}
&= a_{11}\begin{vmatrix} 1 & 0 & 0 \\ a_{21} & a_{22} & a_{23} \\ a_{31} & a_{32} & a_{33} \end{vmatrix} + (-1)\cdot a_{12}\begin{vmatrix} 1 & 0 & 0 \\ a_{22} & a_{21} & a_{23} \\ a_{32} & a_{31} & a_{33} \end{vmatrix} \\
&\quad + (-1)^2 a_{13}\begin{vmatrix} 1 & 0 & 0 \\ a_{23} & a_{21} & a_{22} \\ a_{33} & a_{31} & a_{32} \end{vmatrix}
\end{aligned}
$$

となります。それぞれの行列式に対して定理 4.3. を用いれば、

$$
\begin{aligned}
&\begin{vmatrix} a_{11} & a_{12} & a_{13} \\ a_{21} & a_{22} & a_{23} \\ a_{31} & a_{32} & a_{33} \end{vmatrix} \\
&= a_{11}\begin{vmatrix} a_{22} & a_{23} \\ a_{32} & a_{33} \end{vmatrix} - a_{12}\begin{vmatrix} a_{21} & a_{23} \\ a_{31} & a_{33} \end{vmatrix} + a_{13}\begin{vmatrix} a_{21} & a_{22} \\ a_{31} & a_{32} \end{vmatrix} \qquad (5.1)
\end{aligned}
$$

が成り立つことが分かります。これは 3 次の行列式を 2 次の行列式で表す公式と考えることができます。ここで出てきた 3 つの小行列式を、

$$
A_{11} = \begin{vmatrix} a_{22} & a_{23} \\ a_{32} & a_{33} \end{vmatrix}, \quad A_{12} = \begin{vmatrix} a_{21} & a_{23} \\ a_{31} & a_{33} \end{vmatrix}, \quad A_{13} = \begin{vmatrix} a_{21} & a_{22} \\ a_{31} & a_{32} \end{vmatrix}
$$

のように書けば、式 (5.1) は、

$$
|A| = a_{11}A_{11} - a_{12}A_{12} + a_{13}A_{13}
$$

と書くことができます。これを、行列式の第 1 行による**余因子展開**（cofactor expansion）といいます。

一般の正方行列 A に対し、A_{ij} を「A から第 i 行と第 j 列を取り除いた行列の行列式」と定義します。

ここでは第 1 行についての余因子展開を示しましたが、行を入れ換えれば、第 2 行、第 3 行による

余因子展開もできます。例えば、第1行と第2行を入れ換えた上で第1行に関する余因子展開を行えば、第2行に関する余因子展開となります。この際、符号が1回変わっていることに注意しましょう。

5.2 ▸ 一般の行列式の余因子展開

3×3 行列の行列式の余因子展開は、容易に n 次の行列式に一般化することができます。その際、符号の変化に注目して、

$$\tilde{A}_{ij}=(-1)^{i+j}A_{ij}$$

とします。これを A の第 (i,j) **余因子** (cofactor) または成分 a_{ij} の余因子といいます。第 i 行による余因子展開は、以下のようになります。

$$|A|=a_{i1}\tilde{A}_{i1}+a_{i2}\tilde{A}_{i2}+\cdots+a_{in}\tilde{A}_{in}$$

全く同様の計算で、列に関する余因子展開もできます。

$$|A|=a_{1j}\tilde{A}_{1j}+a_{2j}\tilde{A}_{2j}+\cdots+a_{nj}\tilde{A}_{nj}$$

例えば、3×3 型行列式の第1列に関する余因子展開は以下のようになります。

$$\begin{aligned}&\begin{vmatrix}a_{11}&a_{12}&a_{13}\\a_{21}&a_{22}&a_{23}\\a_{31}&a_{32}&a_{33}\end{vmatrix}\\&=a_{11}(-1)^{1+1}\begin{vmatrix}a_{22}&a_{23}\\a_{32}&a_{33}\end{vmatrix}+a_{21}(-1)^{2+1}\begin{vmatrix}a_{12}&a_{13}\\a_{32}&a_{33}\end{vmatrix}\\&\quad+a_{31}(-1)^{3+1}\begin{vmatrix}a_{12}&a_{13}\\a_{22}&a_{23}\end{vmatrix}\\&=a_{11}\begin{vmatrix}a_{22}&a_{23}\\a_{32}&a_{33}\end{vmatrix}-a_{21}\begin{vmatrix}a_{12}&a_{13}\\a_{32}&a_{33}\end{vmatrix}+a_{31}\begin{vmatrix}a_{12}&a_{13}\\a_{22}&a_{23}\end{vmatrix}\end{aligned}$$

$n\times n$ 行列の行列式の余因子展開も同様に定義できます。様子を見るために、4×4 行列の例を見てみましょう。

例題5.1. 余因子展開を利用して、

$$\begin{vmatrix}1&0&-1&2\\2&4&3&-1\\-2&0&4&3\\3&0&2&0\end{vmatrix}$$

を求めてください。

解 指示に従って余因子展開を使って計算します。余因子展開では、0 が多い行や列を見つけて展開すると計算が楽になることに注意しましょう。第 2 列に 0 が 3 つありますので、まず第 2 列について余因子展開して、

$$
\begin{vmatrix} 1 & 0 & -1 & 2 \\ 2 & 4 & 3 & -1 \\ -2 & 0 & 4 & 3 \\ 3 & 0 & 2 & 0 \end{vmatrix}
= 4 \cdot \begin{vmatrix} 1 & -1 & 2 \\ -2 & 4 & 3 \\ 3 & 2 & 0 \end{vmatrix}
$$

が得られます。右辺の行列式を第 1 列で展開すると、

$$
4 \cdot \left(\begin{vmatrix} 4 & 3 \\ 2 & 0 \end{vmatrix} + 2 \begin{vmatrix} -1 & 2 \\ 2 & 0 \end{vmatrix} + 3 \begin{vmatrix} -1 & 2 \\ 4 & 3 \end{vmatrix} \right) = 4 \times (-47) = -188
$$

となりますので、求める行列式の値は -188 となります。 □

お気づきの読者もいらっしゃるかと思いますが、余因子展開を前提にすれば、次数に関して帰納的に行列式を定義することもできます。

5.3 ▸ 逆行列と余因子行列

ここで、余因子展開の観点から、連立方程式をもう一度考え直してみることにしましょう。連立方程式

$$
\begin{pmatrix} a_{11} & a_{12} & \cdots & a_{1n} \\ a_{21} & a_{22} & \cdots & a_{2n} \\ \vdots & \vdots & \ddots & \vdots \\ a_{n1} & a_{n2} & \cdots & a_{nn} \end{pmatrix}
\begin{pmatrix} x_1 \\ x_2 \\ \vdots \\ x_n \end{pmatrix}
=
\begin{pmatrix} b_1 \\ b_2 \\ \vdots \\ b_n \end{pmatrix}
\tag{5.2}
$$

は、行列と列ベクトルを用いて、

$$
A\boldsymbol{x} = \boldsymbol{b} \tag{5.3}
$$

と書くことができます。もし A が逆行列を持てば、(5.3) の解は、

$$
\boldsymbol{x} = A^{-1}\boldsymbol{b}
$$

と書き直すことができます。

A^{-1} を行列式で表現して、解を行列式で表現することを考えましょう。

感触をつかむために、$n=3$ の場合を考えましょう。A を第 1 行で余因子展開すると、

$$|A| = a_{11}\tilde{A}_{11} + a_{12}\tilde{A}_{12} + a_{13}\tilde{A}_{13}$$

となります。ここで、A の第 2 行を第 1 行と同じにした行列式

$$\begin{vmatrix} a_{21} & a_{22} & a_{23} \\ a_{21} & a_{22} & a_{23} \\ a_{31} & a_{32} & a_{33} \end{vmatrix}$$

を考えます。第 2 行から第 1 行を引くと第 2 行がすべて 0 になるので、値は 0 です。したがって、この行列式を第 1 行で余因子展開すると、

$$0 = a_{21}\tilde{A}_{11} + a_{22}\tilde{A}_{12} + a_{23}\tilde{A}_{13}$$

が得られます。同様に、A の第 3 行を第 1 行と同じにした行列式

$$\begin{vmatrix} a_{31} & a_{32} & a_{33} \\ a_{21} & a_{22} & a_{23} \\ a_{31} & a_{32} & a_{33} \end{vmatrix}$$

を考えます。これも第 1 行と第 3 行が等しいので、値は 0 になります。第 1 行について余因子展開すると、

$$0 = a_{31}\tilde{A}_{11} + a_{32}\tilde{A}_{12} + a_{33}\tilde{A}_{13}$$

となります。以上をまとめると、

$$\begin{pmatrix} a_{11} & a_{12} & a_{13} \\ a_{21} & a_{22} & a_{23} \\ a_{31} & a_{32} & a_{33} \end{pmatrix} \begin{pmatrix} \tilde{A}_{11} \\ \tilde{A}_{12} \\ \tilde{A}_{13} \end{pmatrix} = \begin{pmatrix} |A| \\ 0 \\ 0 \end{pmatrix}$$

が得られます。今やったことは、第 2 行、第 3 行を第 1 行に置き換えた行列式の余因子展開ですが、第 1 行、第 3 行を第 2 行に置き換えて同じことをすれば、

$$\begin{pmatrix} a_{11} & a_{12} & a_{13} \\ a_{21} & a_{22} & a_{23} \\ a_{31} & a_{32} & a_{33} \end{pmatrix} \begin{pmatrix} \tilde{A}_{21} \\ \tilde{A}_{22} \\ \tilde{A}_{23} \end{pmatrix} = \begin{pmatrix} 0 \\ |A| \\ 0 \end{pmatrix}$$

となります。同様にして、第 1 行、第 2 行を第 3 行に置き換えた行列式の余因子展開を行うことにより、

$$\begin{pmatrix} a_{11} & a_{12} & a_{13} \\ a_{21} & a_{22} & a_{23} \\ a_{31} & a_{32} & a_{33} \end{pmatrix} \begin{pmatrix} \tilde{A}_{31} \\ \tilde{A}_{32} \\ \tilde{A}_{33} \end{pmatrix} = \begin{pmatrix} 0 \\ 0 \\ |A| \end{pmatrix}$$

となります。全部まとめると、

$$\begin{pmatrix} a_{11} & a_{12} & a_{13} \\ a_{21} & a_{22} & a_{23} \\ a_{31} & a_{32} & a_{33} \end{pmatrix} \begin{pmatrix} \tilde{A}_{11} & \tilde{A}_{21} & \tilde{A}_{31} \\ \tilde{A}_{12} & \tilde{A}_{22} & \tilde{A}_{32} \\ \tilde{A}_{13} & \tilde{A}_{23} & \tilde{A}_{33} \end{pmatrix} = \begin{pmatrix} |A| & 0 & 0 \\ 0 & |A| & 0 \\ 0 & 0 & |A| \end{pmatrix}$$

が得られます。これは、

$$A \begin{pmatrix} \tilde{A}_{11} & \tilde{A}_{21} & \tilde{A}_{31} \\ \tilde{A}_{12} & \tilde{A}_{22} & \tilde{A}_{32} \\ \tilde{A}_{13} & \tilde{A}_{23} & \tilde{A}_{33} \end{pmatrix} = |A|I$$

となることを意味します。したがって、$|A| \neq 0$ であれば、

$$A \left\{ \frac{1}{|A|} \begin{pmatrix} \tilde{A}_{11} & \tilde{A}_{21} & \tilde{A}_{31} \\ \tilde{A}_{12} & \tilde{A}_{22} & \tilde{A}_{32} \\ \tilde{A}_{13} & \tilde{A}_{23} & \tilde{A}_{33} \end{pmatrix} \right\} = I \tag{5.4}$$

となり、$AX = I$ となる行列が得られたことになります。

「列」について同じことをすれば、

$$\begin{pmatrix} \tilde{A}_{11} & \tilde{A}_{21} & \tilde{A}_{31} \\ \tilde{A}_{12} & \tilde{A}_{22} & \tilde{A}_{32} \\ \tilde{A}_{13} & \tilde{A}_{23} & \tilde{A}_{33} \end{pmatrix} \begin{pmatrix} a_{11} & a_{12} & a_{13} \\ a_{21} & a_{22} & a_{23} \\ a_{31} & a_{32} & a_{33} \end{pmatrix} = |A|I$$

となることが分かります。両辺を $|A|$ で割れば、

$$\left\{ \frac{1}{|A|} \begin{pmatrix} \tilde{A}_{11} & \tilde{A}_{21} & \tilde{A}_{31} \\ \tilde{A}_{12} & \tilde{A}_{22} & \tilde{A}_{32} \\ \tilde{A}_{13} & \tilde{A}_{23} & \tilde{A}_{33} \end{pmatrix} \right\} A = I \tag{5.5}$$

となります。(5.4) と (5.5) は、A の逆行列が、

$$A^{-1} = \frac{1}{|A|} \begin{pmatrix} \tilde{A}_{11} & \tilde{A}_{21} & \tilde{A}_{31} \\ \tilde{A}_{12} & \tilde{A}_{22} & \tilde{A}_{32} \\ \tilde{A}_{13} & \tilde{A}_{23} & \tilde{A}_{33} \end{pmatrix} \tag{5.6}$$

であることを意味しています。(5.6) が逆行列の公式です。

ここに出てきた行列を一般化して、n 次の正方行列に対する余因子行列を定義しておきます。

定義5.1. A の (i,j) 余因子を $\tilde{A}_{ij}$ とするとき、

$$\tilde{A} = \begin{pmatrix} \tilde{A}_{11} & \tilde{A}_{21} & \cdots & \tilde{A}_{n1} \\ \tilde{A}_{12} & \tilde{A}_{22} & \cdots & \tilde{A}_{n2} \\ \vdots & \vdots & \ddots & \vdots \\ \tilde{A}_{1n} & \tilde{A}_{2n} & \cdots & \tilde{A}_{nn} \end{pmatrix}$$

を A の**余因子行列** (cofactor matrix) という。

ここで、**$\tilde{A}$ の (i,j) 成分は、$\tilde{A}_{ji}$ になっていて、$\tilde{A}_{ij}$ ではありません**。転置して考えると分かりやすいでしょう。

$n=3$ の場合と同じようにして、以下の公式が得られます。

定理5.1. （逆行列の公式）$|A| \neq 0$ のとき、A の逆行列は、

$$A^{-1} = \frac{1}{|A|}\tilde{A}$$

で与えられる。特に、**$|A| \neq 0$ であることと、A が逆行列を持つことは同値である。**

証明 $n=3$ の場合と同様に、行および列による余因子展開を行うことによって、(5.7) が成立することが分かります。

$$A\tilde{A} = \tilde{A}A = |A|I \tag{5.7}$$

$|A| \neq 0$ のときは、

$$A\left(\frac{1}{|A|}\tilde{A}\right) = \left(\frac{1}{|A|}\tilde{A}\right)A = I$$

となりますから、$|A| \neq 0$ であれば、A^{-1} が存在し、$\frac{1}{|A|}\tilde{A}$ に等しいことが分かります。

逆に A が逆行列を持てば、$AX = I$ となる行列 X が存在しますが、両辺の行列式を求めると、定理 4.4. より $|AX| = |A||X| = 1$ となるので、$|A| \neq 0$ でなければならないことになります。 □

定理 5.1. により、第 3 章で積み残していた定理 3.1. を示しておきましょう。

定理 3.1. の証明 $AX = I$ となる行列 X が存在するとき、両辺の行列式を求めると $|AX| = |A| \cdot |X| = 1$ となるので、$|A| \neq 0$ となり定理 5.1. より A^{-1} が存在します。よって $A^{-1}A = I$ であることと定理 3.2 から $X = A^{-1}$ となり $XA = I$ が成り立つことが分かります。 □

実際にこの公式を使って、逆行列を計算してみましょう。

例題5.2.　定理 5.1. を用いて、以下の行列の逆行列を求めてください。

$$A=\begin{pmatrix} 2 & 5 & 1 \\ 3 & 2 & 0 \\ -1 & 3 & 2 \end{pmatrix}$$

解　まず、A の行列式を計算します。

$$\begin{vmatrix} 2 & 5 & 1 \\ 3 & 2 & 0 \\ -1 & 3 & 2 \end{vmatrix} = 2\cdot\begin{vmatrix} 2 & 0 \\ 3 & 2 \end{vmatrix} - 5\cdot\begin{vmatrix} 3 & 0 \\ -1 & 2 \end{vmatrix} + \begin{vmatrix} 3 & 2 \\ -1 & 3 \end{vmatrix} = -11$$

$|A| \neq 0$ より、逆行列の公式に代入すると、次のように A^{-1} が得られます。

$$\begin{aligned} A^{-1} &= -\frac{1}{11}\begin{pmatrix} \begin{vmatrix} 2 & 0 \\ 3 & 2 \end{vmatrix} & -\begin{vmatrix} 5 & 1 \\ 3 & 2 \end{vmatrix} & \begin{vmatrix} 5 & 1 \\ 2 & 0 \end{vmatrix} \\ -\begin{vmatrix} 3 & 0 \\ -1 & 2 \end{vmatrix} & \begin{vmatrix} 2 & 1 \\ -1 & 2 \end{vmatrix} & -\begin{vmatrix} 2 & 1 \\ 3 & 0 \end{vmatrix} \\ \begin{vmatrix} 3 & 2 \\ -1 & 3 \end{vmatrix} & -\begin{vmatrix} 2 & 5 \\ -1 & 3 \end{vmatrix} & \begin{vmatrix} 2 & 5 \\ 3 & 2 \end{vmatrix} \end{pmatrix} \\ &= \frac{1}{11}\begin{pmatrix} -4 & 7 & 2 \\ 6 & -5 & -3 \\ -11 & 11 & 11 \end{pmatrix} \end{aligned}$$

□

5.4 ▶ Python で余因子行列をつくる

A の逆行列 A^{-1} が必要になることはあっても、余因子行列 $\tilde{A}$ が必要になることはあまりないでしょう。しかも、もし必要になっても、逆行列が求まるのであれば、その行列式との積が余因子行列になります（$\tilde{A}=|A|A^{-1}$）ので、これで事足りてしまいます。とはいえ、操作をプログラムの形式にすることはよい勉強になりますので、定義に従って素朴な方法で n 次正方行列 A の余因子行列 $\tilde{A}$ をつくってみましょう。

例題5.3.　例題 3.8. で計算した通り、

$$A=\begin{pmatrix} 8 & 3 & 1 \\ 2 & -1 & 3 \\ 3 & 1 & 4 \end{pmatrix}$$

の逆行列は、

$$A^{-1} = \begin{pmatrix} 7/48 & 11/48 & -5/24 \\ -1/48 & -29/48 & 11/24 \\ -5/48 & -1/48 & 7/24 \end{pmatrix}$$

でした。NumPy を使って A の余因子行列 $\tilde{A}$ と $|A|$ を求めて、この逆行列と一致することを確認してください。

解 リスト 5.1 をご覧ください。

リスト 5.1　ExCofactor.py

```
import numpy as np
import numpy.linalg as LA

def element(A, i, j):
    try:
        tmpA = np.delete(A, i, axis = 0) # delete i-th row
        CFMatij = np.delete(tmpA, j, axis = 1) # delete j-th column
        Minorij = (-1)**(i+j)*LA.det(CFMatij)
    except Exception as message:
        print(message)
        exit(0)
    return np.round(Minorij, decimals = 2)

def CofMat(A):
    n = np.shape(A)[0] # This is the number of rows of A.
                       # The number of columns is not checked.
    CM = np.zeros([n, n])
    for i in range(n):
        for j in range(n):
            CM[i][j] = element(A, i, j)
    return CM.T # transpose of CM

A = np.array([[8, 3, 1], [2, -1, 3], [3, 1, 4]])

print(A)
print(CofMat(A))
```

```
27  print(np.round(LA.det(A), decimals = 2))
```

ここでは 2 つの関数を定義しています。`element(A, i, j)` は、A の第 i 行 j 列を取り除いた行列の行列式に $(-1)^{i+j}$ を掛けて符号を調節した値を返します。`CofMat(A)` は、余因子行列をつくる行列ですが、まず、`element(A, i, j)` を成分にした行列を構成してから 21 行目で転置行列をとり、(i, j) 成分と (j, i) 成分を入れ替えています。いずれにおいても、i, j は 0 から始まることにご注意ください。なお、行列のサイズは 15 行目で行数のみ確認し、行数を次数 n としています。`element` では、6 行目で第 i 行を削除しています。`axis = 0` が行、`axis = 1` が列操作に対応しています。7 行目では、6 行目で第 i 行を削除した行列の第 j 列を削除しています。8 行目でその行列式を求めています。`Minorij` をそのまま出力すべきですが、数値計算の誤差に由来する小数点以下の数字が行列の形で並ぶのが煩わしいので、ここでは、`numpy.round` 関数を用い小数点第 3 位を四捨五入（`decimals = 2` に対応）しています。例えば、`np.round(3.141592, decimals = 2)` とすれば、3.14 となります。これはもちろん説明のための便宜的な対応です。実行すると、出力は次のようになります。

```
[[ 8  3  1]
 [ 2 -1  3]
 [ 3  1  4]]
[[ -7. -11.  10.]
 [  1.  29. -22.]
 [  5.   1. -14.]]
-48.0
```

行列式が -48 であることから、逆行列が

$$A^{-1} = -\frac{1}{48}\begin{pmatrix} -7 & -11 & 10 \\ 1 & 29 & -22 \\ 5 & 1 & -14 \end{pmatrix} = \begin{pmatrix} 7/48 & 11/48 & -5/24 \\ -1/48 & -29/48 & 11/24 \\ -5/48 & -1/48 & 7/24 \end{pmatrix}$$

であることが確認できました。　□

5.5 ▸ クラメルの公式

逆行列を行列式で表現できたところで、連立方程式の解も行列式で書いてみましょう。

$$\boldsymbol{x} = A^{-1}\boldsymbol{b} = \frac{1}{|A|}\tilde{A}\boldsymbol{b}$$

でしたから、$\boldsymbol{x}$ を求めるには、$\tilde{A}\boldsymbol{b}$ を計算すればよいことになります。$\tilde{A}\boldsymbol{b}$ を成分で表すと、次のようになります。

$$\tilde{A}\boldsymbol{b} = \begin{pmatrix} \tilde{A}_{11} & \tilde{A}_{21} & \cdots & \tilde{A}_{n1} \\ \tilde{A}_{12} & \tilde{A}_{22} & \cdots & \tilde{A}_{n2} \\ \vdots & \vdots & \ddots & \vdots \\ \tilde{A}_{1n} & \tilde{A}_{2n} & \cdots & \tilde{A}_{nn} \end{pmatrix} \begin{pmatrix} b_1 \\ b_2 \\ \vdots \\ b_n \end{pmatrix}$$

両辺の第 j 成分をとれば、

$$b_1\tilde{A}_{1j} + b_2\tilde{A}_{2j} + \cdots + b_n\tilde{A}_{nj}$$

となりますが、これは、A の第 j 列を $\boldsymbol{b}$ で置き換えた行列式

$$\begin{vmatrix} a_{11} & \cdots & b_1 & \cdots & a_{1n} \\ a_{21} & \cdots & b_2 & \cdots & a_{2n} \\ \vdots & \ddots & \vdots & \ddots & \vdots \\ a_{n1} & \cdots & b_n & \cdots & a_{nn} \end{vmatrix}$$

を第 j 列で余因子展開した形になっています。したがって、次の結果が成り立ちます。これは、連立方程式に対する「解の公式」です。

定理5.2. （**クラメルの公式** (Cramer's formula)）連立方程式：$A\boldsymbol{x} = \boldsymbol{b}$ (5.3) の解の第 j $(1 \leq j \leq n)$ 成分は、次のように表すことができる。

$$x_j = \frac{1}{|A|}\begin{vmatrix} a_{11} & \cdots & b_1 & \cdots & a_{1n} \\ a_{21} & \cdots & b_2 & \cdots & a_{2n} \\ \vdots & \ddots & \vdots & \ddots & \vdots \\ a_{n1} & \cdots & b_n & \cdots & a_{nn} \end{vmatrix}$$

↑
第 j 列

行列式はかなり複雑な式ですから、クラメルの公式は見た目よりもずっと複雑な公式です。

例題5.4.

$$\begin{cases} 2x + 3y - z &= -3 \\ x - y + 3z &= 8 \\ 3x + 2y - 2z &= -3 \end{cases}$$

この連立方程式の解は、$x = 1,\ y = -1,\ z = 2$ です。クラメルの公式を使って、同じ解が求まることを確認してください。

解 まず係数行列 A の行列式を求めると、

$$\begin{vmatrix} 2 & 3 & -1 \\ 1 & -1 & 3 \\ 3 & 2 & -2 \end{vmatrix} = 2\begin{vmatrix} -1 & 3 \\ 2 & -2 \end{vmatrix} - 3\begin{vmatrix} 1 & 3 \\ 3 & -2 \end{vmatrix} - \begin{vmatrix} 1 & -1 \\ 3 & 2 \end{vmatrix} = 20$$

となりますから、$|A| \neq 0$ よりクラメルの公式を用いて、次の結果が得られます。

$$x = \frac{1}{20}\begin{vmatrix} \mathbf{-3} & 3 & -1 \\ \mathbf{8} & -1 & 3 \\ \mathbf{-3} & 2 & -2 \end{vmatrix} = \frac{20}{20} = 1$$

$$y = \frac{1}{20}\begin{vmatrix} 2 & \mathbf{-3} & -1 \\ 1 & \mathbf{8} & 3 \\ 3 & \mathbf{-3} & -2 \end{vmatrix} = \frac{-20}{20} = -1$$

$$z = \frac{1}{20}\begin{vmatrix} 2 & 3 & \mathbf{-3} \\ 1 & -1 & \mathbf{8} \\ 3 & 2 & \mathbf{-3} \end{vmatrix} = \frac{40}{20} = 2$$

□

例題5.5. SymPy を利用して次の連立方程式の x の値を、クラメルの公式における分母分子の行列式を計算する方法で求めてください。

$$\begin{cases} x + 2y - 4z & = 7 \\ -2x + 3y + z & = -8 \\ x + y + 3z & = 3 \end{cases}$$

解 SymPy における行列の列操作を使います。列番号は 0 から始まります。x を求めるのですから、0 列目を入れ替えることになります。例えば、リスト 5.2 のようにします。A が係数行列、$\boldsymbol{b}$ が方程式の右辺のベクトルです。

リスト 5.2　ExCramer.py

```
import sympy

A = sympy.Matrix([[1, 2, -4], [-2, 3, 1], [1, 1, 3]])
b = sympy.Matrix([[7], [-8], [3]])

D = sympy.det(A)

try:
```

```
 9      A.col_del(0)
10      newA = A.col_insert(0, b)
11      print(newA)
12      Ax = sympy.det(newA)
13      x = sympy.Rational(Ax, D)
14      print(x)
15  except Exception as message:
16      print(message)
```

4 行目において、b は reshape を使わずに列ベクトルとして定義しました。6 行目でクラメルの公式の分母にあたる A の行列式を計算しています。9 行目で第 1 列（列番号 0）の削除を行っています。10 行目で A の第 1 列に b を挿入した行列を **newA** としています。11 行目は確認のための表示で、12 行目でその 1 列目を差し替えた行列 **newA** の行列式を求めています。これがクラメルの公式における分子にあたります。13 行目は、分数として表現するための処理です。SymPy は、**Real**（実数）、**Rational**（有理数）、**Integer**（整数）という 3 つの数値型を持っており、ここでは有理数型を使っています。例えば、**Rational(3, 7)** は 3/7 を意味します。結果は約分されて表示されます。実行結果は、次のようになります。

```
Matrix([[7, 2, -4], [-8, 3, 1], [3, 1, 3]])
89/21
```

ちゃんと行列の第 1 列が差し替えられていることも確認できます。答は見ての通り、$x = 89/21$ になります。 □

もう少しサイズの大きな連立方程式を手計算で解いてみると実感として理解できると思うのですが、連立方程式の係数が数値の場合は、クラメルの公式は大変なばかりでありがたみがありません。よほど 0 が多いとか、何か特殊な方程式でない限り、基本変形で解く方がずっと速いのです。同様に、成分が数値の逆行列の計算も基本変形で解く方が能率的です。これは、次数 n が大きくなると巨大な差となってきます。というのは、第 6 章ではっきりしますが、行列式は、そのまま展開して計算すると、項の数が $n!$ 個もあり、これらはそれぞれ n 個の成分の乗算で、その和（差）の計算が $n-1$ 回必要になります。これを未知数分、つまり n 個分計算するわけです。計算に時間がかかる乗算の回数だけ見ても大変です。基本変形で解く場合の乗算回数は、n^3 に比例することが知られています。クラメルの公式は、係数が文字を含む場合に威力を発揮するものと理解しておくとよいでしょう。

定理5.3. A を n 次の正方行列とするとき、連立 1 次方程式 $A\boldsymbol{x} = \boldsymbol{0}$ が自明な解 $(\boldsymbol{x} = \boldsymbol{0})$ 以外の解を持つ必要十分条件は、$|A| = 0$ である。

証明 $|A| \neq 0$ であれば、クラメルの公式から、$\boldsymbol{x} = \boldsymbol{0}$ 以外の解は持ちません。よって、条件が必要であることが分かります。逆に、$|A| = 0$ とします。$A = (a_{ij})_{1 \leq i,j \leq n}, \boldsymbol{x} = (x_1, x_2, \ldots, x_n)^\top$ とおきましょう。$A\boldsymbol{x} = \boldsymbol{0}$ が自明でない解を持つことを、n に関する帰納法で証明します。$n = 1$ のときは $|A| = a_{11} = 0$ ですので、$A\boldsymbol{x} = \boldsymbol{0}$ つまり $a_{11}x_1 = 0$ は恒等式であり、x_1 は何であっても成立します。つまり非自明な解（$\boldsymbol{x} \neq \boldsymbol{0}$ となる解 $\boldsymbol{x}$）を持ち、$n = 1$ のとき正しいことが分かります。$n > 1$ とし、$n-1$ で正しいと仮定します。$a_{i1} = 0\ (i = 1, 2, \ldots, n)$ と仮定すれば、$x_1 \neq 0, x_2 = \cdots = x_n = 0$ となる非自明な解が存在することは明らかなので、$a_{i1}\ (i = 1, 2, \ldots, n)$ の中に 0 でないものがあると仮定します。必要なら適当に方程式の行を入れ替えることによって、$a_{11} \neq 0$ と仮定しても一般性を失いません。行基本変形により、

$$\begin{pmatrix} a_{11} & a_{12} & \cdots & a_{1n} \\ 0 & a'_{22} & \cdots & a'_{1n} \\ \vdots & \vdots & \vdots & \vdots \\ 0 & a'_{n2} & \cdots & a'_{nn} \end{pmatrix} \begin{pmatrix} x_1 \\ x_2 \\ \vdots \\ x_n \end{pmatrix} = \begin{pmatrix} 0 \\ 0 \\ \vdots \\ 0 \end{pmatrix}$$

のように変形することができます。

$$|A| = \begin{vmatrix} a_{11} & a_{12} & \cdots & a_{1n} \\ 0 & a'_{22} & \cdots & a'_{1n} \\ \vdots & \vdots & \vdots & \vdots \\ 0 & a'_{n2} & \cdots & a'_{nn} \end{vmatrix} = a_{11} \begin{vmatrix} a'_{22} & \cdots & a'_{1n} \\ \vdots & \vdots & \vdots \\ a'_{n2} & \cdots & a'_{nn} \end{vmatrix}$$

$a_{11} \neq 0$ ですので、

$$\begin{vmatrix} a'_{22} & \cdots & a'_{1n} \\ \vdots & \vdots & \vdots \\ a'_{n2} & \cdots & a'_{nn} \end{vmatrix} = 0$$

となります。この係数行列を A'、$\boldsymbol{x}' = (x_2, \ldots, x_n)^\top$ としたとき、$|A'| = 0$ で、$A'\boldsymbol{x}' = \boldsymbol{0}$ となります。帰納法の仮定から、$\boldsymbol{x}' \neq \boldsymbol{0}$ となる解 $\boldsymbol{x}' = (y_2, \ldots, y_n)^\top$ が存在します。よって、$\boldsymbol{x} = (x_1, y_2, \ldots, y_n)^\top$ は、元の方程式の非自明解となり、n のときも非自明解を持つことが分かりました。数学的帰納法より、すべての次数 n に対して定理が成り立つことが分かりました。 □

5.6 ▸ ヴァンデルモンドの行列式と巡回行列式

ここでは有名で重要な行列式として、ヴァンデルモンドの行列式と巡回行列式を説明します。

例題5.6. 次の公式を証明してください。

$$\Delta_n = \begin{vmatrix} 1 & x_0 & x_0^2 & \ldots & x_0^n \\ 1 & x_1 & x_1^2 & \ldots & x_1^n \\ & & \cdots\cdots\cdots & & \\ 1 & x_n & x_n^2 & \ldots & x_n^n \end{vmatrix} = \prod_{0 \le i < j \le n} (x_j - x_i) \tag{5.8}$$

を**ヴァンデルモンドの行列式** (Vandermonde's determinant) といいます[*1]。中身の行列を**ヴァンデルモンド行列** (Vandermonde matrix) といい、(5.8) の右辺を**差積** (product of differences) といいます。

解 基本変形に対応する行列を利用して示します。

$$\begin{aligned}
\Delta_n &= \begin{vmatrix} 1 & x_0 & x_0^2 & \ldots & x_0^n \\ 0 & x_1 - x_0 & x_1^2 - x_0^2 & \ldots & x_1^n - x_0^n \\ & & \cdots\cdots\cdots\cdots\cdots & & \\ 0 & x_n - x_0 & x_n^2 - x_0^2 & \ldots & x_n^n - x_0^n \end{vmatrix} \\
&= \begin{vmatrix} x_1 - x_0 & x_1^2 - x_0^2 & \ldots & x_1^n - x_0^n \\ x_2 - x_0 & x_2^2 - x_0^2 & \ldots & x_2^n - x_0^n \\ & \cdots\cdots\cdots\cdots\cdots & & \\ x_n - x_0 & x_n^2 - x_0^2 & \ldots & x_n^n - x_0^n \end{vmatrix} \\
&= \prod_{j=1}^{n-1} (x_j - x_0) \begin{vmatrix} 1 & x_1 + x_0 & \ldots & x_1^{n-1} + \sum_{i=1}^{n-1} x_1^{n-1-i} x_0^i \\ 1 & x_2 + x_0 & \ldots & x_2^{n-1} + \sum_{i=1}^{n-1} x_2^{n-1-i} x_0^i \\ & \cdots\cdots\cdots\cdots\cdots & & \\ 1 & x_n + x_0 & \ldots & x_n^{n-1} + \sum_{i=1}^{n-1} x_n^{n-1-i} x_0^i \end{vmatrix} \\
&= \prod_{j=1}^{n-1} (x_j - x_0) \begin{vmatrix} \begin{pmatrix} 1 & x_1 & \ldots & x_1^{n-1} \\ 1 & x_2 & \ldots & x_2^{n-1} \\ & \cdots\cdots\cdots & & \\ 1 & x_n & \ldots & x_n^{n-1} \end{pmatrix} \begin{pmatrix} 1 & x_0 & \ldots & x_0^{n-1} \\ 0 & 1 & \ldots & x_0^{n-2} \\ 0 & 0 & \ddots & x_0 \\ 0 & 0 & \ldots & 1 \end{pmatrix} \end{vmatrix} \\
&= \prod_{j=1}^{n-1} (x_j - x_0) \begin{vmatrix} 1 & x_1 & \ldots & x_1^{n-1} \\ 1 & x_2 & \ldots & x_2^{n-1} \\ & \cdots\cdots\cdots & & \\ 1 & x_n & \ldots & x_n^{n-1} \end{vmatrix}
\end{aligned}$$

ここで、4 番目の等式で列基本変形の行列を利用しています。以下同様の操作を繰り返せば、

$$\Delta_n = \prod_{0 \le i < j \le n} (x_j - x_i)$$

[*1] 右辺は、i, j の位置を入れ替えて、$= (-1)^{n(n-1)/2} \prod_{0 \le i < j \le n} (x_i - x_j)$ の形で書かれているものも多くあります。ここで、$\prod_{1 \le j \le n} a_j$ は、$a_1 a_2 \cdots a_n$ を表しています。

となることが分かります。 □

例題5.7. 次の公式を証明してください。

$$C_n = \begin{vmatrix} x_0 & x_1 & x_2 & \cdots & x_{n-1} \\ x_{n-1} & x_0 & x_1 & \cdots & x_{n-2} \\ x_{n-2} & x_{n-1} & x_0 & \cdots & x_{n-3} \\ \vdots & \vdots & \vdots & \ddots & \vdots \\ x_1 & x_2 & x_3 & \cdots & x_0 \end{vmatrix} = \prod_{\zeta}(x_0 + \zeta x_1 + \zeta^2 x_2 + \cdots + \zeta^{n-1} x_{n-1})$$

ここで右辺の積における ζ は 1 の n 乗根全体にわたります。この行列式を**巡回行列式** (circulant determinant) といいます。中身の行列を**巡回行列** (circulant matrix) といいます。

解 列の基本変形を考えます。ζ を 1 の n 乗根の 1 つとします。第 2 列目を ζ 倍して第 1 列目に加え、第 3 列目を ζ^2 倍して第 1 列目に加え、$\cdots$、第 n 列目を ζ^{n-1} 倍して第 1 列目に加えると、$(1,1)$ 成分は、

$$z_\zeta = x_0 + \zeta x_1 + \zeta^2 x_2 + \cdots + \zeta^{n-1} x_{n-1}$$

となり、$\zeta^{n-1} = \zeta^{-1}$ であることに注意すると、$(2,1)$ 成分は、

$$\begin{aligned} & x_{n-1} + \zeta x_0 + \zeta^2 x_1 + \cdots + \zeta^{n-1} x_{n-2} \\ &= \zeta(\zeta^{-1} x_{n-1} + x_0 + \zeta x_1 + \cdots + \zeta^{n-2} x_{n-2}) \\ &= \zeta(x_0 + \zeta x_1 + \zeta^2 x_2 + \cdots + \zeta^{n-1} x_{n-1}) = \zeta z_\zeta \end{aligned}$$

となります。同様に、$(k,1)$ 成分は、

$$\zeta^{k-1}(x_0 + \zeta x_1 + \zeta^2 x_2 + \cdots + \zeta^{n-1} x_{n-1}) = \zeta^{k-1} z_\zeta$$

となります。よって、第 1 列はすべて z_ζ の定数倍ということになりますから、z_ζ を行列式の外にくくりだすことができます。ζ は n 通りあり、n 次の行列の行列式は高々 n 次式ですから、適当な定数 c に対し、

$$C_n = c\prod_{\zeta}(x_0 + \zeta x_1 + \zeta^2 x_2 + \cdots + \zeta^{n-1} x_{n-1})$$

が成り立ちます。x_0^n の係数は 1 ですので、$c = 1$ となり、求める公式

$$C_n = \prod_{\zeta}(x_0 + \zeta x_1 + \zeta^2 x_2 + \cdots + \zeta^{n-1} x_{n-1})$$

が得られます。 □

章末問題

問題5-1 **(数学)** x に関する次の方程式を解いてください。

$$\begin{vmatrix} 1-x & 1 & 1 \\ 1 & 1-x & 1 \\ 1 & 1 & 1-x \end{vmatrix} = 0$$

問題5-2 **(数学)** x に関する次の方程式を解いてください。

$$\begin{vmatrix} x & 1 & 0 & x \\ 0 & x & x & 1 \\ 1 & x & x & 0 \\ x & 0 & 1 & x \end{vmatrix} = 0$$

問題5-3 **(数学)** 成分がすべて整数である正則行列 A の逆行列 A^{-1} の成分がすべて整数であるための必要十分条件は、$|A| = \pm 1$ であることを証明してください。

問題5-4 **(数学)** 成分がすべて整数であるような n 次正則行列 A に関する連立方程式

$$A\boldsymbol{x} = \boldsymbol{b}$$

が、任意の整数ベクトル（成分がすべて整数であるベクトル）$\boldsymbol{b}$ に対して常に整数解（成分がすべて整数である解）$\boldsymbol{x}$ を持つための必要十分条件は、$|A| = \pm 1$ であることを証明してください。

問題5-5 **(Python)** 例題 5.3. を参考にして、次の行列の余因子行列と行列式を求めて逆行列を求めてください。

$$A = \begin{pmatrix} 2 & 7 & 1 & 8 \\ 2 & 8 & 1 & 8 \\ 2 & 8 & 4 & 5 \\ 9 & 0 & 4 & 5 \end{pmatrix}$$

問題5-6 **(Python)** SymPy を用いて、例題 5.5. の y, z の値を求めてください。

問題5-7 **(Python)** SymPy の `Rational` 型を用いて、$1/2 - 1/3$ の値を求めてください。

問題5-8 **(数学)** $n+1$ 個の点 (x_i, y_i) $(i = 0, 1, \ldots, n)$ を通る n 次以下の多項式関数 $y = a_0 + a_1 x + \cdots + a_n x^n$ がただ一つ定まることを証明してください。ただし、x_i $(i = 0, 1, \ldots, n)$ はすべて異なるものとします。

第6章 対称群による行列式表示・終結式

ここでは、対称群を用いた行列式の表示と、行列式の代数方程式への応用例として終結式を解説します。併せて、SymPyを利用してシンボリックに終結式を計算する方法も紹介します。

6.1 ▸ 置換に基づいた行列式の定義

行列式の操作的な定義については既に説明しました。行列式の計算だけなら余因子展開まで分かっていれば十分なのですが、行列式を成分で表現するとどんな式になるのかは興味のある問題ではないでしょうか。操作的な定義というのは、例えば、猫を定義するのに、「触るともふもふしていて、なでるとにゃーと鳴いて……」というような修飾語を連ねた定義に似ていて、実際に見ている感じがありません。私たちは、既に、2×2 行列の行列式が、

$$\begin{vmatrix} a_{11} & a_{12} \\ a_{21} & a_{22} \end{vmatrix} = a_{11}a_{22} - a_{12}a_{21}$$

であることを知っています。いわば「猫を見た」状態にあるわけです。3×3 行列の行列式は、余因子展開すれば分かるでしょう。しかし、一般の n についてはどんな式なのでしょうか。

ここでは、行列式を書き下すために置換を導入しますが、置換はそれ自身大変面白いものです。数学的に面白い性質を持つ置換の集まり（群という概念です）は代数学の基本概念で、膨大な研究成果が蓄積されています。ランダム置換は、ブロック暗号として利用されています。様々な秘密情報のやり取りがインターネットを経由して行われる現在、暗号なしに生活することはできません。

$1, 2, 3, 4, 5$ を並べ替える操作を考えましょう。並べ替えて $5, 3, 1, 2, 4$ となったとします。この操作を

$$\sigma_1 = \begin{pmatrix} 1 & 2 & 3 & 4 & 5 \\ 5 & 3 & 1 & 2 & 4 \end{pmatrix}$$

のように表します。σ_1 は、1 を 5 に、2 を 3 に、3 を 1 に、4 を 2 に、5 を 4 に対応させる写像[*1]です。例えば、上の例では $\sigma_1(2) = 3,\ \sigma_1(5) = 4$ です。これは 2×5 型の行列と同じ形をしていますが、**行列とは全く別のもの** ですのでご注意ください。σ_1 は対応関係ですから、

$$\begin{pmatrix} 3 & 5 & 1 & 2 & 4 \\ 1 & 4 & 5 & 3 & 2 \end{pmatrix}$$

のようになっていてもかまいません。これは σ_1 と同じものです。

$1, 2, \ldots, n$ を並べ替える場合も同様に、次のように表します。

$$\sigma = \begin{pmatrix} 1 & 2 & \cdots & n \\ \sigma(1) & \sigma(2) & \cdots & \sigma(n) \end{pmatrix}$$

これを集合 $\{1, 2, \ldots, n\}$ の n 次の**置換** (permutation) といいます。$\{1, 2, \ldots, n\}$ の各元をそれ自身にうつす置換

$$I = \begin{pmatrix} 1 & 2 & \cdots & n \\ 1 & 2 & \cdots & n \end{pmatrix}$$

を**恒等置換** (identity permutation) といいます。また、$j \mapsto \sigma(j)$ の逆の写像である $\sigma(j) \mapsto j$ を σ の**逆置換** (inverse permutation) といい、σ^{-1} で表します。つまり、

$$\sigma^{-1} = \begin{pmatrix} \sigma(1) & \sigma(2) & \cdots & \sigma(n) \\ 1 & 2 & \cdots & n \end{pmatrix}$$

とします。例えば、

$$\begin{aligned} \sigma^{-1} &= \begin{pmatrix} 1 & 2 & 3 & 4 & 5 \\ 5 & 3 & 1 & 2 & 4 \end{pmatrix}^{-1} \\ &= \begin{pmatrix} 5 & 3 & 1 & 2 & 4 \\ 1 & 2 & 3 & 4 & 5 \end{pmatrix} \\ &= \begin{pmatrix} 1 & 2 & 3 & 4 & 5 \\ 3 & 4 & 2 & 5 & 1 \end{pmatrix} \end{aligned}$$

となります。

$\{1, 2, \ldots, n\}$ の 2 つの置換 σ, τ を考えます。まず、σ で置換したものをさらに τ で置換したもの、つまり、合成写像 $\tau \circ \sigma$ を σ, τ の積といい、$\sigma\tau$（**写像の合成とは順序が逆なので注意してください**）で表します[*2]。例えば、

[*1] 集合の各元を他の集合（同じ集合でもよい）の元にそれぞれ対応させること。

[*2] 逆の順序で定義する流儀もあり、写像の合成という観点ではその方が自然ですが、ここでは、Python の `sympy.combinatorics` の仕様に従うことにします。

$$\sigma_2 = \begin{pmatrix} 1 & 2 & 3 \\ 3 & 1 & 2 \end{pmatrix}, \quad \tau_1 = \begin{pmatrix} 1 & 2 & 3 \\ 1 & 3 & 2 \end{pmatrix}$$

に対しては、

$$\sigma_2\tau_1 = \begin{pmatrix} 1 & 2 & 3 \\ 3 & 1 & 2 \end{pmatrix}\begin{pmatrix} 1 & 2 & 3 \\ 1 & 3 & 2 \end{pmatrix} = \begin{pmatrix} 1 & 2 & 3 \\ 2 & 1 & 3 \end{pmatrix}$$
$$\tau_1\sigma_2 = \begin{pmatrix} 1 & 2 & 3 \\ 1 & 3 & 2 \end{pmatrix}\begin{pmatrix} 1 & 2 & 3 \\ 3 & 1 & 2 \end{pmatrix} = \begin{pmatrix} 1 & 2 & 3 \\ 3 & 2 & 1 \end{pmatrix}$$

となります。この例でも分かる通り、一般に置換の積の順序を交換することはできません。

置換の積については、写像の合成と同様に、次の性質が成り立ちます。

性質 1 $(\sigma\tau)\rho = \sigma(\tau\rho)$
性質 2 $\sigma I = I\sigma = \sigma$
性質 3 $\sigma^{-1}\sigma = \sigma\sigma^{-1} = I$

これら 3 つの性質は**群** (group) の公理です。つまり、集合 $\{1, 2, \ldots, n\}$ の置換全体は、上で定義した積に関して閉じており（つまり、積もまた $\{1, 2, \ldots, n\}$ の置換となり）、結合法則（性質 1）が成り立ち、単位元 (恒等置換 I) が存在し（性質 2)、各置換 σ に対し逆元 σ^{-1}(逆置換）が存在します（性質 3)。集合 $\{1, 2, \ldots, n\}$ の置換全体がつくる群を n 次の**対称群** (symmetric group) といい、S_n で表します[*3]。置換 σ の k 個の積を σ^k と書きます。任意の $\sigma \in S_n$ に対して、$\sigma^m = I$ となるような m が存在します。というのは、n 次の置換は $n!$ 個ですので、$\sigma, \sigma^2, \ldots$ のすべてが異なることはあり得ません。つまり、適当な番号 i, j $(i < j)$ に対して、$\sigma^i = \sigma^j$ となります。つまり、$\sigma^{j-i} = I$ となりますので、$m = j - i$ とすれば、$\sigma^m = I$ が成り立っています。このような正の整数 m のうち最小のものを σ の**位数** (order) といい、$\mathrm{ord}(\sigma)$ で表します。位数は S_n の元の個数、つまり、$n!$ の約数になることが知られています[*4]。

S_n の元で、特に 2 つの文字 i, j だけを入れ替え、他の文字を入れ替えない置換を**互換** (transposition) といい、(i, j) で表します。例えば、S_5 において、

$$\tau_2 = (3, 5) = \begin{pmatrix} 1 & 2 & 3 & 4 & 5 \\ 1 & 2 & 5 & 4 & 3 \end{pmatrix}$$

です。任意の互換について、$(i, j)^2 = I$ となります。次の定理が成り立ちます。

定理6.1.　任意の S_n $(n \geq 2)$ の置換は、互換の積で表すことができる。

---

*3 S_n は、ドイツ文字で S を表す「$\mathfrak{S}$」を使って $\mathfrak{S}_n$ と書かれることもありますが、書きにくいので、本書では使いません。
*4 証明は難しくありませんが、群の一般論を経由した方が見通しがいいので、ここでは事実を述べるにとどめます。

証明 任意の置換が互換の積で表せることを数学的帰納法で示します。$n=2$ の場合は、

$$\begin{pmatrix} 1 & 2 \\ 1 & 2 \end{pmatrix} = (1,2)^2, \quad \begin{pmatrix} 1 & 2 \\ 2 & 1 \end{pmatrix} = (1,2)$$

となるので成り立っています。$n-1$ に対して成り立つと仮定して、n の場合にも成り立つことを証明しましょう。n 次の置換

$$\sigma = \begin{pmatrix} 1 & 2 & \cdots & n \\ \sigma(1) & \sigma(2) & \cdots & \sigma(n) \end{pmatrix}$$

に対し、$\sigma(n)=n$ のときは、σ は $n-1$ 文字の置換とみなせるので、帰納法の仮定より、いくつかの互換の積で表せます。$\sigma(n) \neq n$ のときは、

$$\sigma_0 = \begin{pmatrix} 1 & 2 & \cdots & n-1 & n \\ \sigma(1) & \sigma(2) & \cdots & \sigma(n-1) & \sigma(n) \end{pmatrix} (n, \sigma(n))$$

とおけば、$\sigma_0(n) = n$ ですから、再び帰納法の仮定より、σ_0 はいくつかの互換の積で表され、$\sigma_0 = (j_1, k_1)(j_2, k_2)\cdots$ と書けます。$\sigma = (n, \sigma(n))\sigma_0$ より、n のときも互換の積で表すことができることになります。 □

置換を互換の積で表す表し方は 1 通りではありません。例えば、S_3 において、

$$(2,3) = (1,3)(2,3)(1,2)$$

が成り立ちます。しかし、互換の個数が偶数であるか奇数であるかは変わりません。このことを示しておきましょう。

$$\sigma = \begin{pmatrix} 1 & 2 & \cdots & n \\ \sigma(1) & \sigma(2) & \cdots & \sigma(n) \end{pmatrix}$$

において、$i < j$、$\sigma(i) > \sigma(j)$ となる文字の組があるとき、これを σ の**転位** (inversion) といいます[*5]。例えば、先の τ_2 の場合は、$\tau_2(1)=1,\ \tau_2(2)=2,\ \tau_2(3)=5,\ \tau_2(4)=4,\ \tau_2(5)=3$ ですから、$\tau_2(3) > \tau_2(4),\ \tau_2(3) > \tau_2(5),\ \tau_2(4) > \tau_2(5)$ の 3 つの転位を持ちます。

一般に、互換 (i,j) は、$2|i-j|-1$ 個の転位を持ちます。特に、互換の転位の個数は奇数になります。

(5.8) と同様に、$n(n \geq 2)$ 個の変数 $x_1, \ldots, x_n$ に対して、$\Delta = \prod_{1 \leq i < j \leq n}(x_i - x_j)$ で定義される $n(n-1)/2$ 次の多項式 Δ を $x_1, \ldots, x_n$ の差積といいます。

n 次の置換

$$\sigma = \begin{pmatrix} 1 & 2 & \cdots & n \\ \sigma(1) & \sigma(2) & \cdots & \sigma(n) \end{pmatrix}$$

---

*5 「転移」ではありません。転倒と訳されることもあります。

によって番号を並べ替えた多項式を Δ_σ と書くことにします。つまり、Δ_σ を次のように定義します。

$$\Delta_\sigma = \prod_{1 \le i < j \le n} (x_{\sigma(i)} - x_{\sigma(j)})$$

σ に転位 $i < j, \sigma(i)\sigma(j)$ があれば、Δ の因数 $x_i - x_j$ は、Δ_σ の因数 $x_{\sigma(i)} - x_{\sigma(j)} = -(x_{\sigma(j)} - x_{\sigma(i)})$ にうつりますから、σ の転位の個数が t であれば、

$$\Delta_\sigma = (-1)^t \Delta$$

となります。$\Delta_\sigma = \Delta$ となる σ を**偶置換**（even permutation）、$\Delta_\sigma = -\Delta$ となる σ を**奇置換**（odd permutation）といいます。置換 σ の**符号** (signature) を

$$\mathrm{sgn}(\sigma) = \begin{cases} 1 & \sigma \text{ が偶置換のとき} \\ -1 & \sigma \text{ が奇置換のとき} \end{cases}$$

で定めます。ただし、恒等置換は偶置換とします。つまり、$\Delta_\sigma = \mathrm{sgn}(\sigma)\Delta$ となります。

定理6.2.　置換 σ, τ に対して、次が成り立つ。

(1) $\mathrm{sgn}(\sigma\tau) = \mathrm{sgn}(\sigma)\mathrm{sgn}(\tau)$
(2) $\mathrm{sgn}(\sigma^{-1}) = \mathrm{sgn}(\sigma)$

証明 置換の積の定義から、

$$\Delta_{\sigma\tau} = (\Delta_\sigma)_\tau$$

となります。つまり、$\Delta_{\sigma\tau} = \mathrm{sgn}(\sigma\tau)\Delta$, $(\Delta_\sigma)_\tau = (\mathrm{sgn}(\sigma)\Delta)_\tau = \mathrm{sgn}(\sigma)\mathrm{sgn}(\tau)\Delta$ となるので、(1) が得られます。また、$1 = \mathrm{sgn}(I) = \mathrm{sgn}(\sigma^{-1}\sigma) = \mathrm{sgn}(\sigma^{-1})\mathrm{sgn}(\sigma)$ となるので、$\mathrm{sgn}(\sigma^{-1})$ と $\mathrm{sgn}(\sigma)$ は同符号でなければならないので、(2) が成り立つことが分かります。 □

定理 6.2. から、偶置換と偶置換の積は偶置換、奇置換と偶置換の積は奇置換、奇置換と奇置換の積は偶置換となることが分かります[*6]。したがって、定理 6.1. より、任意の置換は互換の積で表すことができますが、互換は奇置換ですので、偶置換を表現するには偶数個の互換の積でなければならず、奇置換を表現するには、奇数個の互換の積でなければなりません。つまり、次の定理が成り立つことになります。

定理6.3.　S_n の任意の元（置換）を互換の積として表すとき、偶置換は偶数個、奇置換は奇数個の互

---

*6 偶置換全体は置換の積について閉じているため群をつくります。これを n 次の**交代群** (alternating group) といい、A_n で表します。

換の積となり、表示の仕方によらない。

ここまでで行列式の置換を用いた行列式の定義はできるのですが、任意の置換を互換の積で表す方法について少し触れておきましょう。$n = 5$ くらいであれこれ試してみると、闇雲にやってもうまくいかない感じがしてくると思います。広く知られているシンプルなアルゴリズムは、**巡回置換** (cyclic permutation) を使うものです。

定義6.1. 置換 σ が σ を繰り返して一巡するとき、これを巡回置換という。

巡回置換とは、例えば、

$$\sigma = \begin{pmatrix} 1 & 2 & 3 & 4 \\ 3 & 2 & 4 & 1 \end{pmatrix}$$

のようなものです。σ を繰り返し適用すると、

$$1 \to 3 \to 4 \to 1, \quad 2 \to 2 \to 2 \to 2$$

のように $1 \to \sigma(1) \to \sigma(3) \to \sigma(4) = 1$ となって巡回しています。巡回置換では動く文字にしか興味がないので、$(1, 3, 4)$ のように書きます。任意の置換は、共通の文字を含まないいくつかの巡回置換の積に分解できます。例えば、

$$\begin{pmatrix} 1 & 2 & 3 & 4 & 5 & 6 & 7 & 8 \\ 3 & 7 & 4 & 1 & 8 & 5 & 2 & 6 \end{pmatrix} = (1, 3, 4)(2, 7)(5, 8, 6)$$

のようになります。共通の文字を含まない置換は**互いに素** (disjoint) であると呼ばれますが、互いに素な置換同士は可換です。このような置換の互いに素な巡回置換の積で表すときの表し方は、積の順序を除いて 1 通りに決まります。このような置換の分解を**巡回置換分解** (cycle decomposition) といいます。巡回置換を互換の積で表すことは簡単です。というのは、例えば、

$$(1, 3, 4) = (1, 3)(1, 4), \quad (2, 3, 5, 6) = (2, 3)(2, 5)(2, 6)$$

のように、一番左の文字を先頭にして、後は隣の文字との互換、先頭文字と隣の隣の文字の互換、⋯ を左から右に並べていけばよいだけだからです。よって、置換を互換の積で表すには、置換を互いに素な巡回置換の積に分解し、それをさらに上記の手順に従って互換の積に分解すればよいことになります。例えば、上記の例では、

$$\begin{pmatrix} 1 & 2 & 3 & 4 & 5 & 6 & 7 & 8 \\ 3 & 7 & 4 & 1 & 8 & 5 & 2 & 6 \end{pmatrix} = (1, 3, 4)(2, 7)(5, 8, 6) = (1, 3)(1, 4)(2, 7)(5, 8)(5, 6)$$

となります。5 つの互換に分解しましたから、この置換は奇置換であるということが分かります。

6.2 ▸ Python で置換を計算しよう

sympy.combinatorics を用いて、置換の計算をしてみましょう。プログラムと実行結果を見ながら説明します。リスト 6.1 をご覧ください。

リスト 6.1　StudyPermutation.py

```
1   import sympy.combinatorics as symc
2
3   I = symc.Permutation(size=10)
4   P = symc.Permutation([2, 5, 7, 3, 6, 0, 1, 4, 8])
5   Q = symc.Permutation(1, 2, 3)(5, 4, 6, 9)
6   R = symc.Permutation(3, 4)(0, 2, 7)
7   print(’I = ’, I)
8   print(’P =’, P , ’Q =’, Q , ’R =’, R, sep = ’ ’)
9   print(’inverse of Q = ’, Q**-1)
10  print(’QR = ’, Q*R)
11  print(’IQ = ’, I*Q)
12  print(’order of Q = ’, Q.order())
13  print(Q.transpositions()[::-1], ’: Q expressed as a product of transpositions’)
14  print(’signature of Q = ’, Q.signature())
```

プログラムというより、ただ列挙しているだけですが、Python による置換の扱い方がまとまっています。1 行目で、sympy.combinatorics を symc という名前でインポートしています。3 行目は、サイズが 10 の恒等置換

$$I = \begin{pmatrix} 0 & 1 & 2 & 3 & 4 & 5 & 6 & 7 & 8 & 9 \\ 0 & 1 & 2 & 3 & 4 & 5 & 6 & 7 & 8 & 9 \end{pmatrix}$$

を生成しています。番号が 0 から始まっていることにご注意を。4 行目では、次の置換 P を定義しています。

$$P = \begin{pmatrix} 0 & 1 & 2 & 3 & 4 & 5 & 6 & 7 & 8 \\ 2 & 5 & 7 & 3 & 6 & 0 & 1 & 4 & 8 \end{pmatrix}$$

5 行目、6 行目では、それぞれ置換 Q, R を互いに素な巡回置換の積として定義しています。7 行目では、I、8 行目は、P, Q, R を表示しています。9 行目では、Q の逆置換 Q^{-1} を表示しています。10 行

目では、Q と R の積 QR を、11 行目は、IQ を、12 行目では、`order` メソッドを使って Q の位数を求めて表示し、13 行目では、`transpositions` メソッドを用いて Q を互換の積に分解して表示しています。14 行目は、`signature` メソッドを用いて Q の符号 $\mathrm{sgn}(Q)$ を表示しています。出力は次のようになります。

```
I =  (9)
P = (8)(0 2 7 4 6 1 5) Q = (1 2 3)(4 6 9 5) R = (0 2 7)(3 4)
inverse of Q =  (1 3 2)(4 5 9 6)
QR =  (0 2 4 6 9 5 3 1 7)
IQ =  (1 2 3)(4 6 9 5)
order of Q =  12
[(4, 6), (4, 9), (4, 5), (1, 2), (1, 3)] : Q expressed as a product of transpositions
signature of Q =  -1
```

出力結果を見てすぐに分かるかと思いますが、置換はすべて互いに素な巡回置換の積になっています。恒等置換は、ここでは (9) と表示されています。Q の互換の積への分解が、

$$(4,6)(4,9)(4,5)(1,2)(1,3)$$

となっていること[*7]、符号が -1 になっていることも確認できます。これだけあれば置換の基本的な操作ができることになります。

例題6.1. Python を使って、

$$S=\begin{pmatrix} 0 & 1 & 2 & 3 & 4 & 5 & 6 & 7 & 8 \\ 5 & 3 & 6 & 4 & 7 & 0 & 1 & 8 & 2 \end{pmatrix}$$

に対し、逆置換 S^{-1} を求めてください。S を巡回置換の積に分解し、さらに互換の積に分解してください。また、$\mathrm{ord}(S)$ を求めてください。

解 例えば、次のようにして計算できるでしょう。

リスト 6.2 PermutationEx.py

```
import sympy.combinatorics as symc

```

*7 ここで `[::-1]` としてリストの順番を入れ替えているのは、`transpositions()` では、Q^{-1} の互換の積への分解の順番になってしまうからです。このような仕様になっている理由ははっきりしません。

```
S = symc.Permutation([5, 3, 6, 4, 7, 0, 1, 8, 2])
print('S = ', S)
print('inverse of S = ', S**-1)
print('order of S = ', S.order())
print(S.transpositions()[::-1])
```

実行すると、次のようになります。

```
S =  (0 5)(1 3 4 7 8 2 6)
inverse of S =  (0 5)(1 6 2 8 7 4 3)
order of S =  14
[(1, 3), (1, 4), (1, 7), (1, 8), (1, 2), (1, 6), (0, 5)]
```

この結果から、S を互いに素な巡回置換の積で表すと、

$$S = (0,5)(1,3,4,7,8,2,6)$$

となり、$S^{-1} = (0,5)(1,6,2,8,7,4,3)$, $\mathrm{ord}(S) = 14$, S の互換の積への分解の一例は、

$$S = (1,3)(1,4)(1,7)(1,8)(1,2)(1,6)(0,5)$$

であることも分かります。 □

6.3 ▸ 対称群を用いた行列式の定義

置換とその符号が準備できたので、これらを使って行列式を定義しましょう。

定義6.2. n 次の正方行列 $A = (a_{ij})_{1\leq i,j\leq n}$ に対し、A の行列式 $|A|$ を次の式で定義する。

$$|A| = \sum_{\sigma\in S_n} \mathrm{sgn}(\sigma) a_{1\sigma(1)} a_{2\sigma(2)} \cdots a_{n\sigma(n)}$$

ここで、和は n 次の置換全体にわたるものとする。

非常に複雑な式だということに驚かれる方も多いのではないかと思います[8]。

すぐに分かることは、$|A|$ の行列式が $n!$ 個の項からなる多項式だということです。応用上必要になる行列のサイズは数百、数千、数万にもなりますから、全部まともに書き下したら大変なことです。ど

[8] 筆者は最初にこの定義で習ったので、どうしてこんな定義にするのか疑問に思いました。最終的には分かるわけですが、最初に見るとぎょっとしますよね。

れくらいの大きさになるか、ちょっと計算してみましょう。その大きさを実感するには、$n = 100$ でも十分です。Python で階乗を計算する方法はいくつかありますが、手軽なのは、`math` モジュールの `math.factorial` を使うことです。IPython のコンソールで、次のようにして計算できます。

```
In [1]: import math
In [2]: math.factorial(100)
Out[2]: 93326215443944152681699238856266700490715968264381621468592963895217599
99322991560894146397615651828625369792082722375825118521091686400000000000000000
00000000
```

これが 100×100 行列の行列式をそのまま展開したときの項の数なのです。行列式がいかに複雑な式であるか、また、定義 6.2. に従ってそのまま計算することが無謀であることを如実に示す数字だと思います。

定義 6.2. が第 4 章で学んだ操作的な定義と一致することを確かめておきましょう。

定理6.4. K を複素数または実数の集合とする。K の元を成分に持つ行列 $A = (a_{ij})_{1 \leq i,j \leq n}$ に対し、K に値をとる関数 $\varphi(A)$ を A の行ベクトル $\boldsymbol{a}_i = (a_{i1}, a_{i2}, \ldots, a_{in})$ を用いて、次のように表す。

$$\varphi(A) = \varphi \begin{pmatrix} \boldsymbol{a}_1 \\ \boldsymbol{a}_2 \\ \vdots \\ \boldsymbol{a}_n \end{pmatrix}$$

$\varphi(A)$ が以下の 4 つの性質を持つとき、$\varphi(A) = |A|$ である。

1. 任意の $\boldsymbol{a}_i$ を $k\boldsymbol{a}_i$ で置き換えれば、φ の値は k 倍される。
2. 任意の 1 つの $\boldsymbol{a}_i$ が、$\boldsymbol{a}_i = \boldsymbol{a}_i' + \boldsymbol{a}_i''$ であれば、次が成り立つ。

$$\varphi \begin{pmatrix} \boldsymbol{a}_1 \\ \vdots \\ \boldsymbol{a}_i' + \boldsymbol{a}_i'' \\ \vdots \\ \boldsymbol{a}_n \end{pmatrix} = \varphi \begin{pmatrix} \boldsymbol{a}_1 \\ \vdots \\ \boldsymbol{a}_i' \\ \vdots \\ \boldsymbol{a}_n \end{pmatrix} + \varphi \begin{pmatrix} \boldsymbol{a}_1 \\ \vdots \\ \boldsymbol{a}_i'' \\ \vdots \\ \boldsymbol{a}_n \end{pmatrix}$$

3. τ を n 次の置換とするとき、次が成り立つ。

$$\varphi \begin{pmatrix} \boldsymbol{a}_{\tau(1)} \\ \boldsymbol{a}_{\tau(2)} \\ \vdots \\ \boldsymbol{a}_{\tau(n)} \end{pmatrix} = \mathrm{sgn}(\tau) \varphi \begin{pmatrix} \boldsymbol{a}_1 \\ \boldsymbol{a}_2 \\ \vdots \\ \boldsymbol{a}_n \end{pmatrix}$$

4. $\varphi(I)=1$

証明 第 j 成分のみ 1 で他の成分が 0 である n 次元行ベクトル $\boldsymbol{e}_j$ $(j=1,2,\ldots,n)$ を用いて、

$$\boldsymbol{a}_i = a_{i1}\boldsymbol{e}_1 + a_{i2}\boldsymbol{e}_2 + \cdots + a_{in}\boldsymbol{e}_n$$

と書くことができますので、1 と 2 を繰り返し用いて

$$\varphi\begin{pmatrix}\boldsymbol{a}_1\\ \boldsymbol{a}_2\\ \vdots\\ \boldsymbol{a}_n\end{pmatrix} = \varphi\begin{pmatrix}\sum_{j=1}^n a_{1j}\boldsymbol{e}_j\\ \sum_{j=1}^n a_{2j}\boldsymbol{e}_j\\ \vdots\\ \sum_{j=1}^n a_{nj}\boldsymbol{e}_j\end{pmatrix} = \sum_{j_1=1}^n\sum_{j_2=1}^n\cdots\sum_{j_n=1}^n a_{1j_1}a_{2j_2}\cdots a_{nj_n}\varphi\begin{pmatrix}\boldsymbol{e}_{j_1}\\ \boldsymbol{e}_{j_2}\\ \vdots\\ \boldsymbol{e}_{j_n}\end{pmatrix}$$

右辺の和は、n^n 個の項の和になるように見えますが、$j_1, j_2, \ldots, j_n$ のうちに一致するものがあれば、**対応する項の値は 0 になります (*)**。したがって、この和は、$j_1, j_2, \ldots, j_n$ が、$1, 2, \ldots, n$ の置換であるような $n!$ 個の項のみをわたる和になります。(*) は、$j_k = j_l$ $(1 \leq k \neq l \leq n)$ であれば、これらの行を入れ替えたとしても値は変わらないはずですが、3 より、互換 $\tau = (i, j)$ で符号が反転することになり、その値は 0 になることから分かります。3, 4 より、n 次の置換 σ に対し、

$$\varphi\begin{pmatrix}\boldsymbol{e}_{\sigma(1)}\\ \boldsymbol{e}_{\sigma(2)}\\ \vdots\\ \boldsymbol{e}_{\sigma(n)}\end{pmatrix} = \mathrm{sgn}(\sigma)\varphi\begin{pmatrix}\boldsymbol{e}_1\\ \boldsymbol{e}_2\\ \vdots\\ \boldsymbol{e}_n\end{pmatrix} = \mathrm{sgn}(\sigma)\varphi(I) = \mathrm{sgn}(\sigma)$$

となるので、

$$\varphi(A) = \sum_{\sigma\in S_n}\mathrm{sgn}(\sigma)a_{1\sigma(1)}a_{2\sigma(2)}\cdots a_{n\sigma(n)} = |A|$$

となります。 □

定理 6.4. によって、操作的に定義した行列式の「正体」が分かったわけです。定義 6.2. に現れた行列式は極めて複雑な多項式です。クラメルの公式は連立方程式の解の公式でしたが、これだけ複雑な多項式を導入して初めて記述可能になったわけです。

例題6.2. 3×3 行列の行列式を置換による定義に基づいて書き下してください。

解 3 次の置換の符号を調べます。$\mathrm{sgn}(I)=1$ は明らかで、互換 $(1,2), (1,3), (2,3)$ はすべて奇置換なので、符号は -1 です。

$$\begin{pmatrix}1 & 2 & 3\\ 2 & 3 & 1\end{pmatrix} = (1,2,3) = (1,2)(1,3)$$

$$\begin{pmatrix} 1 & 2 & 3 \\ 3 & 1 & 2 \end{pmatrix} = (1,3,2) = (1,3)(1,2)$$

となるので、いずれも偶置換です（もっとも、互換が 3 つとも奇置換なので、残りが偶置換なのは計算することなく分かるのですが)。これらの結果から次のようになります。

$$\begin{vmatrix} a_{11} & a_{12} & a_{13} \\ a_{21} & a_{22} & a_{23} \\ a_{31} & a_{32} & a_{33} \end{vmatrix} = \sum_{\sigma \in S_3} \mathrm{sgn}(\sigma) a_{1\sigma(1)} a_{2\sigma(2)} a_{3\sigma(3)}$$
$$= a_{11}a_{22}a_{33} + a_{12}a_{23}a_{31} + a_{13}a_{21}a_{32}$$
$$- a_{12}a_{21}a_{33} - a_{13}a_{22}a_{31} - a_{11}a_{23}a_{32}$$

□

定義 6.2. に基づいて考えた方が証明がシンプルになる例として、次を示しておきましょう。

定理6.5. A を n 次の正方行列とする。このとき、$|A^{\mathsf{T}}| = |A|$ が成り立つ。

証明 $|A^{\mathsf{T}}|$ を置換を用いた行列式の定義に基づいて書き下すと、σ に対応する項は、

$$\mathrm{sgn}(\sigma) a_{\sigma(1)1} a_{\sigma(2)2} \cdots a_{\sigma(n)n}$$

となりますが、$a_{\sigma(1)1} a_{\sigma(2)2} \cdots a_{\sigma(n)n}$ はちょうど、

$$\sigma^{-1} = \begin{pmatrix} \sigma(1) & \sigma(2) & \cdots & \sigma(n) \\ 1 & 2 & \cdots & n \end{pmatrix}$$

に対応しています。定理 6.2.(2) より、$\mathrm{sgn}(\sigma^{-1}) = \mathrm{sgn}(\sigma)$ ですから、

$$|A^{\mathsf{T}}| = \sum_{\sigma \in S_n} \mathrm{sgn}(\sigma) a_{\sigma(1)1} a_{\sigma(2)2} \cdots a_{\sigma(n)n}$$
$$= \sum_{\sigma \in S_n} \mathrm{sgn}(\sigma^{-1}) a_{\sigma(1)1} a_{\sigma(2)2} \cdots a_{\sigma(n)n} = |A|$$

となります。最後の等式は、和が S_n 全体にわたることから従います。 □

定理 6.5. により、行列式の行に関する性質は列についても成り立つことが分かります。

6.4 ▸ 正方行列ではない行列 A, B の積 AB の行列式

もし、A, B がともに n 次の正方行列であれば、$|AB| = |A||B|$ となりますが、A, B が正方行列ではなくても AB が正方行列になることがあります。このとき、$|AB|$ はどうなるのでしょうか。次の

定理が結論です。

定理6.6. A が $n \times k$、B が $k \times n$ 行列であれば、積 AB が定義でき、かつ、行列式 $|AB|$ も定義できる。以下が成り立つ。

1. $n > k$ であれば、$|AB| = 0$
2. $n = k$ であれば、$|AB| = |A||B|$
3. $n < k$ であれば、

$$|AB| = \sum_{i_1, \cdots, i_n} |A(i_1, \cdots, i_n)||B(i_1, \cdots, i_n)|$$

ここで、$|A(i_1, \cdots, i_n)|$ は、A の第 $i_1, \cdots, i_n$ $(i_1 < \cdots < i_n)$ **列**からつくった n 次の行列式、$B(i_1, \cdots, i_n)$ は B の第 $i_1, \cdots, i_n$ **行**からつくった n 次の行列式で、右辺の和は、${}_kC_n$ 個の組合せ全体にわたってとる。

証明 B の行ベクトルを $\boldsymbol{b}_1, \boldsymbol{b}_2, \ldots, \boldsymbol{b}_k$ とします。このとき、AB の行ベクトルは、次のように表すことができます。

$$\sum_{j=1}^{k} a_{ij} \boldsymbol{b}_j \ (i = 1, 2, \ldots, n)$$

行列式の性質 1 と性質 2 を繰り返し適用すれば、$|AB|$ が次のように書けることが分かります。

$$|AB| = \sum_{r_1=1}^{k} \cdots \sum_{r_n=1}^{k} a_{1r_1} a_{2r_2} \cdots a_{nr_n} \begin{vmatrix} \boldsymbol{b}_{r_1} \\ \boldsymbol{b}_{r_2} \\ \vdots \\ \boldsymbol{b}_{r_n} \end{vmatrix} \tag{6.1}$$

(6.1) において、右端の行列式は、行ベクトル $\boldsymbol{b}_{r_1}, \boldsymbol{b}_{r_2}, \ldots, \boldsymbol{b}_{r_n}$ を縦に並べてできる行列の行列式です。(6.1) の和ですが、$n > k$ であれば、$\boldsymbol{b}_{r_1}, \boldsymbol{b}_{r_2}, \ldots, \boldsymbol{b}_{r_n}$ の中に必ず重複が生じるので、各項はすべて 0 になり、$|AB| = 0$ であることが分かります。$n = k$ のときは[9]、$\boldsymbol{b}_{r_1}, \boldsymbol{b}_{r_2}, \ldots, \boldsymbol{b}_{r_n}$ の中に重複がある項は 0 になるので除くと、残るのは $r_1, r_2, \ldots, r_n$ のうち $1, 2, \ldots, n$ の置換になっているものだけです。つまり、次のようになります。

$$|AB| = \sum_{r \in S_n} a_{1r(1)} a_{2r(2)} \cdots a_{nr(n)} \begin{vmatrix} \boldsymbol{b}_{r(1)} \\ \boldsymbol{b}_{r(2)} \\ \vdots \\ \boldsymbol{b}_{r(n)} \end{vmatrix}$$

[9] 既に分かっていることですが、ここでは、置換を用いた行列式の定義に基づいた証明を与えています。

$$
= \sum_{r \in S_n} a_{1r(1)} a_{2r(2)} \cdots a_{nr(n)} \mathrm{sgn}(r) \begin{vmatrix} \boldsymbol{b}_1 \\ \boldsymbol{b}_2 \\ \vdots \\ \boldsymbol{b}_n \end{vmatrix}
$$

$$
= \left\{ \sum_{r \in S_n} \mathrm{sgn}(r) a_{1r(1)} a_{2r(2)} \cdots a_{nr(n)} \right\} |B| = |A||B|
$$

最後に、$n < k$ の場合を考えます。このときの和は、$\boldsymbol{b}_{r_1}, \boldsymbol{b}_{r_2}, \ldots, \boldsymbol{b}_{r_n}$ の中に重複がある項を除けば、$1, 2, \ldots, k$ の中から n 個を取り出す順列 $r_1, r_2, \ldots, r_n$ のすべてにわたります。$1, 2, \ldots, k$ から n 個選んだ添字 $i_1, i_2, \cdots, i_n$ ごとにまとめれば、

$$
|AB| = \sum_{i_1, i_2, \cdots, i_n} \sum_{\sigma \in S_n} \mathrm{sgn}(\sigma) a_{1i_{\sigma(1)}} a_{2i_{\sigma(2)}} \cdots a_{ni_{\sigma(n)}} \begin{vmatrix} \boldsymbol{b}_{i_{\sigma(1)}} \\ \boldsymbol{b}_{i_{\sigma(2)}} \\ \vdots \\ \boldsymbol{b}_{i_{\sigma(n)}} \end{vmatrix}
$$

$$
= \sum_{i_1, i_2, \cdots, i_n} \sum_{\sigma \in S_n} a_{1i_{\sigma(1)}} a_{2i_{\sigma(2)}} \cdots a_{ni_{\sigma(n)}} \mathrm{sgn}(\sigma) \begin{vmatrix} \boldsymbol{b}_{i_1} \\ \boldsymbol{b}_{i_2} \\ \vdots \\ \boldsymbol{b}_{i_n} \end{vmatrix}
$$

$$
= \sum_{i_1, \cdots, i_n} |A(i_1, \cdots, i_n)||B(i_1, \cdots, i_n)|
$$

となります。 □

$n < k$ の場合は、操作的な定義からではなかなかたどり着けない結果ではないかと思います。定理 6.6. の応用例を紹介しておきます。

例題6.3. 行列式

$$
\left| \begin{pmatrix} a_1 & a_2 & \cdots & a_n \\ b_1 & b_2 & \cdots & b_n \end{pmatrix} \begin{pmatrix} \overline{a_1} & \overline{b_1} \\ \overline{a_2} & \overline{b_2} \\ \vdots & \vdots \\ \overline{a_n} & \overline{b_n} \end{pmatrix} \right|
$$

を計算し、次の不等式（**シュヴァルツの不等式** (Schwarz inequality)）を証明してください。

$$
\left(\sum_{i=1}^{n} |a_i|^2 \right) \left(\sum_{i=1}^{n} |b_i|^2 \right) \geq \left(\sum_{i=1}^{n} a_i \overline{b_i} \right) \overline{\left(\sum_{i=1}^{n} a_i \overline{b_i} \right)}
$$

解 記号を簡略化するために、次のようにおきます。

$$G=\begin{pmatrix} a_1 & a_2 & \cdots & a_n \\ b_1 & b_2 & \cdots & b_n \end{pmatrix},\quad H=\begin{pmatrix} \overline{a_1} & \overline{b_1} \\ \overline{a_2} & \overline{b_2} \\ \vdots & \vdots \\ \overline{a_n} & \overline{b_n} \end{pmatrix}$$

$$\begin{aligned} |GH| &= \begin{vmatrix} \sum_{i=1}^{n}|a_i|^2 & \sum_{i=1}^{n}a_i\overline{b_i} \\ \sum_{i=1}^{n}\overline{a_i}b_i & \sum_{i=1}^{n}|b_i|^2 \end{vmatrix} \\ &= \left(\sum_{i=1}^{n}|a_i|^2\right)\left(\sum_{i=1}^{n}|b_i|^2\right)-\left(\sum_{i=1}^{n}a_i\overline{b_i}\right)\overline{\left(\sum_{i=1}^{n}a_i\overline{b_i}\right)} \end{aligned}$$

一方、定理 6.6. を用いて行列式を計算すると、

$$\begin{aligned} |GH| &= \sum_{i<j}\begin{vmatrix} a_i & a_j \\ b_i & b_j \end{vmatrix}\begin{vmatrix} \overline{a_i} & \overline{b_i} \\ \overline{a_j} & \overline{b_j} \end{vmatrix} \\ &= \sum_{i<j}(a_ib_j-a_jb_i)\overline{(a_ib_j-a_jb_i)}=\sum_{i<j}|a_ib_j-a_jb_i|^2\geq 0 \end{aligned}$$

となりますので、$|GH|\geq 0$ であり、所望のシュヴァルツの不等式が示されました。この結果から、等号が成立する必要十分条件が $a_ib_j-a_jb_i=0\ (i<j)$ であることも分かります。これは、$\boldsymbol{a}=(a_1,a_2,\ldots,a_n)$ と $\boldsymbol{b}=(b_1,b_2,\ldots,b_n)$ に対し、$c_1\boldsymbol{a}+c_2\boldsymbol{b}=\boldsymbol{0}$ であるような、少なくとも一方が 0 でない定数 c_1, c_2 が存在することに他なりません。 □

6.5 ▸ Python による終結式の計算

ここでは、行列式を代数方程式に応用してみましょう。2 次方程式

$$f(x)=ax^2+bx+c=0$$

の判別式 $D=b^2-4ac$ の導き方として最初に習うのは、解の公式におけるルートの中身だというものでしょう。ここでは、この問題を線形代数の問題に翻訳し、その結果として判別式 $D=b^2-4ac$ が導けることを示し、後にこれを一般化します。

判別式の重要な役割として、方程式 $f(x)=0$ が重解（$f(x)$ が重根）を持つかどうかを判別することが挙げられるでしょう。もし $f(x)=a(x-\alpha)^2$ であるとすると、$f'(x)=2a(x-\alpha)$ となり、$f(x)$ と $f'(x)$ は共通根 α を持ちます。言い換えれば共通の約数 $x-\alpha$ を持つことになります。$f(x)=0$, $xf'(x)=0$, $f'(x)=0$ を並べた連立方程式

$$\begin{cases} ax^2+ & bx & +c & =0 \\ 2ax^2+ & bx & & =0 \\ & 2ax & +b & =0 \end{cases}$$

を考えましょう。もし、$f(x)=0$ が重解 $x=\alpha$ を持てば、この連立方程式をすべて満たす $x=\alpha$ が存在することになります。行列の形式で書き直すと、

$$\begin{pmatrix} a & b & c \\ 2a & b & 0 \\ 0 & 2a & b \end{pmatrix} \begin{pmatrix} \alpha^2 \\ \alpha \\ 1 \end{pmatrix} = \begin{pmatrix} 0 \\ 0 \\ 0 \end{pmatrix}$$

となります。もし、左辺の係数行列が逆行列を持つとすると矛盾が生ずるので、方程式が重解を持つのであれば、

$$\begin{vmatrix} a & b & c \\ 2a & b & 0 \\ 0 & 2a & b \end{vmatrix} = 0$$

とならなければなりません。この行列式を計算してみると、

$$\begin{aligned} \begin{vmatrix} a & b & c \\ 2a & b & 0 \\ 0 & 2a & b \end{vmatrix} &= \begin{vmatrix} a & b & c \\ 0 & -b & -2c \\ 0 & 2a & b \end{vmatrix} \\ &= a \begin{vmatrix} -b & -2c \\ 2a & b \end{vmatrix} = -a(b^2 - 4ac) \end{aligned}$$

となって、おなじみの判別式 $D=b^2-4ac$ が現れます。これを一般化したものが**終結式** (resultant) です。終結式は、方程式に共通解があれば 0、なければ 0 になりません。つまり、共通解を持つかどうかを判別する道具として使うことができるのです。この議論を踏まえて、次を定義します。

定義6.3. x についての r 次の多項式 $f(x)$ と s 次の多項式 $g(x)$ が、次のように書くことができるとする。

$$\begin{aligned} f(x) &= f_r x^r + \cdots + f_1 x + f_0 \\ g(x) &= g_s x^s + \cdots + g_1 x + g_0, \end{aligned}$$

このとき、f と g の x に対する**シルヴェスター行列** (Sylvester matrix)：$\mathrm{Syl}(f,g,x)$ を次のように定義する。

$$
\mathrm{Syl}(f,g,x)=\begin{pmatrix}
f_r & \cdots & & \cdots & f_0 & 0 & \cdots & 0\\
0 & f_r & \cdots & & \cdots & f_0 & \ddots & \vdots\\
\vdots & \ddots & \ddots & \ddots & & & \ddots & 0\\
0 & \cdots & 0 & f_r & \cdots & & \cdots & f_0\\
g_s & \cdots & & \cdots & g_0 & 0 & \cdots & 0\\
0 & g_s & \cdots & & \cdots & g_0 & \ddots & \vdots\\
\vdots & \ddots & \ddots & \ddots & & & \ddots & 0\\
0 & \cdots & 0 & g_s & \cdots & & \cdots & g_0
\end{pmatrix}
\begin{array}{l}
\left.\begin{matrix}\\ \\ \\ \\ \end{matrix}\right\} s\text{ 行}\\
\left.\begin{matrix}\\ \\ \\ \\ \end{matrix}\right\} r\text{ 行}
\end{array}
$$

これは、$r+s$ 次の正方行列である。$\mathrm{Syl}(f,g,x)$ の行列式を $\mathrm{Res}(f,g,x)$ で表し、$f(x)$ と $g(x)$ の x に対する終結式という。

定理6.7. 終結式 $\mathrm{Res}(f,g,x)$ が 0 となるための必要十分条件は、$f(x), g(x)$ が共通根を持つことである。

証明 先ほどと同様に $f(x)$ と $g(x)$ が共通根 α を持てば、

$$
\mathrm{Syl}(f,g,x)\begin{pmatrix}\alpha^{r+s-1}\\ \alpha^{r+s-2}\\ \vdots\\ 1\end{pmatrix}=\begin{pmatrix}0\\ 0\\ \vdots\\ 0\end{pmatrix}
$$

となりますので、$\mathrm{Res}(f,g,x)=\det\mathrm{Syl}(f,g,x)=0$ となります。

逆に、$\mathrm{Res}(f,g,x)=0$ のとき、$f(x)$ と $g(x)$ が共通根を持つことを証明します。そのために、$f(x)=f_r(x-\alpha_1)(x-\alpha_2)\cdots(x-\alpha_r)$, $g(x)=g_s(x-\beta_1)(x-\beta_2)\cdots(x-\beta_s)$ とおきます。ここで、f_r, g_s は 0 でない定数です。$f(x)$ と $g(x)$ が共通根を持つためには、ある i,j に対して、$\alpha_i=\beta_j$ であることが必要十分条件です。つまり、$\prod_{i=1}^{r}\prod_{j=1}^{s}(\alpha_i-\beta_j)=0$ が必要十分条件です。根と係数の関係より、$f(x)/f_r=(x-\alpha_1)(x-\alpha_2)\cdots(x-\alpha_r)$ の係数、f_i/f_r $(i=1,2,\ldots,r)$ は、$\alpha_1,\alpha_2,\ldots,\alpha_r$ の多項式（実は基本対称式になりますが、ここでは対称性までは必要ありません）であり、$g(x)/g_s=(x-\beta_1)(x-\beta_2)\cdots(x-\beta_s)$ の係数も $\beta_1,\beta_2,\ldots,\beta_s$ の多項式になっていますので、$\mathrm{Res}(f,g,x)$ が f_r と g_s のべき（冪）を除いて、$\prod_{i=1}^{r}\prod_{j=1}^{s}(\alpha_i-\beta_j)$ に一致することを示せばよいことになります。行列式の性質から、任意の定数 c に対して、$\mathrm{Res}(cf,g,x)=c^s\mathrm{Res}(f,g,x)$, $\mathrm{Res}(f,cg,x)=c^r\mathrm{Res}(f,g,x)$ が成り立ちますから、

$$
\mathrm{Res}(f,g,x)=f_r^s g_s^r\mathrm{Res}(f/f_r,g/g_s,x)
$$

が得られます。よって、$f_r=g_s=1$ の場合に証明すれば十分です。$f(x), g(x)$ が共通根を持てば、

$\mathrm{Res}(f,g,x)=0$ となることの証明と剰余の定理により、$\mathrm{Res}(f,g,x)$ が、$\prod_{i=1}^{r}\prod_{j=1}^{s}(\alpha_i-\beta_j)$ で割り切れることが分かります。一方、行列式の（置換を用いた）定義によると、$\mathrm{Res}(f,g,x)$ は α_i,β_j の rs 次の斉次多項式にならなければなりませんが、$\prod_{i=1}^{r}\prod_{j=1}^{s}(\alpha_i-\beta_j)$ は、rs 次の斉次多項式となりますから、適当な定数 c があって、

$$\mathrm{Res}(f,g,x)=c\prod_{i=1}^{r}\prod_{j=1}^{s}(\alpha_i-\beta_j)$$

と書くことができます。各項の係数を比較すると、$c=1$ が得られますので、所望の結果が証明されたことになります。 □

以上の証明を見直せば、次の結果が得られます。

系6.8. $f(x)$, $g(x)$ の終結式は次のように表せる。

$$\mathrm{Res}(f,g,x)=f_r^s g_s^r\prod_{i=1}^{r}\prod_{j=1}^{s}(\alpha_i-\beta_j)$$

終結式の面白いところは、$f(x)$, $g(x)$ の因数分解が分からなくても、共通根があるかどうか判定できることです。アルゴリズム的な観点では、ユークリッド互除法を用いて、$f(x)$ と $g(x)$ の最大公約数（多項式）$\gcd(f,g)$ を求め、$\gcd(f,g)$ が定数であるか 1 次以上の多項式であるかを調べてもいいのですが、アルゴリズムの形のままでは、判定条件を求めるのは易しくないでしょう。終結式はまさにその条件を明示的に書いているわけです。

先ほど 2 次方程式の判別式を求めるところで、$f(x)$ と $f'(x)$ の終結式を計算しました。高等学校で習った判別式とは、$-a$ 倍の違いがありますが、a が 0 なら 1 次式になってしまうため、$-a$ は、判別上本質的ではありません[*10]。そこで、$\mathrm{Res}(f,f',x)$ を $f(x)$ の**判別式** (discriminant) と呼ぶことにします。

多項式の微分は、$x^m (m\geq 1)$ を mx^{m-1} で置き換え、定数を 0 に置き換えるという形式操作と考えることができるので、$f'(x)$ は、極限操作を経由せずに定義できます。つまり、判別式は、完全に代数的に定義できるのです。

例題6.4. 電子署名などに応用されている楕円曲線暗号では、

$$y^2=f(x)=x^3+ax+b$$

という曲線（これを楕円曲線と呼びます）を使います[*11]。暗号で利用するためには、右辺が重根を持

[*10] 一般に、より高次の場合も含め、判別式は、根の差積で定義され、$\mathrm{Res}(f,f',x)$ と定数倍の違いがありますが、本書では終結式で定義しておきます。

[*11] 暗号で利用するのは、有限体（ガロア体）上の曲線ですが。

たないことが必要になります。sympy.resultant を用いて $f(x)$ の判別式 D を求めてください。また、matplotlib を使って、$(a, b) = (-3, 1), (-3, 2)$ のときの曲線を描いてください（等高線を描く contour を使ってください）。

解 sympy ライブラリを利用して、$f(x)$, $g(x)$ の終結式を求めるには、例えば、リスト 6.3 のようにします。

リスト 6.3　StudyDiscriminant.py

```
import sympy

x, y = sympy.symbols("x y")
a, b, D = sympy.symbols("a b D")

f = x**3 + a*x + b
g = 3*x**2 + a

D = sympy.resultant(f,g,x)
print(D)
```

実行すると次のようになり、終結式が $4a^3 + 27b^2$ であることが分かります。

```
4*a**3 + 27*b**2
```

今度は楕円曲線を描いてみましょう。リスト 6.4 では、matplotlib の plt.contour(x, y, z, [0]) で $z = 0$ の等高線を描いています（12 行目）。ここではアスペクト比（縦横比）を 1 にしてあります。

リスト 6.4　StudyEllipticCurve.py

```
1  import matplotlib.pyplot as plt
2  import numpy as np
3
4  Ranx = np.arange(-2.5, 3.5, 0.05)
5  Rany = np.arange(-3, 3, 0.05)
6  x, y = np.meshgrid(Ranx,Rany)
7
```

```
plt.axis([-3, 3.5, -3, 3])
plt.gca().set_aspect('equal', adjustable='box')

z = y**2 - x**3 + 3*x - 1
plt.contour(x, y, z, [0])
plt.show()
```

$f(x) = x^3 + ax + b$ が重根を持つかどうかで、グラフの形状が変化します。図 6.1 は判別式が 0 でない場合で、図 6.2 は判別式が 0 の場合です。

終結式の概念は 2 変数多項式にも応用できます。1 つの変数を固定して考えれば残りの変数の多項式とみなすことができるからです。先ほど、終結式の記号に $\mathrm{Res}(f, g, x)$ のように x を含めているのは、本節で紹介する変数の消去を意識してのことです。x, y の 2 変数の多項式 $f(x, y), g(x, y)$ に対して終結式 $\mathrm{Res}(f, g, x)$ を求めれば、x が消去されます。この事情を説明するために、典型的な例を挙げましょう。

$$
\begin{aligned}
f(x, y) &= xy - 1 \\
g(x, y) &= x^2 + y^2 - 4
\end{aligned}
$$

に対して、方程式 $f(x, y) = g(x, y) = 0$ を解く問題を考えます。これは双曲線と円の交点を求める問題です。$f(x, y), g(x, y)$ を、それぞれ x の多項式とみなすことにします。すると、その終結式 $\mathrm{Res}(f, g, x)$ を求めるには、

$$
\begin{aligned}
&\boldsymbol{y}x^2 + (\boldsymbol{-1})x + \boldsymbol{0} \\
&\boldsymbol{0} + \boldsymbol{y}x + (\boldsymbol{-1}) \\
&\boldsymbol{1}x^2 + \boldsymbol{0}x + \boldsymbol{y^2 - 4}
\end{aligned}
$$

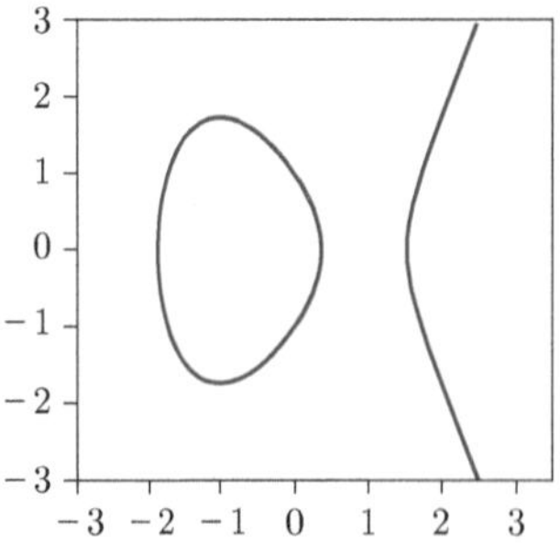

図 6.1　楕円曲線 $(y^2 = x^3 - 3x + 1)$

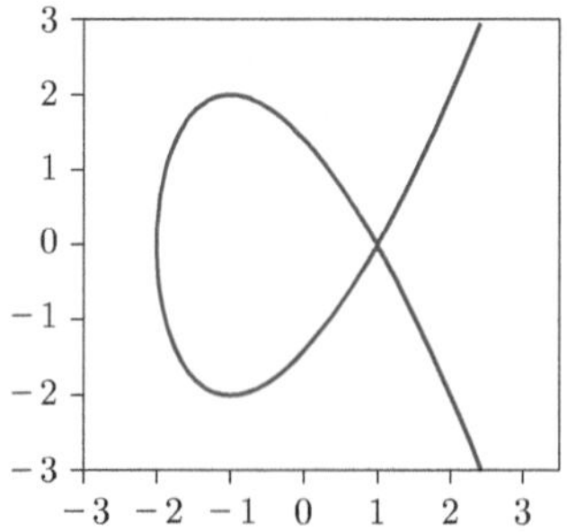

図 6.2　楕円曲線 $(y^2 = x^3 - 3x + 2)$

の係数を並べて、

$$\mathrm{Res}(f, g, x) = \begin{vmatrix} y & -1 & 0 \\ 0 & y & -1 \\ 1 & 0 & y^2 - 4 \end{vmatrix}$$

を計算すればよいことになります。Python で計算するには、リスト 6.5 を使えばよいでしょう。

リスト 6.5　bivariatepoly.py

```
import sympy

x, y = sympy.symbols("x y")
a, b, R = sympy.symbols("a b R")

f = x*y - 1
g = x**2 + y**2 - 4

R = sympy.resultant(f,g,x)
print(R)
```

実行結果は `y**4 - 4*y**2 + 1` となり、終結式が $y^4 - 4y^2 + 1$ であることが分かります。つまり、x, y の多項式 f, g の x に対する終結式とは、$f(x, y)$, $g(x, y)$ から x を消去したものになっているわけです。このように、終結式は変数の消去 (elimination) に用いられるため、**resultant は eliminant** などと標語的に表現されることもあります。さらに多くの変数がある場合の消去理論には**グレブナ基底** (Gröbner basis) が必要になります。

章末問題

問題6-1　**(数学)**　S_5 における次の計算をしてください（積の順序にご注意)。

$$(1) \begin{pmatrix} 1 & 2 & 3 & 4 & 5 \\ 4 & 5 & 3 & 1 & 2 \end{pmatrix} \begin{pmatrix} 1 & 2 & 3 & 4 & 5 \\ 2 & 3 & 4 & 5 & 1 \end{pmatrix}$$

$$(2) \begin{pmatrix} 1 & 2 & 3 & 4 & 5 \\ 3 & 1 & 2 & 5 & 4 \end{pmatrix} \begin{pmatrix} 1 & 2 & 3 & 4 & 5 \\ 5 & 4 & 3 & 1 & 2 \end{pmatrix}$$

問題6-2　**(数学)**　S_5 における次の置換の逆置換を求めてください。

$$(1)\begin{pmatrix} 1 & 2 & 3 & 4 & 5 \\ 5 & 4 & 3 & 1 & 2 \end{pmatrix}, \quad (2)\begin{pmatrix} 1 & 2 & 3 & 4 & 5 \\ 5 & 3 & 2 & 1 & 4 \end{pmatrix}$$

問題6-3 **(数学)** S_5 において、次の互換の転位の数を求めてください。

$$(2,5) = \begin{pmatrix} 1 & 2 & 3 & 4 & 5 \\ 1 & 5 & 3 & 4 & 2 \end{pmatrix}$$

問題6-4 **(Python)** Python を使って、次の S に対し、逆置換 S^{-1} を求めてください。S を巡回置換の積に分解し、さらに互換の積に分解してください。また、$\mathrm{ord}(S)$ を求めてください。

$$S = \begin{pmatrix} 0 & 1 & 2 & 3 & 4 & 5 & 6 & 7 & 8 \\ 4 & 5 & 6 & 2 & 8 & 7 & 0 & 3 & 1 \end{pmatrix}$$

問題6-5 **(Python)** `sympy.combinatorics.Permutation.random` を使って、サイズ 15 のランダムな置換を 10 個生成して表示してください。

問題6-6 **(Python)** Python を使って、S_4, A_4 の元を列挙してください。S_n は、`sympy.combinatorics` においては、`symmetric(n)`、A_n は、`alternating(n)` で表されています。

問題6-7 **(Python)** Python を使って、行列 $A = (a_{ij})_{1 \leq i,j \leq 9}$ の行列式を展開したときの

$$a_{19}a_{25}a_{38}a_{47}a_{53}a_{62}a_{76}a_{81}a_{94}$$

の符号を求めてください。

問題6-8 **(Python)** Python の `numpy.linalg` を用いて、次の行列 A について、$|A|, |A^{\mathsf{T}}|$ を求めてください。

$$A = \begin{pmatrix} 1 & 9 & 2 \\ -1 & 3 & 1 \\ 3 & 8 & -2 \end{pmatrix}$$

問題6-9 **(Python)** Python の `numpy.linalg` を用いて、次の行列 A, B について、AB, BA と $|AB|, |BA|$ を求めてください。

$$A = \begin{pmatrix} 2 & 5 & 3 \\ -1 & 7 & 6 \end{pmatrix}, \quad B = \begin{pmatrix} -1 & 3 \\ 2 & 9 \\ 5 & -3 \end{pmatrix}$$

問題6-10 **(Python)** リスト 6.3 を実行して、終結式が $4a^3 + 27b^2$ であることを確認してください。さらに、リスト 6.4 を実行して図を描いてください。

問題6-11 **(Python)** リスト 6.3 を修正して、4 次方程式

$$f(x) = x^4 + ax^2 + bx + c = 0$$

の判別式 $D = \mathrm{Res}(f, f', x)$ を求めてください。

第 7 章 幾何学的意味

これまで、ベクトルは行列の特別な場合として取り扱ってきましたが、ベクトルには幾何学的な意味もあります。本章では、幾何ベクトル、直線、平面を解説するとともに、内積と外積について説明します。

7.1 ▸ ベクトルと図形

これまで述べてきたベクトルは、数字を縦または横に並べたものでした。このように数字を並べたベクトルを**数ベクトル** (numerical vector) と呼ぶことにします。

数ベクトルは、次のように矢印と解釈することができます。例えば、行ベクトル $\boldsymbol{u} = (3, 2)$ を、図 7.1(a) のような原点を始点とし、終点を点 $(3, 2)$ とする矢印と考えます。原点 O と点 $\mathrm{P}(3, 2)$ を結んでできる矢印は、大きさ（長さ）と向きを持った線分、すなわち**有向線分** (directed segment) です。このように有向線分と解釈したベクトルを**幾何ベクトル** (geometric vector) といいます（図 7.2）。このような有向線分を $\boldsymbol{u} = \overrightarrow{\mathrm{OP}}$ で表します。図 7.1(b) のような $\boldsymbol{u} = \overrightarrow{\mathrm{PQ}}$ において、点 P を**始点** (starting point)、点 Q を**終点** (end point) といいます。

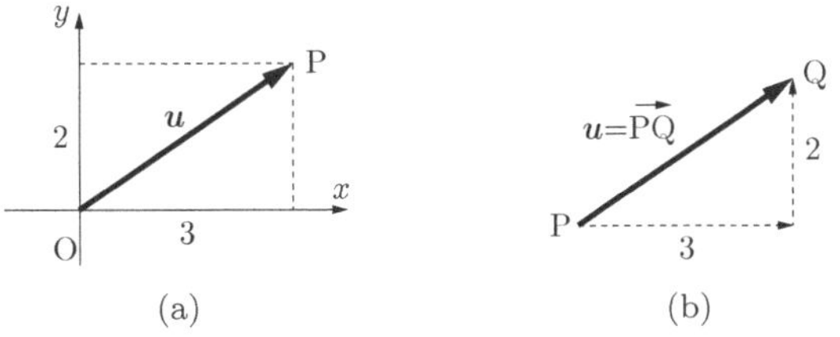

図 7.1　数ベクトルと幾何ベクトルの対応

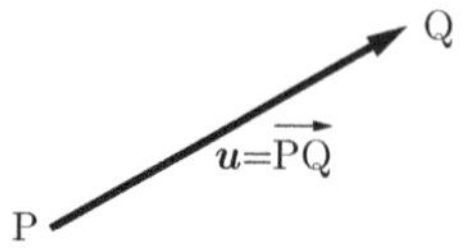

図 7.2　幾何ベクトル

2 つの有向線分 $\overrightarrow{\mathrm{PQ}}$、$\overrightarrow{\mathrm{P'Q'}}$ が、同じ大きさと方向を持つならば、それらは同じ幾何ベクトルを表しています（図 7.3）。

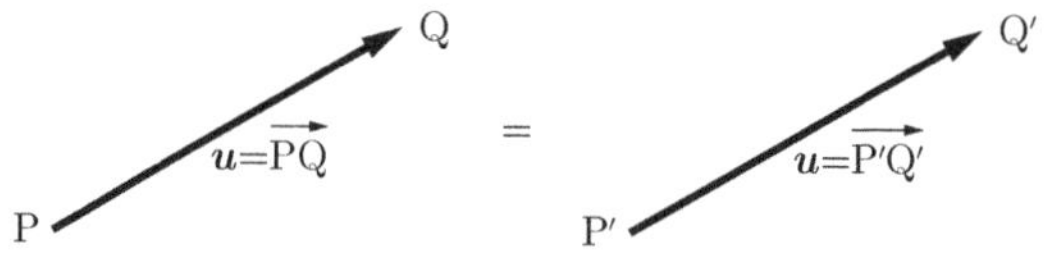

図 7.3　幾何ベクトルの相等

このように考えると、数ベクトルの演算を幾何ベクトルの演算として解釈できます。

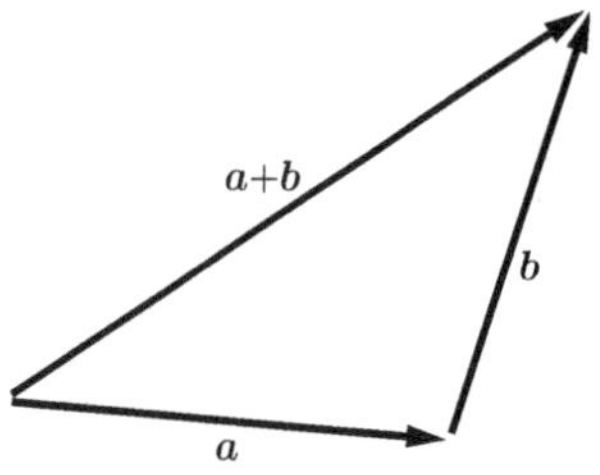

図 7.4　幾何ベクトルの和

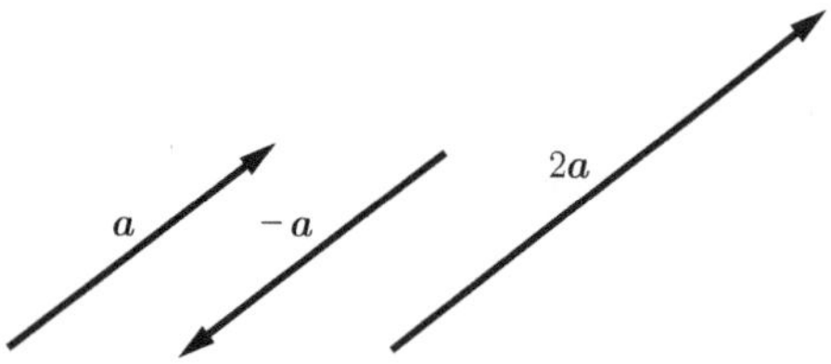

図 7.5　幾何ベクトルのスカラー倍

数ベクトルの足し算とスカラー倍は、幾何ベクトルでは、図 7.4 と図 7.5 のように解釈できます。差は $\boldsymbol{a}-\boldsymbol{b}=\boldsymbol{a}+(-\boldsymbol{b})$ と解釈します。3 次元以下の実ベクトル（成分がすべて実数のベクトル）は、演算も含め、このように幾何学的に解釈できるのです。図にすることは難しいですが、一般に複素数を成分とする n 次元ベクトル $\boldsymbol{a}$ の成分が、$(a_1, a_2, \ldots, a_n)$ であるとき、$\|\boldsymbol{a}\| = \sqrt{|a_1|^2 + |a_2|^2 + \cdots + |a_n|^2}$ を $\boldsymbol{a}$ の**ノルム** (norm) といいます。ここで、成分の絶対値は複素数の絶対値です。$n = 1, 2, 3$ の実ベクトルのとき、$\|\overrightarrow{\mathrm{PQ}}\|$ は、点 P と点 Q の間の距離に等しくなります。$n = 1$ の複素数ベクトルに対しては、複素数の絶対値に一致します。ノルムは、長さの概念を n 次元複素数ベクトルに拡張したものです。

一般に、数ベクトルの成分が 4 つ、5 つとなると、幾何学的にイメージするのは難しいと思いますが、成分が 2、3 程度の矢印をイメージすれば多くの場合で不都合はありません。

7.2 ▸ ベクトルの内積と外積

幾何ベクトル $\boldsymbol{a}, \boldsymbol{b}$ のなす角 θ を、2 つの幾何ベクトルの始点をそろえて図 7.6 の θ と考えます。このとき、幾何ベクトルの**内積** (inner product, scalar product) を以下のように定義します。

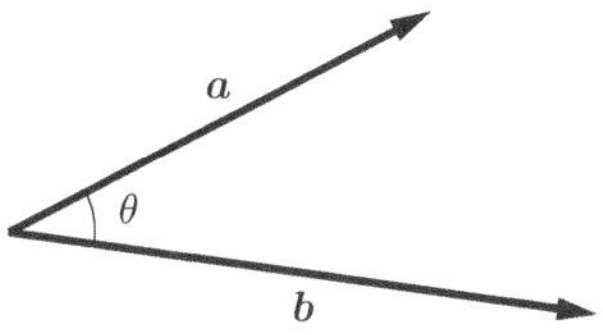

図 7.6　ベクトルのなす角

定義7.1.　（幾何ベクトルの内積）

$$(\boldsymbol{a}, \boldsymbol{b}) = \|\boldsymbol{a}\|\|\boldsymbol{b}\| \cos\theta \quad (0 \leq \theta \leq \pi)$$

ただし、$\boldsymbol{a} = \boldsymbol{0}$ または $\boldsymbol{b} = \boldsymbol{0}$ のときは、内積は 0 と定める。

2 つの 2 次元行ベクトル（列ベクトルでも同様です）$\boldsymbol{a} = (a_1, a_2)$, $\boldsymbol{b} = (b_1, b_2)$ の内積を、ベクトルの成分で表現してみましょう。余弦定理から、

$$\begin{aligned}\|\boldsymbol{a} - \boldsymbol{b}\|^2 &= \|\boldsymbol{a}\|^2 + \|\boldsymbol{b}\|^2 - 2\|\boldsymbol{a}\|\|\boldsymbol{b}\| \cos\theta \\ &= \|\boldsymbol{a}\|^2 + \|\boldsymbol{b}\|^2 - 2(\boldsymbol{a}, \boldsymbol{b})\end{aligned}$$

となりますので、

$$\begin{aligned}(\boldsymbol{a}, \boldsymbol{b}) &= \frac{1}{2}(\|\boldsymbol{a}\|^2 + \|\boldsymbol{b}\|^2 - \|\boldsymbol{a} - \boldsymbol{b}\|^2) \\ &= \frac{1}{2}((a_1^2 + a_2^2) + (b_1^2 + b_2^2) - \{(a_1 - b_1)^2 + (a_2 - b_2)^2\}) \\ &= a_1 b_1 + a_2 b_2\end{aligned}$$

が得られます。空間ベクトルでも同じように考えることができますので、$\boldsymbol{a} = (a_1, a_2, a_3)$, $\boldsymbol{b} = (b_1, b_2, b_3)$ の内積は、

$$(\boldsymbol{a}, \boldsymbol{b}) = a_1 b_1 + a_2 b_2 + a_3 b_3$$

となります。これを、n 次元複素数ベクトルに一般化して、次のように定義します。

定義7.2.　（n 次元複素数ベクトルの内積）2 つの複素数を成分とする行ベクトル

$$\boldsymbol{a} = (a_1, a_2, \ldots, a_n), \quad \boldsymbol{b} = (b_1, b_2, \ldots, b_n)$$

に対して、

$$(\boldsymbol{a}, \boldsymbol{b}) = a_1\overline{b_1} + a_2\overline{b_2} + \cdots + a_n\overline{b_n}$$

と定義する[*1]。列ベクトルでも同様に定義する。

ノルムと内積は、$\|\boldsymbol{a}\| = \sqrt{(\boldsymbol{a}, \boldsymbol{a})}$ という関係にあります。2つの非零幾何ベクトル $\boldsymbol{a}, \boldsymbol{b}$ に対しては、

$$\cos\theta = \frac{(\boldsymbol{a}, \boldsymbol{b})}{\|\boldsymbol{a}\|\|\boldsymbol{b}\|}$$

によって、ベクトルのなす角 θ を定義することができます。特に、内積が 0 のときは $\theta = \pi/2$ ですので、2つのベクトルは直交しています。一般の非零 n 次元複素数ベクトルに対しても、シュヴァルツの不等式（例題 6.3.）より、

$$-1 \leq \frac{(\boldsymbol{a}, \boldsymbol{b})}{\|\boldsymbol{a}\|\|\boldsymbol{b}\|} \leq 1$$

となりますので、この値が $\cos\theta$ になるような実数 θ が $0 \leq \theta \leq \pi$ の範囲にただ一つ存在します。この θ をベクトル $\boldsymbol{a}$ と $\boldsymbol{b}$ のなす**角** (angle) といいます。特に重要なのは、この値が 0 になる場合です。次のように定義します。

定義7.3.

$$(\boldsymbol{a}, \boldsymbol{b}) = 0$$

となるとき、ベクトル $\boldsymbol{a}$ と $\boldsymbol{b}$ は**直交する** (orthogonal) という。

このように、1, 2, 3 次元ベクトルに対する幾何学的な意味付けを、数ベクトル経由で n 次元複素数ベクトルに一般化するのです。数学では、幾何学的対象を代数的に解釈して一般化し、それを幾何学的に意味付けし直す、ということがよくあります。

3 次元実ベクトルに対しては、内積だけでなく、外積が定義できます。天下り的に定義してから意味を説明しましょう。

定義7.4. 2つの 3 次元行ベクトル

$$\boldsymbol{u} = (u_1, u_2, u_3), \quad \boldsymbol{v} = (v_1, v_2, v_3)$$

に対し、以下で定まるベクトル $\boldsymbol{u} \times \boldsymbol{v}$ を $\boldsymbol{u}$ と $\boldsymbol{v}$ の**外積** (outer product) または**ベクトル積** (vector product) という。

$$\boldsymbol{u} \times \boldsymbol{v} = (u_2v_3 - u_3v_2, u_3v_1 - u_1v_3, u_1v_2 - u_2v_1) \tag{7.1}$$

列ベクトルの場合も同様に定義する。

[*1] 物理学では、$(\boldsymbol{a}, \boldsymbol{b}) = \overline{a_1}b_1 + \overline{a_2}b_2 + \cdots + \overline{a_n}b_n$ と定義することが多いようです。

(7.1) は覚えづらいので、記号的に次のように表しておくと便利です。

$$\boldsymbol{u} \times \boldsymbol{v} = \begin{vmatrix} \boldsymbol{e}_1 & \boldsymbol{e}_2 & \boldsymbol{e}_3 \\ u_1 & u_2 & u_3 \\ v_1 & v_2 & v_3 \end{vmatrix} \tag{7.2}$$

(7.2) における、$\boldsymbol{e}_1, \boldsymbol{e}_2, \boldsymbol{e}_3$ は基本ベクトルです。(7.2) において第 1 行に関して余因子展開すれば、定義式が得られます。行列式の性質から、次の命題 7.1. が得られます（問題 7-1 参照）。

命題7.1.　外積は以下の性質を持つ。

$$\begin{aligned} &(\text{性質 } 1) \quad \boldsymbol{v} \times \boldsymbol{u} = -\boldsymbol{u} \times \boldsymbol{v} \\ &(\text{性質 } 2) \quad (k\boldsymbol{u}) \times \boldsymbol{v} = k(\boldsymbol{u} \times \boldsymbol{v}) \\ &(\text{性質 } 3) \quad \boldsymbol{u} \times (\boldsymbol{v} + \boldsymbol{w}) = \boldsymbol{u} \times \boldsymbol{v} + \boldsymbol{u} \times \boldsymbol{w} \end{aligned}$$

外積が幾何学的にどのようなベクトルなのか調べてみましょう。

命題7.2.　$\boldsymbol{u} \times \boldsymbol{v}$ は、$\boldsymbol{u}, \boldsymbol{v}$ の両方と直交する。

証明　$\boldsymbol{u}$ と $\boldsymbol{u} \times \boldsymbol{v}$ の内積を直接計算してみます。

$$\begin{aligned} (\boldsymbol{u}, \boldsymbol{u} \times \boldsymbol{v}) &= u_1(u_2v_3 - u_3v_2) - u_2(v_3u_1 - v_1u_3) + u_3(u_1v_2 - u_2v_1) \\ &= u_1u_2v_3 - u_1u_3v_2 - u_2u_1v_3 + u_2u_3v_1 + u_3u_1v_2 - u_3u_2v_1 \\ &= 0 \end{aligned}$$

となり、$\boldsymbol{u}$ と $\boldsymbol{u} \times \boldsymbol{v}$ が直交していることが分かります。$\boldsymbol{v}$ についても同様です。　□

命題7.3.　$\boldsymbol{u}, \boldsymbol{v}$ のなす角を θ $(0 \leq \theta \leq \pi)$ とすると、次が成り立つ。

$$\|\boldsymbol{u} \times \boldsymbol{v}\| = \|\boldsymbol{u}\|\|\boldsymbol{v}\| \sin\theta$$

すなわち、$\boldsymbol{u} \times \boldsymbol{v}$ のノルムは $\boldsymbol{u}, \boldsymbol{v}$ がつくる平行四辺形の面積に等しい。

証明　$\boldsymbol{u} \times \boldsymbol{v}$ のノルムの 2 乗は次のようになります。

$$\begin{aligned} \|\boldsymbol{u} \times \boldsymbol{v}\|^2 &= (u_2v_3 - u_3v_2)^2 + (u_3v_1 - u_1v_3)^2 + (u_1v_2 - u_2v_1)^2 \\ &= u_1^2v_2^2 + u_1^2v_3^2 + u_2^2v_1^2 + u_2^2v_3^2 + u_3^2v_1^2 + u_3^2v_2^2 \\ &\quad - 2(u_1v_1u_2v_2 + u_2v_2u_3v_3 + u_1v_1u_3v_3) \end{aligned}$$

一方、$\boldsymbol{u}, \boldsymbol{v}$ でつくられる平行四辺形（図 7.7）の面積 S の 2 乗は、次のようになります。

$$
\begin{aligned}
&\|\boldsymbol{u}\|^2\|\boldsymbol{v}\|^2\sin^2\theta \\
&= \|\boldsymbol{u}\|^2\|\boldsymbol{v}\|^2(1-\cos^2\theta) \\
&= \|\boldsymbol{u}\|^2\|\boldsymbol{v}\|^2 - \|\boldsymbol{u}\|^2\|\boldsymbol{v}\|^2\cos^2\theta \\
&= \|\boldsymbol{u}\|^2\|\boldsymbol{v}\|^2 - (\boldsymbol{u}, \boldsymbol{v})^2 \\
&= (u_1^2+u_2^2+u_3^2)(v_1^2+v_2^2+v_3^2) - (u_1v_1+u_2v_2+u_3v_3)^2 \\
&= u_2^2v_3^2+u_3^2v_2^2+u_3^2v_1^2+u_1^2v_3^2+u_1^2v_2^2+u_2^2v_1^2 \\
&\quad -2(u_2v_3u_3v_2+u_3v_1u_1v_3+u_1v_2u_2v_1) = \|\boldsymbol{u}\times\boldsymbol{v}\|^2
\end{aligned}
$$

となり、$\|\boldsymbol{u}\times\boldsymbol{v}\| = \|\boldsymbol{u}\|\|\boldsymbol{v}\|\sin\theta = S$ であることが分かります。 □

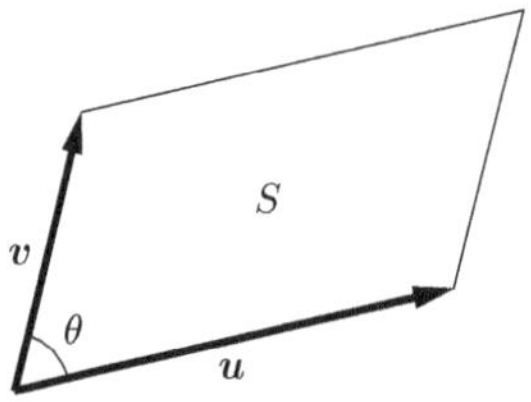

図 7.7　$\boldsymbol{u}, \boldsymbol{v}$ でつくられる平行四辺形

以上より、外積 $\boldsymbol{u}\times\boldsymbol{v}$ が $\boldsymbol{u}$ と $\boldsymbol{v}$ の両方と直交し、そのノルムが $\boldsymbol{u}$ と $\boldsymbol{v}$ のつくる平行四辺形の面積に等しいことが分かりましたが、その向きについてはまだ分かりません。$\boldsymbol{u}$ と $\boldsymbol{v}$ の両方に垂直な方向は 2 方向ありますが、そのどちらを向いているのでしょうか。これは、座標系をどうとるかで決まるのですが、ここでの定義は、**右手系** (right-handed system) に従ったものです。つまり、図 7.8 のように、$\boldsymbol{u}$ が右手の親指、$\boldsymbol{v}$ が人差し指、$\boldsymbol{u}\times\boldsymbol{v}$ が中指と同じ方向を向きます[*2]。

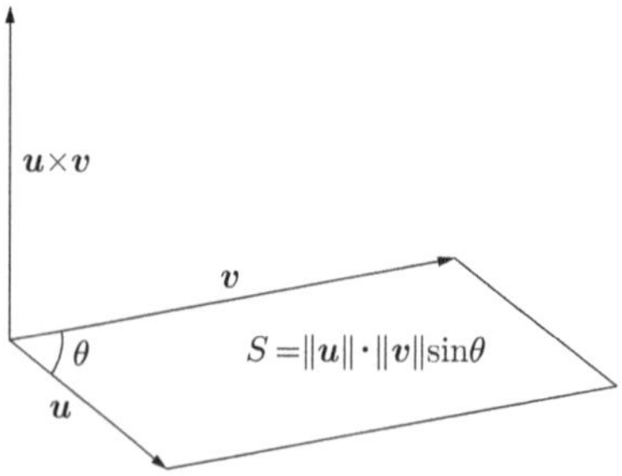

図 7.8　ベクトルの外積

[*2] 同じように、**左手系** (left-handed system) の座標系で外積を定義することもできます。左手系では、$\boldsymbol{u}\times\boldsymbol{v}$ は反対方向を向きます。

7.3 ▸ [illegible]

Python で内積と外積の計算をする方法を説明しておきましょう。NumPy での内積の計算方法はいろいろあって混乱するので、まとめて書いておきます。リスト 7.1 をご覧ください。

リスト 7.1　innerouter.py

```
1  import numpy as np
2  import numpy.linalg as LA
3  import sympy
4  
5  # numpy
6  a = np.array([1, 2, -3])
7  b = np.array([5, -1, 4])
8  
9  print('numpy: LA.norm(a)', LA.norm(a))
10 print('numpy: LA.norm(a, ord=2)', LA.norm(a, ord=2))
11 print('numpy: np.dot(a, b)', np.dot(a, b))
12 print('numpy: a @ b', a @ b)
13 print('numpy: a.dot(b)', a.dot(b))
14 print('numpy: np.inner(a, b)', np.inner(a, b))
15 print('numpy: np.cross(a, b)', np.cross(a, b))
16 
17 # sympy
18 a, b = sympy.symbols('a b')
19 a = sympy.Matrix([1, 2, -3])
20 b = sympy.Matrix([5, -1, 4])
21 
22 print('sympy: a.norm(ord=2)', a.norm(ord=2))
23 print('sympy: a.dot(b)', a.dot(b))
24 print('sympy: a.cross(b)', a.cross(b))
```

1 行目から 3 行目はライブラリのインポートです。6, 7 行目で 2 つのベクトル $\boldsymbol{a}, \boldsymbol{b}$ を定義しています。9 行目から 15 行目までは NumPy による処理です。ノルムの計算は 9 行目、10 行目です。9 行目は見たままですが、10 行目では、`ord = 2` となっています。数学では、通常のノルムを拡張して、実数 $p \geq 1$ に対し、

$$\|\boldsymbol{a}\|_p = (|x_1|^p + \cdots + |x_n|^p)^{1/p}$$

とした **$\boldsymbol{p}$ ノルム** (p-norm) を使うことがあります。この p は、`ord` で与えます。$p = 2$ の場合が普通のノルムですが、p ノルムを使った方が好都合な場合もあります。なお、$p \to \infty$ の場合、

$$\|\boldsymbol{a}\|_\infty = \max_{1 \leq j \leq n} \{|x_1|, \ldots, |x_n|\}$$

に収束します[*3]。これは、**∞ ノルム** (∞-norm) と呼ばれます。NumPy では、`ord = np.inf` で指定できます。

11 行目から 14 行目まではすべて内積を求める処理です。表現は違いますが、やっていることは同じです。15 行目で外積の計算を行っています。なお、11 行目の `np.dot` は行列の積にも使えますが、推奨されていませんのでご注意ください。

18 行目から先は SymPy による処理です。ここで、`a`, `b` を SymPy 処理用に新たに定義し直しています。22 行目がノルムの計算ですが、ここでも `ord` で p ノルムの p を指定しています。なお、SymPy では、∞ ノルムは `ord = sympy.oo` で指定できます。23 行目が内積、24 行目が外積の計算と表示を行っています。実行結果は次のようになります。

```
numpy: LA.norm(a) 3.7416573867739413
numpy: LA.norm(a, ord=2) 3.7416573867739413
numpy: np.dot(a, b) -9
numpy: a @ b -9
numpy: a.dot(b) -9
numpy: np.inner(a, b) -9
numpy: np.cross(a, b) [  5 -19 -11]
sympy: a.norm(ord=2) sqrt(14)
sympy: a.dot(b) -9
sympy: a.cross(b) Matrix([[5], [-19], [-11]])
```

7.4 ▸ 空間の直線と平面

線形代数で扱われる図形の最も簡単なものとして、直線と平面があります。ここでは、空間の直線と平面の方程式について見ていきます。

[*3] 証明は難しくありません。明らかに、

$$\max_{1 \leq j \leq n} \{|x_1|, \ldots, |x_n|\} \leq (|x_1|^p + \cdots + |x_n|^p)^{1/p} \leq n^{1/p} \max_{1 \leq j \leq n} \{|x_1|, \ldots, |x_n|\}$$

が成り立ちますが、ここで、$\lim_{p \to \infty} n^{1/p} = 1$ であることから、$\lim_{p \to \infty} \|\boldsymbol{a}\|_p = \max_{1 \leq j \leq n} \{|x_1|, \ldots, |x_n|\}$ となることが分かります。

空間の直線は、1 点と直線の方向で決まります。O を原点とし、直線 ℓ 上の点 $\mathrm{A}(x_0, y_0, z_0)$ と方向を与えるベクトル $\boldsymbol{d}$ があれば、ℓ 上の任意の点 $\mathrm{P}(x, y, z)$ は、以下のように表現することができます (図 7.9)。

$$\overrightarrow{\mathrm{OP}} = \overrightarrow{\mathrm{OA}} + t\boldsymbol{d}$$

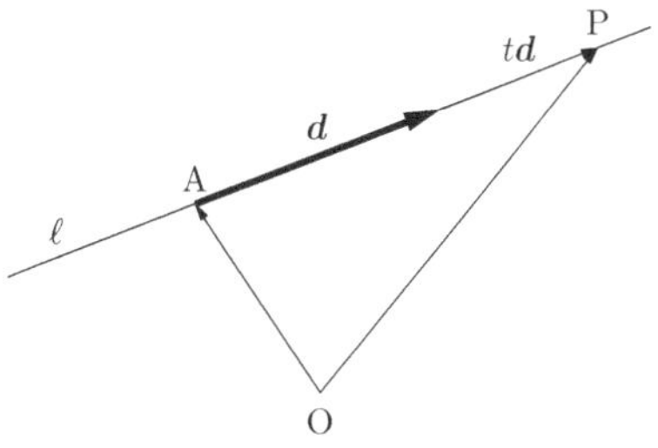

図 7.9　空間直線

$\boldsymbol{d} = (d_1, d_2, d_3)^\top$ として、成分で表現すると次のようになります。

$$\begin{pmatrix} x \\ y \\ z \end{pmatrix} = \begin{pmatrix} x_0 \\ y_0 \\ z_0 \end{pmatrix} + t \begin{pmatrix} d_1 \\ d_2 \\ d_3 \end{pmatrix} \tag{7.3}$$

平面における直線も同様に定義できるのはもちろんのことです。例えば、平面上の点 $\mathrm{A}(x_0, y_0)$ と、方向を与えるベクトル $\boldsymbol{d} = (d_1, d_2)^\top$ とすれば、次のように書けます。

$$\begin{pmatrix} x \\ y \end{pmatrix} = \begin{pmatrix} x_0 \\ y_0 \end{pmatrix} + t \begin{pmatrix} d_1 \\ d_2 \end{pmatrix} \tag{7.4}$$

以下、主として空間の直線を扱います。(7.3), (7.4) を、t をパラメータとする直線のパラメータ表示といいます。$\boldsymbol{d}$ は、**方向ベクトル** (orientation vector, direction vector) と呼ばれます。

方向ベクトル $\boldsymbol{d} = (d_1, d_2, d_3)^\top$ の成分がどれも 0 でないときは、式 (7.3) からパラメータ t を消去して、

$$\frac{x - x_0}{d_1} = \frac{y - y_0}{d_2} = \frac{z - z_0}{d_3}$$

と書くことができます。

次に、平面を考えましょう。平面の表現方法は 2 通りあります。直線のときと同じように考えて、1 点 $\mathrm{A}(x_0, y_0, z_0)$ と、2 つの（平行でない）ベクトル $\boldsymbol{d}_1$, $\boldsymbol{d}_2$ を用いて、平面上の任意の点 $\mathrm{P}(x, y, z)$ を、

$$\overrightarrow{\mathrm{OP}} = \overrightarrow{\mathrm{OA}} + t_1\boldsymbol{d}_1 + t_2\boldsymbol{d}_2$$

と書くことができます（図 7.10)。成分で書けば、

$$\begin{pmatrix} x \\ y \\ z \end{pmatrix} = \begin{pmatrix} x_0 \\ y_0 \\ z_0 \end{pmatrix} + t_1 \begin{pmatrix} d_1 \\ d_2 \\ d_3 \end{pmatrix} + t_2 \begin{pmatrix} d'_1 \\ d'_2 \\ d'_3 \end{pmatrix} \tag{7.5}$$

の形で表現できます。これを t_1, t_2 をパラメータとする平面のパラメータ表示といいます。

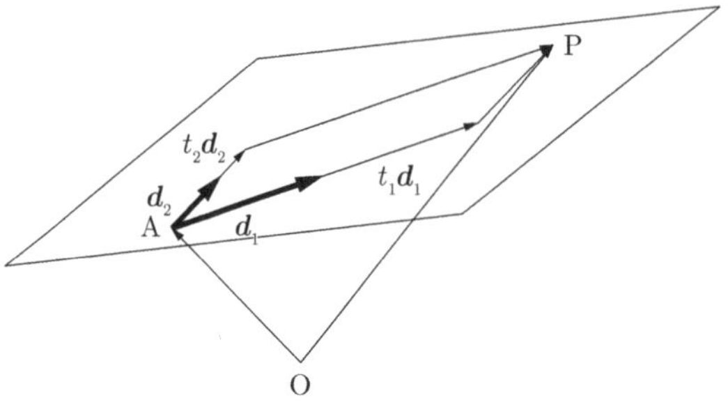

図 7.10　空間の平面

ここで、$\boldsymbol{d}_1$ と $\boldsymbol{d}_2$ の外積 $\boldsymbol{d}_1 \times \boldsymbol{d}_2$ を $\boldsymbol{n}$ とすると、$\boldsymbol{n}$ は $\boldsymbol{d}_1$ と $\boldsymbol{d}_2$ の両方に直交しますので（図 7.11）、

$$(\boldsymbol{n}, \overrightarrow{\mathrm{AP}}) = (\boldsymbol{n}, \overrightarrow{\mathrm{OP}} - \overrightarrow{\mathrm{OA}}) = t_1(\boldsymbol{n}, \boldsymbol{d}_1) + t_2(\boldsymbol{n}, \boldsymbol{d}_2) = 0$$

となります。つまり、平面の方程式は、$(\boldsymbol{n}, \overrightarrow{\mathrm{OP}} - \overrightarrow{\mathrm{OA}}) = 0$ という形で書くことができるのです。ここに出てきたベクトル $\boldsymbol{n}$ を**法線ベクトル** (normal vector) といいます。法線ベクトルを $\boldsymbol{n} = (a, b, c)^{\mathsf{T}}$ とすれば、平面の方程式は (7.6) のようになります。

$$(\boldsymbol{n}, \overrightarrow{\mathrm{OP}} - \overrightarrow{\mathrm{OA}}) = a(x - x_0) + b(y - y_0) + c(z - z_0) = 0 \tag{7.6}$$

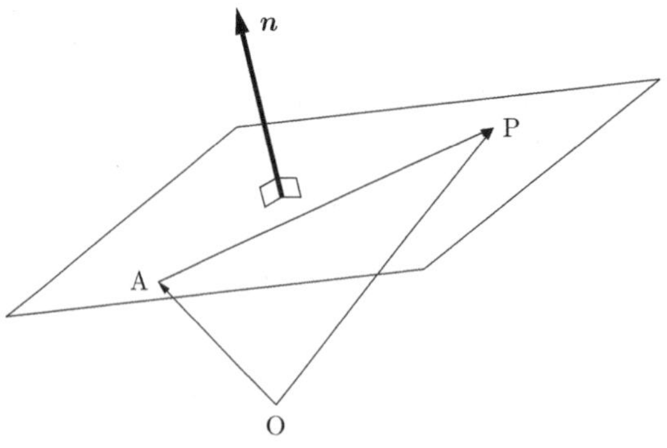

図 7.11　平面の法線ベクトル表示

例題7.1.　3 点 A(2, −1, −2), B(3, 1, 4), C(1, 2, −3) を通る平面の方程式を求めてください。

解 $\overrightarrow{\mathrm{AB}} = \overrightarrow{\mathrm{OB}} - \overrightarrow{\mathrm{OA}} = (3,1,4) - (2,-1,-2) = (1,2,6)$, $\overrightarrow{\mathrm{AC}} = \overrightarrow{\mathrm{OC}} - \overrightarrow{\mathrm{OA}} = (1,2,-3) - (2,-1,-2) = (-1,3,-1)$ となりますので、求める平面のパラメータ表示は次のようになります（表記の都合で列ベクトルで書きます）。求める平面のパラメータ表示は、

$$\begin{pmatrix} x \\ y \\ z \end{pmatrix} = \overrightarrow{\mathrm{OA}} + t_1\overrightarrow{\mathrm{AB}} + t_2\overrightarrow{\mathrm{AC}} = \begin{pmatrix} 2 \\ -1 \\ -2 \end{pmatrix} + t_1 \begin{pmatrix} 1 \\ 2 \\ 6 \end{pmatrix} + t_2 \begin{pmatrix} -1 \\ 3 \\ -1 \end{pmatrix}$$

となります。一方、

$$\overrightarrow{\mathrm{AB}} \times \overrightarrow{\mathrm{AC}} = \begin{vmatrix} \boldsymbol{e}_1 & \boldsymbol{e}_2 & \boldsymbol{e}_3 \\ 1 & 2 & 6 \\ -1 & 3 & -1 \end{vmatrix} = (-20, -5, 5)$$

となりますので、これを法線ベクトルとし、点 A を通る平面の方程式は、

$$-20(x-2) - 5(y-(-1)) + 5(z-(-2)) = 0$$

となります。これを整理すれば、$4x + y - z - 9 = 0$ を得ます。これも求める平面の方程式です。

□

例題7.2.　例題 7.1. を SymPy を利用して解いてください。

解 例えば、リスト 7.2 のようにすればよいでしょう。

リスト 7.2　ExplaneEq.py

```
import sympy

OA, OB, OC = sympy.symbols('OA OB OC')
AB, AC = sympy.symbols('AB AC')
x, y, z = sympy.symbols('x y z')
OA = sympy.Matrix([2,-1,-2])
OB = sympy.Matrix([3, 1, 4])
OC = sympy.Matrix([1, 2, -3])
AB = OB - OA
AC = OC - OA

OP = sympy.Matrix([x, y, z])
n = AB.cross(AC) # normal vector
```

```
14
15  print(n.dot(OP - OA),'= 0')
```

3 行目では、シンボル OA, OB, OC を定義しています。これらは、ベクトル $\overrightarrow{\mathrm{OA}}, \overrightarrow{\mathrm{OB}}, \overrightarrow{\mathrm{OC}}$ に対応するものです。4 行目では、$\overrightarrow{\mathrm{AB}}, \overrightarrow{\mathrm{AC}}$ に対応するシンボル AB, AC を定義しています。5 行目は、変数 x, y, z をシンボルとして定義しています。6 行目から 8 行目では、$\overrightarrow{\mathrm{OA}}, \overrightarrow{\mathrm{OB}}, \overrightarrow{\mathrm{OC}}$ を与えています。もちろん、これらは、$\mathrm{A}, \mathrm{B}, \mathrm{C}$ の座標に対応しています。9 行目、10 行目ではそれぞれ、$\overrightarrow{\mathrm{AB}}, \overrightarrow{\mathrm{AC}}$ を位置ベクトルの差として求めています。12 行目では、点 P の位置を表すベクトル $\overrightarrow{\mathrm{OP}}$ を定義しています。13 行目では、法線ベクトルを外積を用いて $\boldsymbol{n} = \overrightarrow{\mathrm{AB}} \times \overrightarrow{\mathrm{AC}}$ として計算し、15 行目では、SymPy を用いて内積 $(\boldsymbol{n}, \overrightarrow{\mathrm{OP}} - \overrightarrow{\mathrm{OA}})$ を計算して、`= 0` を右に添えて方程式らしく表示しています。実行すると、次のようになります。

```
-20*x - 5*y + 5*z + 45 = 0
```

もう少し整理できますが、方程式としてはこれで問題ないでしょう。 □

例題7.3. 平面 $\pi : 2x - 3y + z - 4 = 0$ と直線

$$\ell : \frac{x-2}{3} = \frac{y+1}{-1} = \frac{z}{2}$$

の交点の座標を求めてください。

解 $\frac{x-2}{3} = \frac{y+1}{-1} = \frac{z}{2} = t$ とおくと、$x = 2 + 3t,\ y = -1 - t,\ z = 2t$ となります。これを π の方程式に代入すると、$2(2+3t) - 3(-1-t) + 2t - 4 = 0$ となります。これを解いて、$t = -\frac{3}{11}$ になります。したがって、$x = 2 + 3 \cdot \left(-\frac{3}{11}\right) = \frac{13}{11},\ y = -1 - \left(-\frac{3}{11}\right) = -\frac{8}{11},\ z = 2 \cdot \left(-\frac{3}{11}\right) = -\frac{6}{11}$ となります。よって、求める座標は、$\left(\frac{13}{11}, -\frac{8}{11}, -\frac{6}{11}\right)$ となります。 □

例題7.4. 平面 $\pi : ax + by + cz + d = 0$ と点 $\mathrm{P}(x_0, y_0, z_0)$ との（最短）距離 h を求めてください。

解 平面 π の法線ベクトルは、$\boldsymbol{n} = (a, b, c)^{\mathsf{T}}$ に平行です。P を通り、$\boldsymbol{n}$ を方向ベクトルに持つ直線は、t をパラメータとして、

$$\ell : \begin{pmatrix} x \\ y \\ z \end{pmatrix} = \begin{pmatrix} x_0 \\ y_0 \\ z_0 \end{pmatrix} + t \begin{pmatrix} a \\ b \\ c \end{pmatrix}$$

と書くことができます。π と ℓ との交点における t は、次の方程式を満たします。

$$a(x_0 + at) + b(y_0 + bt) + c(z_0 + ct) + d = 0$$

よって、

$$t = -\frac{ax_0 + by_0 + cz_0 + d}{a^2 + b^2 + c^2}$$

となり、交点の座標は、

$$\begin{pmatrix} x \\ y \\ z \end{pmatrix} = \begin{pmatrix} x_0 \\ y_0 \\ z_0 \end{pmatrix} - \frac{ax_0 + by_0 + cz_0 + d}{a^2 + b^2 + c^2} \begin{pmatrix} a \\ b \\ c \end{pmatrix}$$

よって、

$$\begin{aligned} h &= \sqrt{(x - x_0)^2 + (y - y_0)^2 + (z - z_0)^2} \\ &= \frac{|ax_0 + by_0 + cz_0 + d|}{a^2 + b^2 + c^2} \cdot \sqrt{a^2 + b^2 + c^2} \\ &= \frac{|ax_0 + by_0 + cz_0 + d|}{\sqrt{a^2 + b^2 + c^2}} \end{aligned} \tag{7.7}$$

となります。(7.7) は公式として使われます。 □

章末問題

問題7-1　**(数学)**　命題 7.1. の（性質 1）から（性質 3）までを証明してください。

問題7-2　**(Python)**　例題 7.2. を参考にして、3 点 A(1, 1, 1), B(2, 4, −1), C(3, 0, −2) を通る平面の方程式を求めてください。

問題7-3　**(Python)**　例題 7.2. を参考にして、2 つのベクトル $\boldsymbol{a} = (1, -3, 2)$, $\boldsymbol{b} = (2, 2, -1)$ の両方に垂直な単位ベクトルを求めてください。

問題7-4　**(数学)**　点 A(1, 0, −2) を通り、平面 $\pi : 3x + y - 2z + 2 = 0$ に平行な平面の方程式を求めてください。

問題7-5　**(数学)**　平面 $\pi : x + 2y - 3z + 2 = 0$ と直線

$$\ell : \frac{x - 1}{2} = \frac{y - 2}{3} = \frac{z + 1}{4}$$

の交点の座標を求めてください。

問題7-6　**(数学)**　平面 $\pi : ax + by + cz + d = 0$ と直線

$$\ell : \frac{x - x_0}{p} = \frac{y - y_0}{q} = \frac{z - z_0}{r}$$

が 1 点のみで交わるための必要十分条件を a, b, c, p, q, r の式で表してください。

問題7-7　**(数学)**　平面 $\pi : 2x + 3y - z + 4 = 0$ と点 (3, 4, 8) との距離を求めてください。

問題7-8　**(数学)(Python)**　4 点 A(1, −1, 3), B(2, 0, −1), C(−2, 1, 4), D(3, α, 28) が同一平面 π 上にあるような定数 α を求めることを考えます。以下の 3 通りの方法で求めてください。(1) リスト 7.2 のプログラムを利用して π の方程式を求める方法、(2) $\overrightarrow{\mathrm{AD}} = s\overrightarrow{\mathrm{AB}} + t\overrightarrow{\mathrm{AC}}$ となる s, t が存在することを利用する方法、(3) 行ベクトル $\overrightarrow{\mathrm{AB}}, \overrightarrow{\mathrm{AC}}, \overrightarrow{\mathrm{AD}}$ を縦に並べ、そ

のランクを求める方法。

問題7-9 **(数学)(Python)**　3 点 $A(0,1,2)$, $B(1,3,-1)$, $C(-1,0,2)$ を通る平面を π とします。(1) リスト 7.2 のプログラムを利用して π の方程式を求めてください。(2) 原点 O から引いた垂線の足を H とするとき、OH を求めてください。(3) 三角形 ABC の面積を求めてください。(4) 四面体 OABC の体積を求めてください。

問題7-10 **(数学)**　3 つの未知数に対する連立方程式は、係数行列のランクが 1 または 2 の場合、幾何学的には、高々 2 つの平面の交わりと解釈することができます。連立方程式の解がパラメータを 1 つ持つ場合、パラメータを 2 つ持つ場合、解がない場合のそれぞれは、平面同士がどのような位置関係にあることに対応しているでしょうか。

第 8 章 ベクトルの一次独立性・直交基底

本章では、ベクトルの一次独立性、一次従属性、基底（基）や次元などの概念と、直交基底を構成するグラム・シュミット直交化法のアルゴリズムを解説します。

8.1 ▸ ベクトルの一次独立性

正方行列の行基本変形を用いて逆行列を求めることができました。行基本変形により、行列のランクを求め、ランクが行列の次数よりも小さければ逆行列が存在しないことも分かりました。この問題を見直すところから始めましょう。

例題8.1.

$$A = \begin{pmatrix} 1 & 2 & 3 \\ 2 & -1 & 4 \\ -4 & 7 & -6 \end{pmatrix}$$

を基本変形して、ランクが 2 であることを確かめてください。また、第 1, 2, 3 行の行ベクトルをそれぞれ、$\boldsymbol{a}_1, \boldsymbol{a}_2, \boldsymbol{a}_3$ とするとき、$\boldsymbol{a}_3 = p\boldsymbol{a}_1 + q\boldsymbol{a}_2$ となるスカラー p, q を求めてください。

解 行基本変形の過程を右の欄に記録していくと、

$$\left(\begin{array}{ccc|l} 1 & 2 & 3 & = \boldsymbol{a}_1 \\ 2 & -1 & 4 & = \boldsymbol{a}_2 \\ -4 & 7 & -6 & = \boldsymbol{a}_3 \end{array}\right) \to \left(\begin{array}{ccc|l} 1 & 2 & 3 & = \boldsymbol{a}_1 \\ 0 & -5 & -2 & = \boldsymbol{a}_2 - 2\boldsymbol{a}_1 \\ 0 & 15 & 6 & = \boldsymbol{a}_3 + 4\boldsymbol{a}_1 \end{array}\right)$$

$$\to \left(\begin{array}{ccc|l} 1 & 2 & 3 & = \boldsymbol{a}_1 \\ 0 & -5 & -2 & = \boldsymbol{a}_2 - 2\boldsymbol{a}_1 \\ 0 & 0 & 0 & = \boldsymbol{a}_3 + 4\boldsymbol{a}_1 + 3(\boldsymbol{a}_2 - 2\boldsymbol{a}_1) \end{array}\right)$$

となって、第 3 行が、

$$\boldsymbol{a}_3 + 4\boldsymbol{a}_1 + 3(\boldsymbol{a}_2 - 2\boldsymbol{a}_1) = \boldsymbol{0}$$

となっていますので、これを整理して、

$$-2\boldsymbol{a}_1 + 3\boldsymbol{a}_2 + \boldsymbol{a}_3 = \boldsymbol{0} \tag{8.1}$$

が得られます。つまり、$\boldsymbol{a}_3 = 2\boldsymbol{a}_1 - 3\boldsymbol{a}_2$, $p = 2, q = -3$ であり、$\mathrm{rank} A = 2$ であることが分かります。 □

以下、c が K の元（要素）であることを $c \in K$ のように書きます。

定義8.1. 与えられた m 個のベクトル $\boldsymbol{a}_1, \boldsymbol{a}_2, \cdots, \boldsymbol{a}_m$ と $c_1, c_2, \cdots, c_m \in K$ を用いてつくったベクトル $c_1\boldsymbol{a}_1 + c_2\boldsymbol{a}_2 + \cdots + c_m\boldsymbol{a}_m$ を、$\boldsymbol{a}_1, \boldsymbol{a}_2, \cdots, \boldsymbol{a}_m$ の**一次結合**または**線形結合**（いずれも linear combination）という。

一次結合という言葉を使うと、例題 8.1. の後半は、$\boldsymbol{a}_3$ を $\boldsymbol{a}_1$ と $\boldsymbol{a}_2$ の一次結合で表せ、というように表現することができますね。(8.1) は $\boldsymbol{a}_1, \boldsymbol{a}_2, \boldsymbol{a}_3$ の一次結合で、$\boldsymbol{0}$ を表現していることになります。

一方、$\boldsymbol{b}_1 = (1, 0, -1, 2)$, $\boldsymbol{b}_2 = (2, 4, 3, -1)$, $\boldsymbol{b}_3 = (-2, 0, 4, 3)$, $\boldsymbol{b}_4 = (3, 0, 2, 0)$ の場合は、

$$\begin{pmatrix} 1 & 0 & -1 & 2 \\ 2 & 4 & 3 & -1 \\ -2 & 0 & 4 & 3 \\ 3 & 0 & 2 & 0 \end{pmatrix}$$

のランクが 4 になりますから、$\boldsymbol{b}_1$, $\boldsymbol{b}_2$, $\boldsymbol{b}_3$, $\boldsymbol{b}_4$ を使って零ベクトルをつくるには、

$$0 \cdot \boldsymbol{b}_1 + 0 \cdot \boldsymbol{b}_2 + 0 \cdot \boldsymbol{b}_3 + 0 \cdot \boldsymbol{b}_4 = \boldsymbol{0}$$

とする他ありません。このようにすべての係数を 0 として零ベクトルを表した式は、**自明な関係式** (trivial relation) と呼ばれます。自明でない関係式は、**非自明な関係式** (nontrivial relation) といいます。

この状況を表現する言葉を用意しましょう。

定義8.2. 与えられた m 個のベクトル $\boldsymbol{a}_1, \boldsymbol{a}_2, \cdots, \boldsymbol{a}_m$ の一次結合が、

$$c_1\boldsymbol{a}_1 + c_2\boldsymbol{a}_2 + \cdots + c_m\boldsymbol{a}_m = \boldsymbol{0}$$

となるような $c_1, \ldots, c_m \in K$ が、$c_1 = c_2 = \cdots = c_m = 0$ 以外に存在しないとき、つまり、自明な関係式しかないとき、$\boldsymbol{a}_1, \boldsymbol{a}_2, \cdots, \boldsymbol{a}_m$ は**一次独立**または**線形独立**（いずれも linearly independent）であるといい、そうでないとき、**一次従属**または**線形従属**（いずれも linearly dependent）であると

いう。

つまり、先ほどの $\boldsymbol{a}_1, \boldsymbol{a}_2, \boldsymbol{a}_3$ は、一次従属であり、$\boldsymbol{b}_1$, $\boldsymbol{b}_2$, $\boldsymbol{b}_3$, $\boldsymbol{b}_4$ は、一次独立であるということになります。

定理8.1.　n 次元ベクトル $\boldsymbol{a}_1, \boldsymbol{a}_2, \ldots, \boldsymbol{a}_m$ に対して、

1. $\boldsymbol{a}_1, \boldsymbol{a}_2, \ldots, \boldsymbol{a}_\ell$ $(\ell < m)$ が一次従属であれば、$\boldsymbol{a}_1, \boldsymbol{a}_2, \ldots, \boldsymbol{a}_m$ も一次従属である。
2. $\boldsymbol{a}_1, \boldsymbol{a}_2, \ldots, \boldsymbol{a}_m$ が一次独立であれば、$\boldsymbol{a}_1, \boldsymbol{a}_2, \ldots, \boldsymbol{a}_\ell$ $(\ell < m)$ も一次独立である。

証明 定理 8.1. の 2 は 1 の対偶になっていますので、1 のみ証明します。仮定より $\boldsymbol{a}_1, \boldsymbol{a}_2, \ldots, \boldsymbol{a}_\ell$ は一次従属ですから、

$$c_1\boldsymbol{a}_1 + c_2\boldsymbol{a}_2 + \cdots + c_\ell\boldsymbol{a}_\ell = \boldsymbol{0}$$

となるような非自明な係数 $c_1, c_2, \ldots, c_\ell$ が存在します。よって、$\ell < m$ となる m に対して、

$$c_1\boldsymbol{a}_1 + c_2\boldsymbol{a}_2 + \cdots + c_\ell\boldsymbol{a}_\ell + 0 \cdot \boldsymbol{a}_{\ell+1} + \cdots + 0 \cdot \boldsymbol{a}_m = \boldsymbol{0}$$

が成り立ちます。係数は 0 でないものを含みますから、これは非自明な係数です。よって、$\boldsymbol{a}_1, \boldsymbol{a}_2, \ldots, \boldsymbol{a}_m$ は一次従属になります。 □

定理8.2.　$\boldsymbol{a}_1, \boldsymbol{a}_2, \ldots, \boldsymbol{a}_m$ が一次独立で、$\boldsymbol{a}_1, \boldsymbol{a}_2, \cdots, \boldsymbol{a}_m, \boldsymbol{a}$ が一次従属であれば、$\boldsymbol{a}$ は、$\boldsymbol{a}_1, \boldsymbol{a}_2, \ldots, \boldsymbol{a}_m$ の一次結合として 1 通りに表すことができる。

証明 仮定より、$\boldsymbol{a}_1, \boldsymbol{a}_2, \cdots, \boldsymbol{a}_m, \boldsymbol{a}$ が一次従属ですので、非自明な関係式

$$c_1\boldsymbol{a}_1 + c_2\boldsymbol{a}_2 + \cdots + c_m\boldsymbol{a}_m + c\boldsymbol{a} = \boldsymbol{0} \tag{8.2}$$

が存在します。(8.2) において、もし $c = 0$ であったとすると、非自明な関係式

$$c_1\boldsymbol{a}_1 + c_2\boldsymbol{a}_2 + \cdots + c_m\boldsymbol{a}_m = \boldsymbol{0} \tag{8.3}$$

が存在することになり、$\boldsymbol{a}_1, \boldsymbol{a}_2, \ldots, \boldsymbol{a}_m$ の一次独立性に矛盾します。よって、$c \neq 0$ でなければなりません。したがって、

$$\boldsymbol{a} = -\frac{c_1}{c}\boldsymbol{a}_1 - \frac{c_2}{c}\boldsymbol{a}_2 - \cdots - \frac{c_m}{c}\boldsymbol{a}_m$$

と表すことができます。この表示は一意的です。なぜなら、2 通りの表示

$$\boldsymbol{a} = \alpha_1\boldsymbol{a}_1 + \alpha_2\boldsymbol{a}_2 + \cdots + \alpha_m\boldsymbol{a}_m$$

$$\boldsymbol{a} = \beta_1\boldsymbol{a}_1 + \beta_2\boldsymbol{a}_2 + \cdots + \beta_m\boldsymbol{a}_m$$

があったとすると、辺々引き算して

$$(\beta_1 - \alpha_1)\boldsymbol{a}_1 + (\beta_2 - \alpha_2)\boldsymbol{a}_2 + \cdots + (\beta_m - \alpha_m)\boldsymbol{a}_m = \boldsymbol{0}$$

となりますが、$\boldsymbol{a}_1, \boldsymbol{a}_2, \ldots, \boldsymbol{a}_m$ の一次独立性により、

$$\beta_1 - \alpha_1 = \beta_2 - \alpha_2 = \cdots = \beta_m - \alpha_m = 0$$

となり、係数がすべて等しく、一次結合の一意性が分かります。 □

定理8.3. A を n 次正方行列、$\boldsymbol{a}_1, \boldsymbol{a}_2, \ldots, \boldsymbol{a}_n$ を A の行ベクトル、$\boldsymbol{a}'_1, \boldsymbol{a}'_2, \ldots, \boldsymbol{a}'_n$ を A の列ベクトルとするとき、以下の 3 つの条件は同値である。

1. $|A| = 0$
2. $\boldsymbol{a}_1, \boldsymbol{a}_2, \ldots, \boldsymbol{a}_n$ は一次従属である。
3. $\boldsymbol{a}'_1, \boldsymbol{a}'_2, \ldots, \boldsymbol{a}'_n$ は一次従属である。

証明 1 から 3 を示します。$|A| = 0$ であれば、定理 5.3. より、連立方程式 $A\boldsymbol{x} = x_1\boldsymbol{a}'_1 + \cdots + x_n\boldsymbol{a}'_n = \boldsymbol{0}$ は非自明な解を持ちます。これは、$\boldsymbol{a}'_1, \boldsymbol{a}'_2, \ldots, \boldsymbol{a}'_n$ が一次従属であることを示しています。次に 3 から 1 を示します。仮定から、$A\boldsymbol{x} = x_1\boldsymbol{a}'_1 + \cdots + x_n\boldsymbol{a}'_n = \boldsymbol{0}$ となる非自明な解 $\boldsymbol{x} = (x_1, x_2, \ldots, x_n)^\top$ を持ちます。定理 5.3. より、$|A| = 0$、すなわち 1 が成り立ちます。1 と 3 が同値であることは、行列 A の転置 $A^\top$ を考えれば上記と同様にして示すことができます。 □

定理 8.3. を言い換えると次のようになります。

系8.4. 正方行列 A が逆行列を持つことと、A の行ベクトル(列ベクトル)が一次独立であることは同値である。

定義8.3. $V = K^n$ の(空集合ではない)部分集合 W が、次の条件を満たすとき、V の**部分空間** (subspace) であるという[*1]。

1. $\boldsymbol{a}, \boldsymbol{b} \in W$ のとき、$\boldsymbol{a} + \boldsymbol{b} \in W$
2. $\boldsymbol{a} \in W$ のとき、任意の $c \in K$ に対して、$c\boldsymbol{a} \in W$

定義8.4. $V = K^n$ のベクトル $\boldsymbol{a}_1, \boldsymbol{a}_2, \ldots, \boldsymbol{a}_m$ の一次結合全体の集合

[*1] 1 と 2 をまとめて、「任意の c_1, $c_2 \in K$ と $\boldsymbol{a}$, $\boldsymbol{b} \in W$ に対し $c_1\boldsymbol{a} + c_2\boldsymbol{b} \in W$」とすることもできます。

$$\langle \boldsymbol{a}_1, \boldsymbol{a}_2, \ldots, \boldsymbol{a}_m \rangle = \{c_1\boldsymbol{a}_1 + c_2\boldsymbol{a}_2 + \cdots + c_m\boldsymbol{a}_m \mid c_j \in K(j = 1, 2, \ldots, m)\}$$

を、$\boldsymbol{a}_1, \boldsymbol{a}_2, \ldots, \boldsymbol{a}_m$ で生成された V の部分空間といい、$\langle \boldsymbol{a}_1, \boldsymbol{a}_2, \ldots, \boldsymbol{a}_m \rangle$ で表す。

定義 8.4. で「部分空間」という言葉を使っていますので、$W = \langle \boldsymbol{a}_1, \boldsymbol{a}_2, \ldots, \boldsymbol{a}_m \rangle$ が、定義 8.3. の条件を満たしていることを確認しておきましょう。

$\boldsymbol{a} = c_1\boldsymbol{a}_1 + \cdots + c_m\boldsymbol{a}_m$, $\boldsymbol{b} = c'_1\boldsymbol{a}_1 + \cdots + c'_m\boldsymbol{a}_m$ とすると、

$$\boldsymbol{a} + \boldsymbol{b} = (c_1 + c'_1)\boldsymbol{a}_1 + \cdots + (c_m + c'_m)\boldsymbol{a}_m$$
$$c\boldsymbol{a} = (cc_1)\boldsymbol{a}_1 + \cdots + (cc_m)\boldsymbol{a}_m$$

となりますので、いずれも $\boldsymbol{a}_1, \boldsymbol{a}_2, \ldots, \boldsymbol{a}_m$ の一次結合になっています。

例題 8.1. の後半の結果は、

$$\boldsymbol{a}_3 = 2\boldsymbol{a}_1 - 3\boldsymbol{a}_2 \tag{8.4}$$

ということですが、これは、$\boldsymbol{a}_3 \in \langle \boldsymbol{a}_1, \boldsymbol{a}_2 \rangle$ であることを示しています。

定義8.5. $V = K^n$ の部分空間 W の中に m 個の一次独立なベクトルが存在して、$m+1$ 個の一次独立なベクトルが存在しないとき、m を W の**次元** (dimension) という。W が m 次元であることを、記号で $\dim W = m$ で表す。零ベクトルのみからなる部分空間の次元は 0 とする。

定義8.6. $V = K^n$ の部分空間 W が一次独立なベクトル $\boldsymbol{a}_1, \boldsymbol{a}_2, \ldots, \boldsymbol{a}_m$ で生成されているとき、$\boldsymbol{a}_1, \boldsymbol{a}_2, \ldots, \boldsymbol{a}_m$ を W の**基底** (basis) という。単に「**基**」または「**底**」ということもある。

例えば、K^n の基本ベクトル $\boldsymbol{e}_1, \ldots, \boldsymbol{e}_n$ は、K^n の基底です。これを**標準基底** (standard basis) といいます。$V = K^n$ の n 次元部分空間 W の中から一次独立なベクトル $\boldsymbol{a}_1, \ldots, \boldsymbol{a}_n$ をとると、それは W の基底です（定理 8.5. の証明中で示されています。）

$V = K^n$ の部分空間 W の基底が $\boldsymbol{a}_1, \boldsymbol{a}_2, \ldots, \boldsymbol{a}_m$ であれば、定理 8.2. より、W に含まれる任意のベクトル $\boldsymbol{a}$ は、$\boldsymbol{a}_1, \boldsymbol{a}_2, \ldots, \boldsymbol{a}_m$ の一次結合として 1 通りに表すことができます。

定理8.5. $V = K^n$ の部分空間 $W = \langle \boldsymbol{a}_1, \boldsymbol{a}_2, \ldots, \boldsymbol{a}_m \rangle$ において、その次元は、$\boldsymbol{a}_1, \boldsymbol{a}_2, \ldots, \boldsymbol{a}_m$ の中から選べる一次独立なベクトルの最大個数に一致する。

証明 $\dim W = k$ とします。$\boldsymbol{a}_1, \boldsymbol{a}_2, \ldots, \boldsymbol{a}_m$ の中から選べる一次独立なベクトルの最大個数を ℓ として、$\boldsymbol{a}_{j_1}, \boldsymbol{a}_{j_1}, \ldots, \boldsymbol{a}_{j_\ell}$ をその一次独立なベクトルとすると、$\boldsymbol{a}_1, \boldsymbol{a}_2, \ldots, \boldsymbol{a}_m$ のどのベクトルも $\boldsymbol{a}_{j_1}, \boldsymbol{a}_{j_2}, \ldots, \boldsymbol{a}_{j_\ell}$ の一次結合で表すことができます。よって、

$$\langle \boldsymbol{a}_1, \boldsymbol{a}_2, \ldots, \boldsymbol{a}_m \rangle = \langle \boldsymbol{a}_{j_1}, \boldsymbol{a}_{j_2}, \ldots, \boldsymbol{a}_{j_\ell} \rangle$$

となることが分かります。したがって、$\boldsymbol{a}_{j_1}, \boldsymbol{a}_{j_2}, \ldots, \boldsymbol{a}_{j_l}$ は W の基底であるから、$k = \ell$ であることになります。 □

例題8.2. $n+1$ 個の n 次元ベクトル

$$\boldsymbol{a}_1, \boldsymbol{a}_2, \ldots, \boldsymbol{a}_n, \boldsymbol{a}_{n+1}$$

は一次従属であることを示してください。

証明 $\boldsymbol{a}_i$ $(1 \leq i \leq n+1)$ を行ベクトルとして、$\boldsymbol{a}_i = (a_{i1}, a_{i2}, \ldots, a_{in})$ とするとき、$(n+1) \times (n+1)$ 型の行列式は

$$\begin{vmatrix} a_{11} & \cdots & a_{1n} & 0 \\ a_{21} & \cdots & a_{2n} & 0 \\ \vdots & \ddots & \vdots & \vdots \\ a_{n+1\ 1} & \cdots & a_{n+1\ n} & 0 \end{vmatrix}$$

ですので、定理 8.3. より、この行列式の各行ベクトル $\boldsymbol{a}'_i = (a_{i1}, a_{i2}, \ldots, a_{in}, 0)$ は、$n+1$ 次元ベクトルとして一次従属となります。定理 8.1. より、$\boldsymbol{a}_1, \boldsymbol{a}_2, \ldots, \boldsymbol{a}_n, \boldsymbol{a}_{n+1}$ も一次従属となります。 □

定理8.6. （基底への拡張定理）W を r 次元の部分空間とする。W 内の s 個の一次独立なベクトルを $\boldsymbol{a}_1, \ldots, \boldsymbol{a}_s$ とすれば、$s \leq r$ である。このとき、W 内の適当な $r-s$ 個のベクトル $\{\boldsymbol{a}_{s+1}, \ldots, \boldsymbol{a}_r\}$ を選んで、$\boldsymbol{a}_1, \ldots, \boldsymbol{a}_s, \boldsymbol{a}_{s+1}, \ldots, \boldsymbol{a}_r$ が W の基底になるようにできる。

証明 $s \leq r$ であることは明らかでしょう。$s = r$ のときは、$\boldsymbol{a}_1, \ldots, \boldsymbol{a}_s$ 自身が W の基底になっていますので、$s < r$ と仮定します。このとき、$\{\boldsymbol{a}_1, \ldots, \boldsymbol{a}_s\}$ は W の基底にはなりませんので、$\boldsymbol{a}_1, \ldots, \boldsymbol{a}_s$ と一次独立な W の元が存在します。そのような元を 1 つとって、$\boldsymbol{a}_{s+1}$ とします。$s+1 = r$ であれば、$\boldsymbol{a}_1, \ldots, \boldsymbol{a}_s, \boldsymbol{a}_{s+1}$ が W の基底となります。$s+1 < r$ であれば、同様の操作を繰り返すことによって、$\boldsymbol{a}_1, \ldots, \boldsymbol{a}_s, \boldsymbol{a}_{s+1}, \ldots, \boldsymbol{a}_r$ が得られ、これが W の基底となります。 □

ここで第 2 章で積み残しになっていた行列のランクを厳密に定義しましょう。

定義8.7. $m \times n$ 型の行列 $A = (a_{ij})_{1 \leq i \leq m, 1 \leq j \leq n}$ の行ベクトル

$$\boldsymbol{a}_i = (a_{i1}, a_{i2}, \ldots, a_{in}) \ (1 \leq i \leq m)$$

の生成する部分空間の次元を A のランクといい、$\mathrm{rank} A$ で表す。

定理 8.5. より、$\mathrm{rank} A$ は、A の行ベクトル $\boldsymbol{a}_i = (a_{i1}, a_{i2}, \ldots, a_{in})$ $(1 \leq i \leq m)$ の中から選べる一

次独立なベクトルの個数の最大値と表現することができます。

定理8.7. 行列 $A=(a_{ij})_{1\leq i\leq m, 1\leq j\leq n}$ のランクは、(i) ある行を k ($\neq 0$) 倍する、(ii) 行の順序を入れ替える、(iii) ある行を k 倍して他の行に加えることで不変である。つまり、行列のランクは行基本変形で不変に保たれる。

証明 $A=(a_{ij})_{1\leq i\leq m, 1\leq j\leq n}$ の行ベクトルを $\boldsymbol{a}_i=(a_{i1}, a_{i2}, \ldots, a_{in})$ $(1\leq j\leq m)$ とします。(i), (ii) は明らかですね。(iii) を示します。必要なら行を入れ替えることにより、1 行目を 2 行目に k 倍して加えた場合のみ考えればよいことが分かります。つまり、(iii) を示すには、

$$\langle \boldsymbol{a}_1, \boldsymbol{a}_2, \ldots, \boldsymbol{a}_m\rangle = \langle \boldsymbol{a}_1, \boldsymbol{a}_2 + k\boldsymbol{a}_1, \ldots, \boldsymbol{a}_m\rangle$$

であることを示せばよいことになります。つまり、$\boldsymbol{a}_1, \boldsymbol{a}_2+k\boldsymbol{a}_1, \ldots, \boldsymbol{a}_m$ の任意の一次結合が $\boldsymbol{a}_1, \boldsymbol{a}_2, \ldots, \boldsymbol{a}_m$ の一次結合として表され、$\boldsymbol{a}_1, \boldsymbol{a}_2, \ldots, \boldsymbol{a}_m$ の任意の一次結合が $\boldsymbol{a}_1, \boldsymbol{a}_2+k\boldsymbol{a}_1, \ldots, \boldsymbol{a}_m$ の一次結合で表されることをいえばよいでしょう。これは、

$$\begin{aligned} c_1\boldsymbol{a}_1 + c_2(\boldsymbol{a}_2 + k\boldsymbol{a}_1) + \cdots + c_m\boldsymbol{a}_m &= (c_1 + kc_2)\boldsymbol{a}_1 + c_2\boldsymbol{a}_2 + \cdots + c_m\boldsymbol{a}_m \\ c_1\boldsymbol{a}_1 + c_2\boldsymbol{a}_2 + \cdots + c_m\boldsymbol{a}_m &= (c_1 - kc_2)\boldsymbol{a}_1 + c_2(\boldsymbol{a}_2 + k\boldsymbol{a}_1) + \cdots + c_m\boldsymbol{a}_m \end{aligned}$$

であることから分かります。 □

定理 2.2. が積み残しになっていましたので、ここで証明しておきます。いくつか準備が必要です。

例題8.3. n 次元ベクトル $\boldsymbol{a}_1, \boldsymbol{a}_2, \ldots, \boldsymbol{a}_m$ が一次独立となるためには、**グラム行列式** (Grammian)：

$$\begin{vmatrix} (\boldsymbol{a}_1, \boldsymbol{a}_1) & (\boldsymbol{a}_1, \boldsymbol{a}_2) & \cdots & (\boldsymbol{a}_1, \boldsymbol{a}_m) \\ (\boldsymbol{a}_2, \boldsymbol{a}_1) & (\boldsymbol{a}_2, \boldsymbol{a}_2) & \cdots & (\boldsymbol{a}_2, \boldsymbol{a}_m) \\ \vdots & \vdots & \ddots & \vdots \\ (\boldsymbol{a}_m, \boldsymbol{a}_1) & (\boldsymbol{a}_m, \boldsymbol{a}_2) & \cdots & (\boldsymbol{a}_m, \boldsymbol{a}_m) \end{vmatrix}$$

が 0 にならないことが必要十分であることを示してください。

解 $\boldsymbol{a}_1, \boldsymbol{a}_2, \ldots, \boldsymbol{a}_m$ が列ベクトルであるとしても一般性を失いません。これらを横に順番に並べて、行列 $A=(\boldsymbol{a}_1\ \boldsymbol{a}_2\ \cdots\ \boldsymbol{a}_m)$ とすると、グラム行列式は $|A^\top\overline{A}|$ となります。$\boldsymbol{a}_1, \boldsymbol{a}_2, \ldots, \boldsymbol{a}_m$ が一次従属であるとすると、ある列ベクトル $\boldsymbol{x}\neq\boldsymbol{0}$ が存在して、$A\boldsymbol{x}=\boldsymbol{0}$ が成り立ちます。両辺の複素共役をとれば、$\overline{A}\overline{\boldsymbol{x}}=\boldsymbol{0}$ となります。この両辺に A の転置行列を左から掛ければ、$A^\top\overline{A}\overline{\boldsymbol{x}}=\boldsymbol{0}$ が得られます。もし $|A^\top\overline{A}|\neq 0$ であれば、$A^\top\overline{A}$ が逆行列を持ち、$\overline{\boldsymbol{x}}=\boldsymbol{0}$ となりますが、仮定から $\boldsymbol{x}\neq\boldsymbol{0}$ ですので矛盾します。よって、$|A^\top\overline{A}|=0$ となります。

逆に $|A^\top\overline{A}|=0$ と仮定します。定理 5.3. より、$A^\top\overline{A}\overline{\boldsymbol{x}}=\boldsymbol{0}$ は解 $\overline{\boldsymbol{x}}\neq\boldsymbol{0}$ ($\boldsymbol{x}\neq\boldsymbol{0}$) を持ちます。こ

の解に対して、

$$0 = \boldsymbol{x}^\top A^\top \overline{A}\overline{\boldsymbol{x}} = (A\boldsymbol{x}, A\boldsymbol{x})$$

となります。つまり、$A\boldsymbol{x} = \boldsymbol{0}$ です。したがって、A の列ベクトルは一次従属となります。 □

定理8.8. $m \times n$ 行列 $A = (a_{ij})_{1 \leq i \leq m, 1 \leq j \leq n}$ の n 個の列ベクトルが一次独立であるための必要十分条件は、A の n 次の小行列式で値が 0 でないものが存在することである。ここで、**小行列式** (minor determinant) とは、元の行列から行と列を同じ数だけ選んで並べた正方行列の行列式のことである。

証明 A の n 個の列ベクトル (m 次元ベクトル) が一次独立であると仮定します。例題 8.2. より、$n \leq m$ となるので、定理 6.6. を用いて、

$$|A^\top \overline{A}| = \sum_{i_1, i_2, \ldots, i_n} \begin{vmatrix} a_{i_1 1} & \cdots & a_{i_n 1} \\ \vdots & \ddots & \vdots \\ a_{i_1 n} & \cdots & a_{i_n n} \end{vmatrix} \overline{\begin{vmatrix} a_{i_1 1} & \cdots & a_{i_1 n} \\ \vdots & \ddots & \vdots \\ a_{i_n 1} & \cdots & a_{i_n n} \end{vmatrix}} \geq 0 \tag{8.5}$$

(8.5) は、グラム行列式ですが、定理 8.3. より、このグラム行列式は 0 にはなりません。(8.5) の各項は 0 以上ですので、その和が 0 でないということは、いずれかの項が 0 ではないことになります。したがって、A も 0 でない小行列式を持ちます。逆に A が 0 ではないような n 次の小行列式を持てば、定理 8.3. より、この小行列式の n 個の列ベクトルは一次独立になります。よって、A の n 個の列ベクトルも一次独立です。 □

定理8.9. A を $m \times n$ 行列とし、$\boldsymbol{x} = (x_1, x_2, \ldots, x_n)^\top$ とするとき、連立方程式 $A\boldsymbol{x} = \boldsymbol{0}$ を斉次方程式という。この斉次方程式の解ベクトル全体の集合は、K^n の部分空間をつくる。

証明 斉次方程式の解ベクトル全体の集合を W とします。任意の $\boldsymbol{z}_1, \boldsymbol{z}_2 \in W$ に対し、$A\boldsymbol{z}_1 = \boldsymbol{0}$, $A\boldsymbol{z}_2 = \boldsymbol{0}$ ですので、$c_1, c_2 \in K$ に対し、$A(c_1\boldsymbol{z}_1 + c_2\boldsymbol{z}_2) = c_1 A\boldsymbol{z}_1 + c_2 A\boldsymbol{z}_2 = \boldsymbol{0}$ となり、$c_1\boldsymbol{z}_1 + c_2\boldsymbol{z}_2 \in W$ となります。これは、W が部分空間であることを示しています。 □

定理 2.2. を示すためには、次の定理 8.10. が本質的です。

定理8.10. A を $m \times n$ 行列とし、$\boldsymbol{x} = (x_1, x_2, \ldots, x_n)^\top$ とする。斉次方程式 $A\boldsymbol{x} = \boldsymbol{0}$ の解ベクトル全体のつくる部分空間を W とすると、次が成り立つ。

$$\dim W = n - \mathrm{rank} A$$

証明 $\mathrm{rank} A = r$ とします。定理 8.8. より、A の r 次の小行列式で 0 にならないものがあります。必要なら適当に行と列を並べ替えることで、

$$\begin{vmatrix} a_{11} & a_{12} & \cdots & a_{1r} \\ a_{21} & a_{22} & \cdots & a_{2r} \\ \vdots & \vdots & \ddots & \vdots \\ a_{r1} & a_{r2} & \cdots & a_{rr} \end{vmatrix} \neq 0$$

と仮定することができます。並べ替え後の A の行ベクトルを

$$\boldsymbol{a}_s = (a_{s1}, a_{s2}, \cdots, a_{sr}, \cdots, a_{sn}) \ (1 \leq s \leq m)$$

とすると、A の第 $s\ (> r)$ 行ベクトル $\boldsymbol{a}_s$ は、$\boldsymbol{a}_1, \boldsymbol{a}_2, \ldots, \boldsymbol{a}_r$ の一次結合で表すことができます。よって、連立方程式

$$\begin{cases} a_{11}x_1 & + & a_{12}x_2 & + \cdots + & a_{1n}x_n & = 0 \\ a_{21}x_1 & + & a_{22}x_2 & + \cdots + & a_{2n}x_n & = 0 \\ \vdots & \vdots & \vdots & \vdots & \vdots & \vdots \\ a_{r1}x_1 & + & a_{r2}x_2 & + \cdots + & a_{rn}x_n & = 0 \end{cases} \tag{8.6}$$

の解 $(x_1, x_2, \ldots, x_n)$ と $A\boldsymbol{x} = \boldsymbol{0}$ の解は一致しますから、(8.6) の解を求めればよいことになります。このとき、未知数 $x_{r+1}, \ldots, x_n$ の値として、パラメータ $t_{r+1}, \ldots, t_n$ を与え、未知数 $x_1, \ldots, x_r$ の方程式と考えてクラメルの公式を適用すれば、解 $x_1 = z_1, \ldots, x_r = z_r$ が一意的に決まります。よって、(8.6) の解

$$\boldsymbol{x} = (x_1, \ldots, x_r, x_{r+1}, \ldots, x_n) = (z_1, \ldots, z_r, t_{r+1}, \ldots, t_n)$$

が得られます。パラメータ $(t_{r+1}, \ldots, t_n)$ として、特に、$(\overbrace{1, 0, \ldots, 0}^{n-r})$, $(\overbrace{0, 1, 0, \ldots, 0}^{n-r})$, $(\overbrace{0, \ldots, 0, 1}^{n-r})$ に対応する解を $\boldsymbol{x}_{r+1}, \boldsymbol{x}_{r+2}, \ldots, \boldsymbol{x}_n$ とすると、これらは明らかに一次独立です。$A\boldsymbol{x} = \boldsymbol{0}$ の任意の解 $\boldsymbol{x} = (z_1, \ldots, z_r, t_{r+1}, \ldots, t_n)$ と $t_{r+1}\boldsymbol{x}_{r+1} + t_{r+2}\boldsymbol{x}_{r+2} + \cdots + t_n\boldsymbol{x}_n$ を考えると、これらは、いずれも $(x_{r+1}, \ldots, x_n) = (t_{r+1}, \ldots, t_n)$ を満たします。解の一意性より、これら 2 つの解は、一致しなければなりません。以上は、$\boldsymbol{x}_{r+1}, \boldsymbol{x}_{r+2}, \ldots, \boldsymbol{x}_n$ が解空間 W の基底であることを示しています。つまり、$\dim W = n - r$ が成り立ちます。 □

定理 2.2. の証明 証明すべきは、A を $m \times n$ 行列、$\boldsymbol{b}$ を n 次元の列ベクトルとしたとき、n 次元列ベクトル $\boldsymbol{x}$ を未知数とする連立方程式 $A\boldsymbol{x} = \boldsymbol{b}$ が解を持てば、そのパラメータ数が $n - \mathrm{rank}A$ に一致する、ということです。

仮定より、$A\boldsymbol{x} = \boldsymbol{b}$ は解を持つので、1 つの解を $\boldsymbol{x}_0$ とすると、$A\boldsymbol{x} = A\boldsymbol{x}_0$ となり、$A(\boldsymbol{x} - \boldsymbol{x}_0) = \boldsymbol{0}$ となります。定理 8.10. より、斉次方程式 $A\boldsymbol{z} = \boldsymbol{0}$ の解空間 W の次元は、$\dim W = n - \mathrm{rank}A$ となります。つまり、$A\boldsymbol{z} = \boldsymbol{0}$ の解 $\boldsymbol{z}$ 全体は $n - \mathrm{rank}A$ 個のパラメータを用いて記述することができます。よって、$\boldsymbol{x} = \boldsymbol{x}_0 + \boldsymbol{z}$ のパラメータ数も $n - \mathrm{rank}A$ 個になります。 □

W_1, W_2 を $V = K^n$ の部分空間とします。$W_1 \subset W_2$（W_1 が W_2 の部分集合）であれば、明らかに

$$\dim W_1 \leq \dim W_2$$

が成り立ちます。

例題8.4. $W_1 \subsetneq W_2$ のときは[*2]、$\dim W_1 < \dim W_2$ であることを証明してください。

解 $\dim W_1 = r$ とします。もし $\dim W_2 = r$ であれば、W_1 の 1 つの基底を $\boldsymbol{w}_1, \ldots, \boldsymbol{w}_r$ としたとき、これは、W_2 の基底でもあります。つまり、$W_1 = W_2$ となります。よって、$W_1 \subsetneq W_2$ のときは、$\dim W_1 < \dim W_2$ でなければなりません。 □

8.2 ▸ グラム・シュミットの直交化法

$V = K^n$ の標準基底 $\boldsymbol{e}_1, \ldots, \boldsymbol{e}_n$ は各々ノルムが 1 で互いに直交しています。つまり、$(\boldsymbol{e}_i, \boldsymbol{e}_j) = \delta_{ij}$ となります。ここで、δ_{ij} は**クロネッカーのデルタ** (Kronecker delta) と呼ばれる記号で、$i = j$ のとき 1 で、$i \neq j$ のとき 0 となる記号です。このようにノルムが 1 で互いに直交している基底を**正規直交基底** (orthonormal basis) といいます。後々具体化していきますが、正規直交基底は数学的によい性質を持つ基底です。

今、V の部分空間 W の基底を $\boldsymbol{a}_1, \ldots, \boldsymbol{a}_m$ $(m \leq n)$ とします。$\boldsymbol{a}_1, \ldots, \boldsymbol{a}_m$ は W の基底ですが、一般には、正規直交基底にはなっていません。$\boldsymbol{a}_1, \ldots, \boldsymbol{a}_m$ から W の正規直交基底をつくる標準的な方法は、**グラム・シュミットの直交化法** (Gram–Schmidt orthonormalization) と呼ばれる方法です。以下、詳しく説明していきましょう。

定数を掛けてノルムを 1 にすることを**正規化する** (normalization) といいます。$\boldsymbol{a}_1, \ldots, \boldsymbol{a}_m$ $(m \leq n)$ を正規化するだけなら、各々のノルム分の 1 を掛ければよいので簡単です。

$$\boldsymbol{b}_i = \frac{1}{\|\boldsymbol{a}_i\|}\boldsymbol{a}_i \ (i = 1, 2, \ldots, m)$$

としましょう。これらはすべてノルム 1 になります。

さて、問題は**直交化** (orthogonalization) です。これは幾何学的に考えた方が分かりやすいと思います。まず、$\boldsymbol{a}_1, \boldsymbol{a}_2$ から直交基底をつくります。図 8.1 をご覧ください。図 8.1 では、$\boldsymbol{a}_1$ と $\boldsymbol{a}_2$ の始点を原点 O として、$\boldsymbol{a}_1$ の終点を A、$\boldsymbol{a}_2$ の終点を B としています。$\boldsymbol{a}_1, \boldsymbol{a}_2$ は一次独立ですから、もちろん、異なる方向を向いています。$\boldsymbol{a}_2$ の終点 B から直線 OA に垂線を下ろし、垂線の足を H とします。$\boldsymbol{a}_1$ と $\boldsymbol{a}_2$ のなす角を θ とすると、

$$\begin{aligned}\overrightarrow{\mathrm{OH}} &= (\|\boldsymbol{a}_2\| \cos\theta)\boldsymbol{b}_1 \\ &= \frac{\|\boldsymbol{a}_1\|\|\boldsymbol{a}_2\|\cos\theta}{\|\boldsymbol{a}_1\|}\boldsymbol{b}_1\end{aligned}$$

[*2] $W_1 \subsetneq W_2$ は真部分集合の記号で、「$W_1 \subset W_2$ であり、かつ $W_1 \neq W_2$」という意味です。

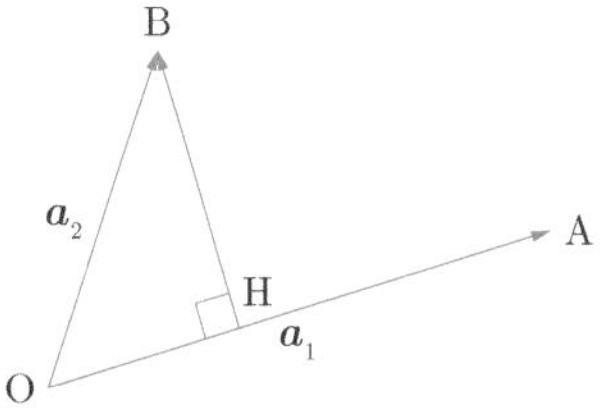

図 8.1　2 つの一次独立なベクトルから直交基底をつくる

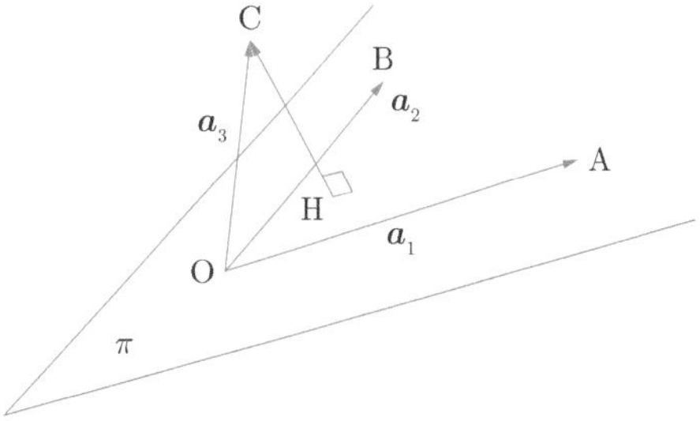

図 8.2　3 つの一次独立なベクトルから直交基底をつくる

$$= \frac{(\boldsymbol{a}_2, \boldsymbol{a}_1)}{\|\boldsymbol{a}_1\|}\boldsymbol{b}_1 = (\boldsymbol{a}_2, \boldsymbol{b}_1)\boldsymbol{b}_1$$

となりますので、

$$\overrightarrow{\mathrm{HB}} = \boldsymbol{a}_2 - (\boldsymbol{a}_2, \boldsymbol{b}_1)\boldsymbol{b}_1$$

が得られます。$\overrightarrow{\mathrm{HB}}$ は $\boldsymbol{a}_1$ と直交していますから、$\overrightarrow{\mathrm{HB}}$ を正規化し、所望の正規直交基底 $\boldsymbol{b}_1, \overrightarrow{\mathrm{HB}}/\|\overrightarrow{\mathrm{HB}}\|$ が得られます。

1 つ次元を上げましょう。図 8.2 をご覧ください。先ほどと同様にベクトルを原点 O を始点として考えて、$\boldsymbol{a}_1, \boldsymbol{a}_2, \boldsymbol{a}_3$ 各々の終点を A, B, C とします。この 3 点を通る平面を π として、C から π に下ろした垂線の足を H とします。$\overrightarrow{\mathrm{HC}}$ を求めましょう。$\boldsymbol{a}_1, \boldsymbol{a}_2$ から上記の方法で正規直交基底化したものを $\boldsymbol{b}_1, \boldsymbol{b}_2$ とします。H は平面 π 上にありますので、$\overrightarrow{\mathrm{OH}}$ は、

$$\overrightarrow{\mathrm{OH}} = s\boldsymbol{b}_1 + t\boldsymbol{b}_2$$

と書くことができます。$\overrightarrow{\mathrm{HC}} = \boldsymbol{a}_3 - \overrightarrow{\mathrm{OH}}$ が、$\boldsymbol{b}_1, \boldsymbol{b}_2$ と直交するように s, t を決めましょう。$\boldsymbol{a}_3 - s\boldsymbol{b}_1 - t\boldsymbol{b}_2$ と $\boldsymbol{b}_j$ $(j = 1, 2)$ の内積をとると、

$$(\boldsymbol{a}_3 - s\boldsymbol{b}_1 - t\boldsymbol{b}_2, \boldsymbol{b}_1) = (\boldsymbol{a}_3, \boldsymbol{b}_1) - s = 0$$
$$(\boldsymbol{a}_3 - s\boldsymbol{b}_1 - t\boldsymbol{b}_2, \boldsymbol{b}_2) = (\boldsymbol{a}_3, \boldsymbol{b}_2) - t = 0$$

となります。つまり、$s = (\boldsymbol{a}_3, \boldsymbol{b}_1)$, $t = (\boldsymbol{a}_3, \boldsymbol{b}_2)$ となり、

$$\overrightarrow{\mathrm{HC}} = \boldsymbol{a}_3 - (\boldsymbol{a}_3, \boldsymbol{b}_1)\boldsymbol{b}_1 - (\boldsymbol{a}_3, \boldsymbol{b}_2)\boldsymbol{b}_2$$

が得られます。これを正規化すれば、求める正規直交基底が得られます。

今やったことを順番に書き並べると、次のようになるでしょう。

Input: $\boldsymbol{a}_1, \boldsymbol{a}_2, \boldsymbol{a}_3$
(STEP 1) $\boldsymbol{b}_1 = \boldsymbol{a}_1/\|\boldsymbol{a}_1\|$
(STEP 2) $\boldsymbol{c}_2 = \boldsymbol{a}_2 - (\boldsymbol{a}_2, \boldsymbol{b}_1)\boldsymbol{b}_1$
(STEP 3) $\boldsymbol{b}_2 = \boldsymbol{c}_2/\|\boldsymbol{c}_2\|$
(STEP 4) $\boldsymbol{c}_3 = \boldsymbol{a}_3 - (\boldsymbol{a}_2, \boldsymbol{b}_1)\boldsymbol{b}_1 - (\boldsymbol{a}_3, \boldsymbol{b}_2)\boldsymbol{b}_2$
(STEP 5) $\boldsymbol{b}_3 = \boldsymbol{c}_3/\|\boldsymbol{c}_3\|$
Output: $\boldsymbol{b}_1, \boldsymbol{b}_2, \boldsymbol{b}_3$

この手順を一般化することは簡単でしょう。せっかくですから、この手順を NumPy で記述しておきましょう。リスト 8.1 をご覧ください。ここでは（紙面の都合上）列ベクトルを正規直交化します。

リスト 8.1　NumPyGS.py

```
import numpy as np
import numpy.linalg as LA
import sys

def GramSchmidt(A):
    A = np.array(A, dtype = np.float64)
    m = A.shape[0] # number of row
    n = A.shape[1] # number of column(vectors)
    # A = (a0, a1, ..., an)
    if m < n:
        print('The given ndarray cannot be a basis.')
        sys.exit()

    a = A[:,[0]] # the first column vector a1(a0)
    basis = a/LA.norm(a) # b1(b0)

    # Gram-Schmidt orthogonalization
    for j in range(1, n):
        a = A[:,[j]]
        for i in range(j):
            a -= np.dot(A[:,j], basis[:,i])*basis[:,[i]]

        b_i = a / LA.norm(a)
```

```
24             basis = np.append(basis, b_i, axis = 1)
25
26         return basis
27
28     A = np.array([[1, 0, 1, 0], [0, -1, 1, 1], [-1, 0, 1, -1], [0, 1, 0, 1]])
29     G = GramSchmidt(A)
30     print(G)
31
32     # the case using LA.qr
33     Q, R = LA.qr(A)
34     print('Q=', Q)
35     print('R=', R)
36     print('QR=', Q @ R)
```

ここではサンプルとして、

$$A = \left(\begin{array}{c|c|c|c} 1 & 0 & 1 & 0 \\ 0 & -1 & 1 & 1 \\ -1 & 0 & 1 & -1 \\ 0 & 1 & 0 & 1 \end{array}\right) = (\boldsymbol{a}_1\ \boldsymbol{a}_2\ \boldsymbol{a}_3\ \boldsymbol{a}_4)$$

を正規直交化しています。手計算を簡略化するために、かなり直交基底に近いものになっています。5 行目から 26 行目までがグラム・シュミット直交化関数 GramSchmidt です。6 行目は、A を浮動小数点型の ndarray に変換しているところで、7 行目で行の数 m、8 行目で列の数 n を求めています。10 行目から 12 行目は、基底ベクトルの個数がベクトルの成分数 m を超えている場合は、そもそも基底になりませんので、メッセージを出力して sys.exit() で処理を終了しています。3 行目で sys をインポートしているのは、このためです。sys は Python を使用しているプラットフォームを調べたり、プログラムの起動パラメータを取得する際に使うモジュールです。

14 行目で、A の 1 行目（番号は 0 ですが）を取り出し、15 行目で正規化しています。これが、$\boldsymbol{b}_1$ になります。直交化処理の本体は、18 行目から 24 行目です。やっていることは単純で、番号 2（プログラムでは 1）から n 番目のベクトルを正規直交化していきます。19 行目で A の第 j 列を取り出しています。21 行目は、A[:,j] で $\boldsymbol{a}_j$ を取り出し、basis の i 列目 basis[:,i]（これは、$\boldsymbol{b}_i$ にあたります）を使って、$(\boldsymbol{a}_i, \boldsymbol{b}_i)\boldsymbol{b}_i$ を元のベクトルから引いていくのです。23 行目で正規化し、24 行目でこの正規化したベクトルを basis の i 列目に追加しています。

実は、ここでつくった GramSchmidt 関数の処理は、33 行目のたった 1 行にまとまっています。こ

こで Q というのが、正規直交基底が並んだ行列です。R については、実行結果を見てから説明します。実行結果は次のようになります。

```
[[ 0.70710678  0.          0.63245553 -0.31622777]
 [ 0.         -0.70710678  0.31622777  0.63245553]
 [-0.70710678  0.          0.63245553 -0.31622777]
 [ 0.          0.70710678  0.31622777  0.63245553]]
Q= [[-0.70710678  0.         -0.63245553 -0.31622777]
 [-0.         -0.70710678 -0.31622777  0.63245553]
 [ 0.70710678  0.         -0.63245553 -0.31622777]
 [-0.          0.70710678 -0.31622777  0.63245553]]
R= [[-1.41421356e+00  0.00000000e+00  3.33066907e-16 -7.07106781e-01]
 [ 0.00000000e+00  1.41421356e+00 -7.07106781e-01  3.33066907e-16]
 [ 0.00000000e+00  0.00000000e+00 -1.58113883e+00  2.22044605e-16]
 [ 0.00000000e+00  0.00000000e+00  0.00000000e+00  1.58113883e+00]]
QR= [[ 1.00000000e+00  0.00000000e+00  1.00000000e+00 -3.88578059e-16]
 [ 0.00000000e+00 -1.00000000e+00  1.00000000e+00  1.00000000e+00]
 [-1.00000000e+00  0.00000000e+00  1.00000000e+00 -1.00000000e+00]
 [ 0.00000000e+00  1.00000000e+00  2.22044605e-16  1.00000000e+00]]
```

一番上に表示されているのが `GramSchmidt` 関数でつくった正規直交基底（列ベクトルが並んでいる）行列です。その次にある Q が、`LA.qr` 関数でつくった正規直交基底の行列です。3 列目と 4 列目の符号が `GramSchmidt` 関数でつくった基底と違っていますが、符号を除けば全く同じ基底です。その後に R という上三角行列と、先ほどの Q と R の積 QR が表示されています。QR は、ちょっと誤差で見えづらくなっていますが、これは理論上 A に一致します。つまり、

$$A = QR$$

となっています。これを A の **QR 分解** (QR decomposition) と呼びます。3 次元の場合のグラム・シュミットの直交化のプロセスを見直して、元の基底を表現してみると、次のようになります。

$$\begin{aligned}
\boldsymbol{a}_1 &= \|\boldsymbol{a}_1\|\boldsymbol{b}_1 \\
\boldsymbol{a}_2 &= \|\boldsymbol{c}_2\|\boldsymbol{b}_2 + (\boldsymbol{a}_2, \boldsymbol{b}_1)\boldsymbol{b}_1 \\
\boldsymbol{a}_3 &= \|\boldsymbol{c}_3\|\boldsymbol{b}_3 + (\boldsymbol{a}_3, \boldsymbol{b}_1)\boldsymbol{b}_1 + (\boldsymbol{a}_3, \boldsymbol{b}_2)\boldsymbol{b}_2
\end{aligned}$$

この結果を行列の形に書き直せば、

$$(\boldsymbol{a}_1\ \boldsymbol{a}_2\ \boldsymbol{a}_3) = (\boldsymbol{b}_1\ \boldsymbol{b}_2\ \boldsymbol{b}_3)\begin{pmatrix} \|\boldsymbol{a}_1\| & (\boldsymbol{a}_2, \boldsymbol{b}_1) & (\boldsymbol{a}_3, \boldsymbol{b}_1) \\ 0 & \|\boldsymbol{c}_2\| & (\boldsymbol{a}_3, \boldsymbol{b}_1) \\ 0 & 0 & \|\boldsymbol{c}_3\| \end{pmatrix}$$

となります。右辺の左の行列を Q、右の行列を R とすれば、これが A の QR 分解になっています。つまり、$A = QR$ となります。先ほどの計算結果と一致していることが分かるでしょう。一般に Q は $m \times n$ 型で、R は $n \times n$ 型の行列です。

Q の列ベクトル $\boldsymbol{b}_1, \boldsymbol{b}_2, \ldots, \boldsymbol{b}_n$ は正規直交基底ですから、各々のベクトル同士の内積は、

$$(\boldsymbol{b}_i, \boldsymbol{b}_j) = \delta_{ij}$$

となります。この正規直交性を行列の形で表現すると、次のようになります。

$$Q^* Q = I_n \tag{8.7}$$

ここで、Q^* は、Q の随伴行列 $Q^* = \overline{Q^\top}$ です。こうなる理由は、左辺の (i, j) 成分が、

$$\overline{\boldsymbol{b}_i^\top} \boldsymbol{b}_j = \overline{(\boldsymbol{b}_i, \boldsymbol{b}_j)} = \delta_{ij}$$

となることによります。

$m = n$ のときは、さらに、

$$Q^* Q = Q Q^* = I \tag{8.8}$$

となりますが、この関係を満たす行列を**ユニタリ行列** (unitary matrix) といいます。特に成分が実数の場合は、

$$Q^\top Q = Q Q^\top = I$$

となります。このような行列を**直交行列** (orthogonal matrix) といいます。

本章の最後に、SymPy によるグラム・シュミット直交化の計算例を示しておきましょう。

例題8.5. SymPy を用いて、$\boldsymbol{a}_1 = (1, 1, 1, -1)$, $\boldsymbol{a}_2 = (-1, 0, 1, 1)$, $\boldsymbol{a}_3 = (0, 2, 1, 1)$, $\boldsymbol{a}_4 = (1, 1, 0, 1)$ をグラム・シュミットの直交化法で正規直交化してください。

解 `sympy.GramSchmidt` 関数を使って直交化します。正規化するかしないかも選べます。リスト 8.2 をご覧ください。

リスト 8.2　GramSchmidt.py

```
import sympy

A = [sympy.Matrix([1, 1, 1, -1]),
     sympy.Matrix([-1, 0, 1, 1]),
     sympy.Matrix([0, 2, 1, 1]),
     sympy.Matrix([1, 1, 0, 1])]

G = sympy.GramSchmidt(A, True)
print(G)
```

行列 A は、ベクトルを行ベクトルの形で並べたものです。sympy.GramSchmidt(A) は、A に対して、正規化なしでグラム・シュミットの正規直交化の処理を行います。sympy.GramSchmidt(A, True) とすると正規化を行います。実行結果は次のように、列ベクトルを並べる形式で出力されます。

```
[Matrix([
[ 1/2],
[ 1/2],
[ 1/2],
[-1/2]]), Matrix([
[-3*sqrt(11)/22],
[   sqrt(11)/22],
[ 5*sqrt(11)/22],
[ 3*sqrt(11)/22]]), Matrix([
[   sqrt(330)/165],
[ 7*sqrt(330)/165],
[-7*sqrt(330)/330],
[ 3*sqrt(330)/110]]), Matrix([
[2*sqrt(30)/15],
[ -sqrt(30)/15],
[  sqrt(30)/30],
[  sqrt(30)/10]])]
```

これは、正規直交化した結果が、列ベクトルの形で、

$$
\begin{pmatrix} 1/2 \\ 1/2 \\ 1/2 \\ -1/2 \end{pmatrix},\quad
\begin{pmatrix} -3\sqrt{11}/22 \\ \sqrt{11}/22 \\ 5\sqrt{11}/22 \\ 3\sqrt{11}/22 \end{pmatrix},\quad
\begin{pmatrix} \sqrt{330}/165 \\ 7\sqrt{330}/165 \\ -7\sqrt{330}/330 \\ 3\sqrt{330}/110 \end{pmatrix},\quad
\begin{pmatrix} 2\sqrt{30}/15 \\ -\sqrt{30}/15 \\ \sqrt{30}/30 \\ \sqrt{30}/10 \end{pmatrix}
$$

となることを意味しています[*3]。 □

定義8.8. W_1, W_2 を $V = K^n$ の部分空間とするとき

$$W_1 + W_2 = \{\boldsymbol{x} = \boldsymbol{x}_1 + \boldsymbol{x}_2 \ : \ \boldsymbol{x}_1 \in W_1, \boldsymbol{x}_2 \in W_2\}$$

を W_1 と W_2 の**和** (sum) といい、$W_1 + W_2$ で表す。特に、$W_1 \cap W_2 = \{\boldsymbol{0}\}$ のとき、$W_1 + W_2$ を W_1 と W_2 の**直和** (direct sum) といい、$W_1 \oplus W_2$ で表す。

定理8.11. $W_1 + W_2$ は $V = K^n$ の部分空間である。

証明 任意の $\boldsymbol{x}, \boldsymbol{y} \in W_1 + W_2$ に対し和の定義より、$\boldsymbol{x} = \boldsymbol{x}_1 + \boldsymbol{x}_2$, $\boldsymbol{y} = \boldsymbol{y}_1 + \boldsymbol{y}_2$ となるような $\boldsymbol{x}_1, \boldsymbol{y}_1 \in W_1$、$\boldsymbol{x}_2, \boldsymbol{y}_2 \in W_2$ が存在します。よって、任意のスカラー c_1, c_2 に対し、

$$
\begin{aligned}
c_1\boldsymbol{x} + c_2\boldsymbol{y} &= c_1(\boldsymbol{x}_1 + \boldsymbol{x}_2) + c_2(\boldsymbol{y}_1 + \boldsymbol{y}_2) \\
&= (c_1\boldsymbol{x}_1 + c_2\boldsymbol{y}_1) + (c_1\boldsymbol{x}_2 + c_2\boldsymbol{y}_2)
\end{aligned}
$$

となりますが、W_1, W_2 は部分空間ですから、$c_1\boldsymbol{x}_1 + c_2\boldsymbol{y}_1 \in W_1$, $c_1\boldsymbol{x}_2 + c_2\boldsymbol{y}_2 \in W_2$ が成り立ちますので、$c_1\boldsymbol{x} + c_2\boldsymbol{y} \in W_1 + W_2$ となります。これは、$W_1 + W_2$ が部分空間であることを示しています。 □

$W_1 + W_2$ が部分空間になることを示しましたが、$W_1 \cap W_2$ も部分空間になります (問題 8-4 参照)。これらの次元の間には次の関係があります。

定理8.12. W_1, W_2 を $V = K^m$ の 2 つの部分空間とすれば、その次元に関して以下の等式が成り立つ。

$$\dim(W_1 + W_2) = \dim W_1 + \dim W_2 - \dim(W_1 \cap W_2)$$

特に、直和のときは、以下の等式が成り立つ。

$$\dim(W_1 \oplus W_2) = \dim W_1 + \dim W_2$$

[*3] ご覧の通り、整数の成分を持つベクトルでも正規直交化する際にベクトルのノルム分の 1 を掛ける操作をするため、平方根の計算が煩わしく、手計算は骨が折れます。理屈が分かったらソフトウェアを利用すればよいでしょう。

証明 $\dim W_1 = m, \dim W_2 = n, \dim(W_1 \cap W_2) = r$ として、$W_1 \cap W_2$ の基底を $\boldsymbol{a}_1, \ldots, \boldsymbol{a}_r$ とします。明らかに $W_1 \cap W_2 \subset W_j$ $(j = 1, 2)$ ですので、基底の拡張定理（定理 8.6.）より、この基底を拡張して、W_1, W_2 の基底

$$\boldsymbol{a}_1, \ldots, \boldsymbol{a}_r, \boldsymbol{a}_{r+1}, \ldots, \boldsymbol{a}_m$$
$$\boldsymbol{a}_1, \ldots, \boldsymbol{a}_r, \boldsymbol{a}'_{r+1}, \ldots, \boldsymbol{a}'_n$$

をつくることができます。$W_1 + W_2$ に属するベクトルは、すべてこれらの一次結合で書くことができます。よって、$\dim(W_1 + W_2) \leq m + n - r$ が成り立ちます。

$$\boldsymbol{a}_1, \ldots, \boldsymbol{a}_r, \boldsymbol{a}_{r+1}, \ldots, \boldsymbol{a}_m, \boldsymbol{a}'_{r+1}, \ldots, \boldsymbol{a}'_n$$

が一次独立であることを示せば、等号が示せます。

$$\sum_{i=1}^{r} c_i \boldsymbol{a}_i + \sum_{j=r+1}^{m} c_j \boldsymbol{a}_j + \sum_{k=r+1}^{n} c'_k \boldsymbol{a}'_k = \boldsymbol{0} \tag{8.9}$$

とします。この等式の最後（3 番目）の和を移項すると、

$$\sum_{i=1}^{r} c_i \boldsymbol{a}_i + \sum_{j=r+1}^{m} c_j \boldsymbol{a}_j = -\sum_{k=r+1}^{n} c'_k \boldsymbol{a}'_k$$

となりますが、左辺は W_1 のベクトルであり、右辺は W_2 のベクトルです。よって、左辺も右辺も $W_1 \cap W_2$ に属するベクトルです。右辺が $W_1 \cap W_2$ に属することから、

$$-\sum_{k=r+1}^{n} c'_k \boldsymbol{a}'_k = \sum_{i=1}^{r} d_i \boldsymbol{a}_i \tag{8.10}$$

となるような d_i $(i = 1, \ldots, r)$ が存在します。(8.10) より、

$$\sum_{i=1}^{r} d_i \boldsymbol{a}_i + \sum_{k=r+1}^{n} c'_k \boldsymbol{a}'_k = \boldsymbol{0}$$

となりますが、$\boldsymbol{a}_1, \ldots, \boldsymbol{a}_r, \boldsymbol{a}'_{r+1}, \ldots, \boldsymbol{a}'_n$ は、W_2 の基底ですので一次独立です。つまり、$d_1 = \cdots = d_r = c'_{r+1} = \cdots = c'_n = 0$ となります。これを (8.9) に代入すると、

$$\sum_{i=1}^{r} c_i \boldsymbol{a}_i = \boldsymbol{0}$$

となりますが、$\boldsymbol{a}_1, \ldots, \boldsymbol{a}_r$ は一次独立ですので、$c_1 = \cdots = c_r = 0$ となります。したがって、$\boldsymbol{a}_1, \ldots, \boldsymbol{a}_r, \boldsymbol{a}_{r+1}, \ldots, \boldsymbol{a}_m, \boldsymbol{a}'_{r+1}, \ldots, \boldsymbol{a}'_n$ は一次独立であり、等式が成り立つことが分かりました。□

定義8.9. $V = K^n$ の部分空間 W が与えられたとき、W のすべてのベクトルと直交するベクトルの

全体

$$W^\perp = \{\boldsymbol{x} \;:\; 任意の\ \boldsymbol{y} \in W\ に対し\ (\boldsymbol{x}, \boldsymbol{y}) = 0\ が成り立つ。\}$$

は、$V = K^n$ の部分空間となる（問題 8-7 参照）。これを W の**直交補空間**（orthogonal complement）という。

定理8.13. $V = K^n$ の任意の部分空間 W に対し、その直交補空間を $W^\perp$ とするとき、以下が成り立つ。

$$V = W \oplus W^\perp$$

特に、$\dim W^\perp = n - \dim W$ が成り立つ。

証明 任意に $\boldsymbol{z} \in W \cap W^\perp$ をとると、$\boldsymbol{z}$ は自分自身と直交することになります。つまり、$(\boldsymbol{z}, \boldsymbol{z}) = \|\boldsymbol{z}\|^2 = 0$ ですので、$\boldsymbol{z} = \boldsymbol{0}$ です。これは、$W \cap W^\perp = \{\boldsymbol{0}\}$ であることを示しています。$\dim W = m$ として、その正規直交基底を $\{\boldsymbol{w}_1, \ldots, \boldsymbol{w}_m\}$ とします。$\boldsymbol{x} \in V$ に対し、

$$\boldsymbol{x}' = \sum_{i=1}^{m} (\boldsymbol{x}, \boldsymbol{w}_i)\boldsymbol{w}_i$$

とすると、$\boldsymbol{x}' \in W$ となります。$\boldsymbol{x}'' = \boldsymbol{x} - \boldsymbol{x}'$ とおくと、

$$\begin{aligned}
(\boldsymbol{x}'', \boldsymbol{w}_j) &= (\boldsymbol{x}, \boldsymbol{w}_j) - \left(\sum_{i=1}^{m} (\boldsymbol{x}, \boldsymbol{w}_i)\boldsymbol{w}_i, \boldsymbol{w}_j \right) \\
&= (\boldsymbol{x}, \boldsymbol{w}_j) - \sum_{i=1}^{m} (\boldsymbol{x}, \boldsymbol{w}_i)(\boldsymbol{w}_i, \boldsymbol{w}_j) \\
&= (\boldsymbol{x}, \boldsymbol{w}_j) - \sum_{i=1}^{m} (\boldsymbol{x}, \boldsymbol{w}_i)\delta_{ij} \\
&= (\boldsymbol{x}, \boldsymbol{w}_j) - (\boldsymbol{x}, \boldsymbol{w}_j) = 0
\end{aligned}$$

となります。$W = \langle \boldsymbol{w}_1, \ldots, \boldsymbol{w}_m \rangle$ ですので、任意の $\boldsymbol{w} \in W^\perp$ に対して、$(\boldsymbol{x}'', \boldsymbol{w}) = 0$ となり、$\boldsymbol{x}'' \in W^\perp$ であることが分かります。よって、$V = W \oplus W^\perp$ が成り立ちます。定理 8.12. より、$\dim W^\perp = n - \dim W$ が成り立つことも分かります。 □

章末問題

問題8-1 **(数学)**　次の行列 A を基本変形して、ランクが 2 であることを確かめてください。

$$A = \begin{pmatrix} 1 & -1 & 2 \\ 3 & 4 & 1 \\ -4 & -17 & 7 \end{pmatrix}$$

また、第 1, 2, 3 行の行ベクトルをそれぞれ、$\boldsymbol{a}_1, \boldsymbol{a}_2, \boldsymbol{a}_3$ とするとき、$\boldsymbol{a}_3 = p\boldsymbol{a}_1 + q\boldsymbol{a}_2$ となるスカラー p, q を求めてください。

問題8-2　**(数学)**　$\boldsymbol{a}_1, \boldsymbol{a}_2, \ldots, \boldsymbol{a}_n$ が一次独立であるとします。このとき、$\boldsymbol{a}_1 - \boldsymbol{a}_2$, $\boldsymbol{a}_2 - \boldsymbol{a}_3$, $\ldots$, $\boldsymbol{a}_{n-1} - \boldsymbol{a}_n$, $\boldsymbol{a}_n - \boldsymbol{a}_1$ は一次独立になるでしょうか。

問題8-3　**(数学)**　$\boldsymbol{a}_1, \boldsymbol{a}_2, \ldots, \boldsymbol{a}_n$ が一次独立であるとします。$\boldsymbol{a} = c_1\boldsymbol{a}_1 + c_2\boldsymbol{a}_2 + \cdots + c_n\boldsymbol{a}_n$ としたとき、$\boldsymbol{a}_1 - \boldsymbol{a}, \boldsymbol{a}_2 - \boldsymbol{a}, \ldots, \boldsymbol{a}_n - \boldsymbol{a}$ は一次独立になるでしょうか。

問題8-4　**(数学)**　W_1, W_2 を部分空間とするとき、$W_1 \cap W_2$ も部分空間になることを証明してください。また、$W_1 \cup W_2$ が部分空間にならない例をつくってください。

問題8-5　**(数学)**　W_1, W_2 を部分空間とするとき、部分空間 $W_1 \cap W_2$ の次元について、次の不等式が成り立つことを示してください。

$$\dim(W_1 \cap W_2) \leq \min\{\dim W_1, \dim W_2\}$$

問題8-6　**(数学)**　$W = W_1 + W_2$ が直和となる必要十分条件は、任意の $\boldsymbol{x} \in W$ に対し、ただ一つの $\boldsymbol{x}_1 \in W_1$, $\boldsymbol{x}_2 \in W_2$ が存在することであることを証明してください。

問題8-7　**(数学)**　$V = K^n$ の（部分空間とは限らない）部分集合 S に対し、S のすべてのベクトルと直交する K^m の元の全体を $S^{\perp}$ としたとき、$S^{\perp}$ が K^n の部分空間になることを証明してください。

問題8-8　**(Python)**　SymPy を用いて、$\boldsymbol{a}_1 = (1, 1, 1)$, $\boldsymbol{a}_2 = (-1, 2, 1)$, $\boldsymbol{a}_3 = (2, 3, 4)$ をグラム・シュミットの直交化法で正規直交化してください。

Chapter 9

第 9 章 行列と線形写像

行列とベクトルについて、主に連立方程式との関係を説明してきましたが、行列はベクトルをベクトルに移す写像（変換）とみなすこともできます。これを線形写像（変換）といいます。本章では Python を利用して図形を変換しながら線形変換の意味を解説していきます。

9.1 ▸ Python で線形変換を見る

平面上の点 (x, y) を、列ベクトル $\boldsymbol{u} = (x, y)^{\mathsf{T}}$ とみなすことにすれば、2 次の正方行列と 2 次元ベクトルの積は、平面上の点の移動と考えることができます。例えば、

$$\begin{pmatrix} x' \\ y' \end{pmatrix} = \begin{pmatrix} 3 & -1 \\ 1 & 2 \end{pmatrix} \begin{pmatrix} x \\ y \end{pmatrix} \tag{9.1}$$

は、点 $\mathrm{P}(x, y)$ を点 $\mathrm{P}'(x', y')$ に移します。例えば、この変換で、点 $\mathrm{A}(2, -3)$ は

$$\begin{pmatrix} x' \\ y' \end{pmatrix} = \begin{pmatrix} 3 & -1 \\ 1 & 2 \end{pmatrix} \begin{pmatrix} 2 \\ -3 \end{pmatrix} = \begin{pmatrix} 9 \\ -4 \end{pmatrix}$$

より、点 $\mathrm{A}'(9, -4)$ に移ります。原点はいつでも原点に移されます。$\mathrm{S}(1, 0)$, $\mathrm{T}(0, 1)$ は、それぞれ

$$\begin{pmatrix} 3 & -1 \\ 1 & 2 \end{pmatrix} \begin{pmatrix} 1 \\ 0 \end{pmatrix} = \begin{pmatrix} 3 \\ 1 \end{pmatrix}, \quad \begin{pmatrix} 3 & -1 \\ 1 & 2 \end{pmatrix} \begin{pmatrix} 0 \\ 1 \end{pmatrix} = \begin{pmatrix} -1 \\ 2 \end{pmatrix}$$

ですので、$\mathrm{S}'(3, 1)$, $\mathrm{T}'(-1, 2)$ となります。それぞれ第 1 列ベクトル、第 2 列ベクトルになっています。この写像 $\boldsymbol{u} \mapsto A\boldsymbol{u}$ を f で表すと、f は次の性質を持っています。

1. $f(\boldsymbol{u}_1 + \boldsymbol{u}_2) = f(\boldsymbol{u}_1) + f(\boldsymbol{u}_2)$
2. $f(c\boldsymbol{u}) = cf(\boldsymbol{u})$

ここで、$\boldsymbol{u}_1, \boldsymbol{u}_2, \boldsymbol{u}$ は 2 次元ベクトル、c はスカラーです。これを一般化して、K^n の元 $\boldsymbol{u}$ に K^m の

元 $f(\boldsymbol{u})$ を対応させる写像で、上記の 2 つの性質を持つものを**線形写像**または**一次写像**（いずれも英訳は、linear mapping）といいます。特に、$m = n$ のときに、f を**線形変換**または**一次変換** (いずれも英訳は、linear transformation) と呼びます。K^n から K^m への写像 f において、K^n の部分集合 S_0 に対し、$f(S_0)$ を f による S_0 の**像** (image) といいます。$m \times n$ 行列 A に対し、K^n のベクトル $\boldsymbol{u}$ を K^m のベクトル $A\boldsymbol{u}$ に対応させる写像を f とすると、つまり $f(\boldsymbol{u}) = A\boldsymbol{u}$ とすると、f は線形写像になります。線形写像の概念はもっと抽象的なものですが、ここでは行列で表される線形写像に限定して説明します。

図形を線形変換するとどうなるか、ちょっと見てみることにしましょう。リスト 9.1 のプログラムを実行してみてください。

リスト 9.1　ExLinearTrans.py

```
import numpy as np
import matplotlib.pyplot as plt

t = np.arange(-np.pi, np.pi, 0.01)

##### box
x = 2*np.ceil(np.cos(t + np.pi/4))-1
y = 2*np.ceil(np.sin(t + np.pi/4))-1
#####

###### curves
#p = 2; q = 0; r = 0; s = 1 # ellipse
#p = 1; q = 1/2; r = 1/4; s = 1 # flower
#x = p*np.cos(t)+ q*np.cos(6*t) + r*np.sin(14*t)
#y = s*np.sin(t)+ q*np.sin(6*t) + r*np.cos(14*t)
######

##### sample matrix
a = 3; b = -1
c = 1; d = 2

##### rotation matrix
#theta = np.pi/4 # angle of rotation
#a = np.cos(theta); b = -np.sin(theta)
```

```
#c = np.sin(theta); d = np.cos(theta)

X = a*x + b*y
Y = c*x + d*y

fig = plt.figure()
ax = fig.add_subplot(111)

plt.plot(x, y)
plt.plot(X, Y, linestyle="dashed")
ax.set_aspect('equal', adjustable='box')
ax.grid()

plt.xlabel("x")
plt.ylabel("y")
plt.savefig('box.png')
plt.show()
```

このまま実行すると、図 9.1 が表示されます。これは、原点を中心として座標軸に平行な長さ 2 の辺を持つ正方形（青の実線）と、(9.1) 式による線形変換の像（オレンジの点線）です。正方形の描き方はややテクニカルですが、

$$\begin{cases} x(t) = 2\lceil\cos(t+\pi/4)\rceil - 1 \\ y(t) = 2\lceil\sin(t+\pi/4)\rceil - 1 \end{cases}$$

としています。$\lceil s\rceil$ は、s の端数を切り上げる天井関数と呼ばれるものです。これを利用して円の極座標表示を切り上げた整数値を 2 倍して 1 を引くことで正方形を描いています。

もとは正方形でしたが、像は平行四辺形になっています。直線は直線または 1 点に移されます。実際、直線のパラメータ表示を $\boldsymbol{p} = \boldsymbol{p}_0 + t\boldsymbol{d}$ とすると、

$$\boldsymbol{p}' = A\boldsymbol{p} = A\boldsymbol{p}_0 + tA\boldsymbol{d}$$

となるので、$A\boldsymbol{d} \neq \boldsymbol{0}$ のときは、像も直線となります。$A\boldsymbol{d} = \boldsymbol{0}$ のとき、像は 1 点 $A\boldsymbol{p}_0$ になります。2 点 P, Q を結ぶ線分は、$(1-t)\overrightarrow{\mathrm{OP}} + t\overrightarrow{\mathrm{OQ}}$ $(0 \leq t \leq 1)$ と書けますが、

$$A\left\{(1-t)\overrightarrow{\mathrm{OP}} + t\overrightarrow{\mathrm{OQ}}\right\} = (1-t)A\overrightarrow{\mathrm{OP}} + tA\overrightarrow{\mathrm{OQ}}$$

となりますので、$A\overrightarrow{\mathrm{OP}} = \overrightarrow{\mathrm{OP}'}$ と $A\overrightarrow{\mathrm{OQ}} = \overrightarrow{\mathrm{OQ}'}$ である 2 点 P′, Q′ を結ぶ線分に移されます。このこ

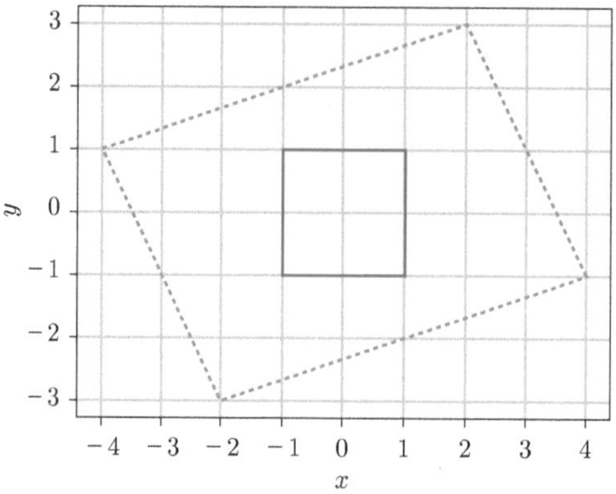

図 9.1 正方形とその像

とから、もとの正方形の内部は、点線で表された平行四辺形の内部に移されることも分かります。一般に線形変換によって、平行四辺形（もちろん正方形や長方形を含みます。以下同様）は、平行四辺形か線分、または1点に移されます。

例題9.1. リスト 9.1 のプログラムを書き換えて五芒星型の曲線

$$S:\begin{cases} x(t) &= -2\sin 2t + \sin 3t \\ y(t) &= 2\cos 2t + \cos 3t \end{cases}$$

と、S の線形変換

$$\begin{pmatrix} x' \\ y' \end{pmatrix} = \begin{pmatrix} 1 & 1 \\ 1 & -1 \end{pmatrix} \begin{pmatrix} x \\ y \end{pmatrix}$$

による像を重ね描きしてください。

解 リスト 9.1 のプログラムの 7 行目と 8 行目を

```
x = -2*np.sin(2*t) + np.sin(3*t)
y = 2*np.cos(2*t) + np.cos(3*t)
```

と書き換え、19 行目、20 行目を

```
a = 1; b = 1
c = 1; d = -1
```

と書き換えて実行すれば、図 9.2 が表示されます。 □

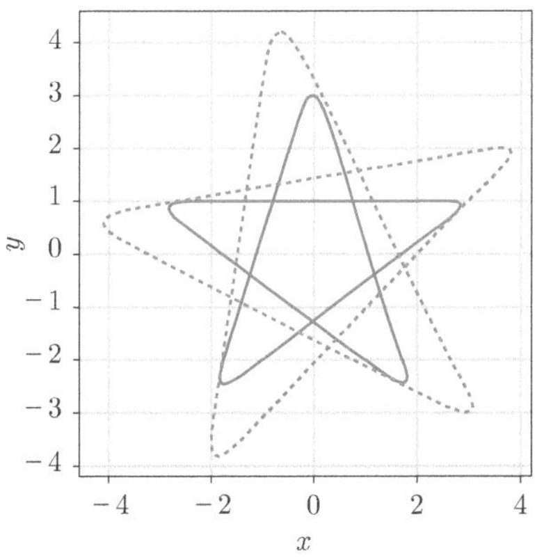

図 9.2　五芒星の線形変換

9.2 ▸ 回転・折り返しの線形変換

平面上の線形変換のうち基本的なものとして、回転と折り返しがあります。ここでは、これらの線形変換の行列を導きます。

例題9.2. 座標平面上で、原点 O を中心として点 $\mathrm{P}(x, y)$ を角度 θ だけ回転した点 $\mathrm{P}'(x', y')$ に移す行列を求めてください。

解 図 9.3 のように、$\mathrm{OP} = r$ とし、OP と x 軸のなす角を α とすると

$$x = r\cos\alpha,\ y = r\sin\alpha \tag{9.2}$$

と表すことができます。回転で長さは変わりませんので、$\mathrm{OP}' = r$ です。OP' と x 軸のなす角は $\alpha + \theta$ になりますから、

$$x' = r\cos(\alpha + \theta),\ y' = r\sin(\alpha + \theta)$$

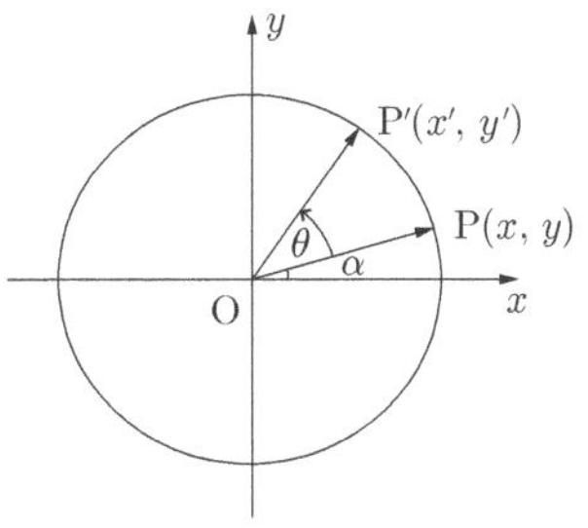

図 9.3　行列による変換

と表せます。三角関数の加法定理と、(9.2) から、次が成り立ちます。

$$\begin{aligned} x' &= r\cos\alpha\cos\theta - r\sin\alpha\sin\theta \\ &= x\cos\theta - y\sin\theta \\ y' &= r\sin\alpha\cos\theta + r\cos\alpha\sin\theta \\ &= y\cos\theta + x\sin\theta \\ &= x\sin\theta + y\cos\theta \end{aligned}$$

つまり、次のようにまとめることができます。

$$\begin{cases} x' = x\cos\theta - y\sin\theta \\ y' = x\sin\theta + y\cos\theta \end{cases}$$

以上から、原点 O を中心として角 θ の回転は、次の式で表される線形変換になることが分かりました。この行列を**回転行列** (rotation matrix) といいます。

原点 O を中心とする角 θ の回転の線形変換

$$\begin{pmatrix} x' \\ y' \end{pmatrix} = \begin{pmatrix} \cos\theta & -\sin\theta \\ \sin\theta & \cos\theta \end{pmatrix} \begin{pmatrix} x \\ y \end{pmatrix}$$

□

回転行列を使って図形を線形変換してみましょう。リスト 9.1 のプログラムの 7, 8, 19, 20 行目をコメントアウトし、12, 14, 15, 23, 24, 25 行目のコメントを外して実行したものが図 9.4 で、7, 8, 19, 20 行目をコメントアウトし、13, 14, 15, 23, 24, 25 行目のコメントを外して実行したものが図 9.5 です。いずれも $\pi/4$ だけ曲線が回転されていることが分かるでしょう。

図 9.4 は、$x(t) = 2\cos t,\ y(t) = \sin t$ で定義される楕円

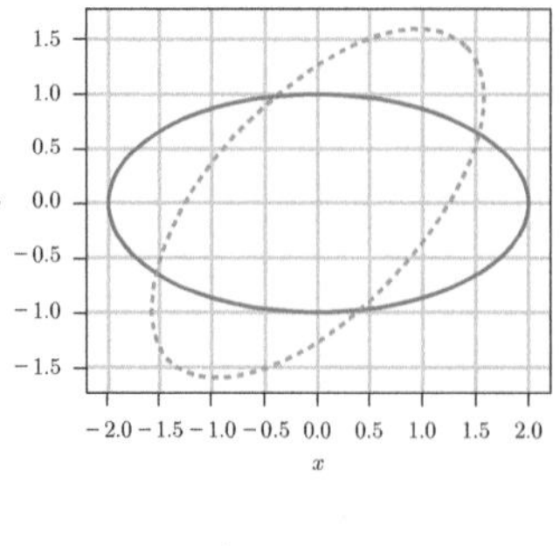

図 9.4 楕円 $\frac{x^2}{2^2} + y^2 = 1$ とその像

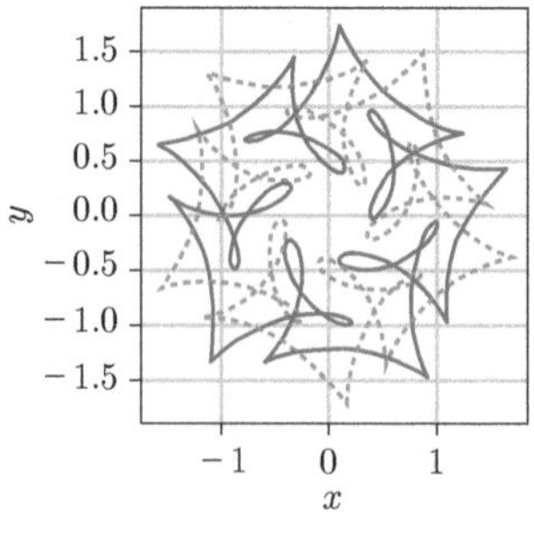

図 9.5 flower curve とその像

$$E:\ \frac{x^2}{2^2}+y^2=1$$

と、E を $\pi/4$ 回転させたものです。図 9.5 は、

$$F:\begin{cases} x(t) &= \cos t+\frac{1}{2}\cos 6t+\frac{1}{4}\sin 14t \\ y(t) &= \sin t+\frac{1}{2}\sin 6t+\frac{1}{4}\cos 14t \end{cases}$$

という曲線 F（flower curve と名づけました）と、その $\pi/4$ 回転された曲線です。ここで、線形変換に慣れるために簡単な問題を解いてみましょう。

例題9.3.　上記の楕円 E を $\pi/4$ 回転させた曲線の方程式を x, y の式で表してください。

解

$$\begin{pmatrix} X \\ Y \end{pmatrix}=\begin{pmatrix} \frac{1}{\sqrt{2}} & -\frac{1}{\sqrt{2}} \\ \frac{1}{\sqrt{2}} & \frac{1}{\sqrt{2}} \end{pmatrix}\begin{pmatrix} x \\ y \end{pmatrix}$$

ですから、逆行列（逆回転）を考えると、

$$\begin{pmatrix} x \\ y \end{pmatrix}=\begin{pmatrix} \frac{1}{\sqrt{2}} & \frac{1}{\sqrt{2}} \\ -\frac{1}{\sqrt{2}} & \frac{1}{\sqrt{2}} \end{pmatrix}\begin{pmatrix} X \\ Y \end{pmatrix}$$

となります。これを E の方程式に代入すると、

$$\frac{1}{4}\left(\frac{X+Y}{\sqrt{2}}\right)^2+\left(\frac{-X+Y}{\sqrt{2}}\right)^2=1$$

となります。これを整理して、X を x、Y を y に書き換えれば、

$$5x^2-6xy+5y^2=8$$

となります。逆にいうと、この曲線を負の方向に $\pi/4$ 回転させると、E の方程式が得られるというわけです。 □

回転と並んで重要な線形変換に、直線に関する折り返しがあります（図 9.6）。原点を通り、x 軸とのなす角が θ であるような直線 ℓ に関する折り返しを表現する行列を求めましょう。

x 軸とのなす角が θ であるような直線 ℓ の式は、

$$\ell : y\cos\theta = x\sin\theta \tag{9.3}$$

と書くことができます。傾きを用いずに表現した理由は、y 軸に平行になる場合も含めるためです。点 P と点 P′ の中点が ℓ 上にあるので、(9.3) から、

$$\frac{y+y'}{2}\cos\theta=\frac{x+x'}{2}\sin\theta \tag{9.4}$$

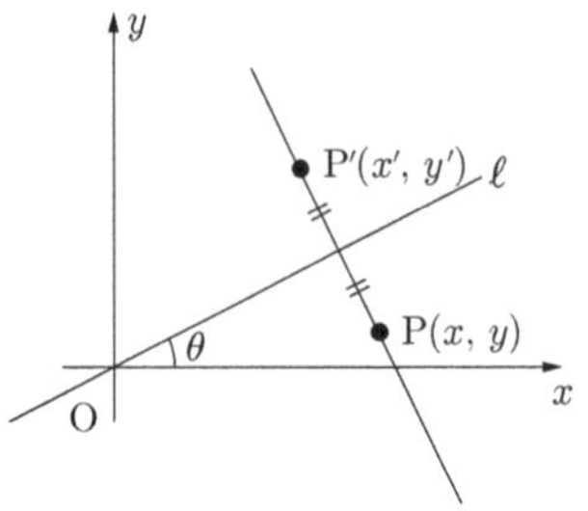

図 9.6 直線に対する折り返し

が成り立ちます。また、線分 PP′ は、ℓ に垂直ですから、

$$(y'-y)\sin\theta=-(x'-x)\cos\theta \tag{9.5}$$

となります。(9.4) と (9.5) を整理すると、

$$\begin{aligned}x'\sin\theta-y'\cos\theta&=-x\sin\theta+y\cos\theta\\x'\cos\theta+y'\sin\theta&=x\cos\theta+y\sin\theta\end{aligned}$$

となるので、

$$\begin{pmatrix}\sin\theta & -\cos\theta\\ \cos\theta & \sin\theta\end{pmatrix}\begin{pmatrix}x'\\ y'\end{pmatrix}=\begin{pmatrix}-\sin\theta & \cos\theta\\ \cos\theta & \sin\theta\end{pmatrix}\begin{pmatrix}x\\ y\end{pmatrix} \tag{9.6}$$

となります。$\begin{vmatrix}\sin\theta & -\cos\theta\\ \cos\theta & \sin\theta\end{vmatrix}=\sin^2\theta+\cos^2\theta=1\neq 0$ より、(9.6) の両辺に左から回転の逆行列を掛ければ、

$$\begin{aligned}\begin{pmatrix}x'\\ y'\end{pmatrix}&=\begin{pmatrix}\sin\theta & -\cos\theta\\ \cos\theta & \sin\theta\end{pmatrix}^{-1}\begin{pmatrix}-\sin\theta & \cos\theta\\ \cos\theta & \sin\theta\end{pmatrix}\begin{pmatrix}x\\ y\end{pmatrix}\\&=\begin{pmatrix}\sin\theta & \cos\theta\\ -\cos\theta & \sin\theta\end{pmatrix}\begin{pmatrix}-\sin\theta & \cos\theta\\ \cos\theta & \sin\theta\end{pmatrix}\begin{pmatrix}x\\ y\end{pmatrix}\\&=\begin{pmatrix}-\sin^2\theta+\cos^2\theta & 2\sin\theta\cos\theta\\ 2\sin\theta\cos\theta & -\cos^2\theta+\sin^2\theta\end{pmatrix}\begin{pmatrix}x\\ y\end{pmatrix}\\&=\begin{pmatrix}\cos 2\theta & \sin 2\theta\\ \sin 2\theta & -\cos 2\theta\end{pmatrix}\begin{pmatrix}x\\ y\end{pmatrix}\end{aligned}$$

となります。

x 軸とのなす角が θ の直線に関する折り返しの線形変換

$$\begin{pmatrix} x' \\ y' \end{pmatrix} = \begin{pmatrix} \cos 2\theta & \sin 2\theta \\ \sin 2\theta & -\cos 2\theta \end{pmatrix} \begin{pmatrix} x \\ y \end{pmatrix}$$

9.3 ▸ 線形変換と行列式

三角形や四角形などを回転や折り返しで変換しても、元の図形と合同になりますね。これらは**合同変換** (congruent transformation) と呼ばれる線形変換で、図形の形は変わりません。しかし、一般には、図 9.1 で見たように、線形変換によって図形の形は変わります。線形変換

$$\begin{pmatrix} x' \\ y' \end{pmatrix} = \begin{pmatrix} 2 & 3 \\ 1 & -1 \end{pmatrix} \begin{pmatrix} x \\ y \end{pmatrix}$$

では、原点 O, S$(1,0)$, T$(0,1)$, U$(1,1)$ で囲まれる正方形は、O, S$'(2,1)$, T$'(3,-1)$, U$'(5,0)$ で囲まれる平行四辺形に移ります（図 9.7）。平行四辺形 OS$'$U$'$T$'$ の面積は 5 です。つまり、面積は、この線形変換によって 5 倍になっています。実はこれは、この線形変換を表す行列の行列式の値：

$$\begin{vmatrix} 2 & 3 \\ 1 & -1 \end{vmatrix} = -5$$

の絶対値と一致しています。これは、一般に成り立ちます。なお平面の線形変換においては、行列式の符号が負のときは図形が裏返ります。

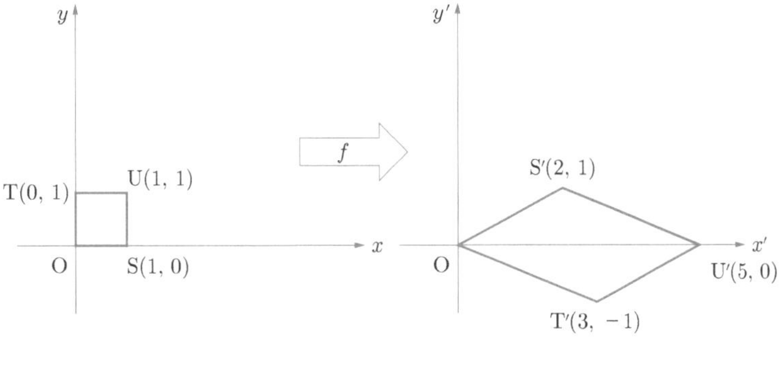

図 9.7　平行四辺形の線形変換

定理9.1.　ベクトル $\boldsymbol{u}_1, \boldsymbol{u}_2$ のつくる平行四辺形（正方形や長方形も含む）の面積は、2×2 行列 A による線形変換 $\boldsymbol{u} \mapsto A\boldsymbol{u}$ によって、$|\det A|$ 倍される。

証明 $\boldsymbol{u}_1, \boldsymbol{u}_2$ を成分表示して、

$$\boldsymbol{u}_1 = \begin{pmatrix} p \\ q \end{pmatrix}, \quad \boldsymbol{u}_2 = \begin{pmatrix} r \\ s \end{pmatrix}$$

とします。このとき、$\boldsymbol{u}_1, \boldsymbol{u}_2$ のつくる平行四辺形の面積 S は、2つのベクトルのなす角を θ $(0 \leq \theta \leq \pi)$ としたとき、$S = \|\boldsymbol{u}_1\|\|\boldsymbol{u}_2\| \sin\theta$ となりますので、

$$\begin{aligned}
S &= \|\boldsymbol{u}_1\|\|\boldsymbol{u}_2\| \sin\theta \\
&= \|\boldsymbol{u}_1\|\|\boldsymbol{u}_2\| \sqrt{1 - \cos^2\theta} \\
&= \|\boldsymbol{u}_1\|\|\boldsymbol{u}_2\| \sqrt{1 - \frac{(\boldsymbol{u}_1, \boldsymbol{u}_2)^2}{\|\boldsymbol{u}_1\|^2\|\boldsymbol{u}_2\|^2}} \\
&= \sqrt{\|\boldsymbol{u}_1\|^2\|\boldsymbol{u}_2\|^2 - (\boldsymbol{u}_1, \boldsymbol{u}_2)^2} \\
&= \sqrt{(p^2 + q^2)(r^2 + s^2) - (pr + qs)^2} \\
&= \sqrt{p^2s^2 - 2prqs + q^2r^2} = \sqrt{(ps - qr)^2} = |ps - qr|
\end{aligned}$$

となります。これがちょうど $|\det(\boldsymbol{u}_1, \boldsymbol{u}_2)|$ になっていることに注意しましょう。この性質を利用すれば、$A\boldsymbol{u}_1, A\boldsymbol{u}_2$ のつくる平行四辺形の面積 S' が、

$$\begin{aligned}
S' &= |\det(A\boldsymbol{u}_1, A\boldsymbol{u}_2)| \\
&= |\det(A(\boldsymbol{u}_1, \boldsymbol{u}_2))| \\
&= |\det A| \cdot |\det(\boldsymbol{u}_1, \boldsymbol{u}_2)| = |\det A| \cdot S
\end{aligned}$$

となることが分かります。 □

この性質は、空間ベクトルに対する線形変換に対しても一般化できます。

定理9.2. ベクトル $\boldsymbol{u}_1, \boldsymbol{u}_2, \boldsymbol{u}_3$ のつくる平行六面体の体積は、3×3 行列 A による線形変換 $\boldsymbol{u} \mapsto A\boldsymbol{u}$ によって、$|\det A|$ 倍される。

証明 図 9.8 より、ベクトル $\boldsymbol{u}_1, \boldsymbol{u}_2, \boldsymbol{u}_3$ のつくる平行六面体の体積 V は、$\boldsymbol{u}_1, \boldsymbol{u}_2$ のつくる平行四辺形の面積と、この平行六面体の高さ $\|\boldsymbol{u}_3\||\cos\theta|$（$\boldsymbol{u}_3$ と $\boldsymbol{u}_1 \times \boldsymbol{u}_2$ のなす角を θ とした）の積になります。$\boldsymbol{u}_1, \boldsymbol{u}_2$ のつくる平行四辺形の面積が $\|\boldsymbol{u}_1 \times \boldsymbol{u}_2\|$ に等しいことに注意すれば、V は、

$$V = \|\boldsymbol{u}_1 \times \boldsymbol{u}_2\|\|\boldsymbol{u}_3\||\cos\theta| = |(\boldsymbol{u}_1 \times \boldsymbol{u}_2, \boldsymbol{u}_3)| \tag{9.7}$$

と書くことができます。

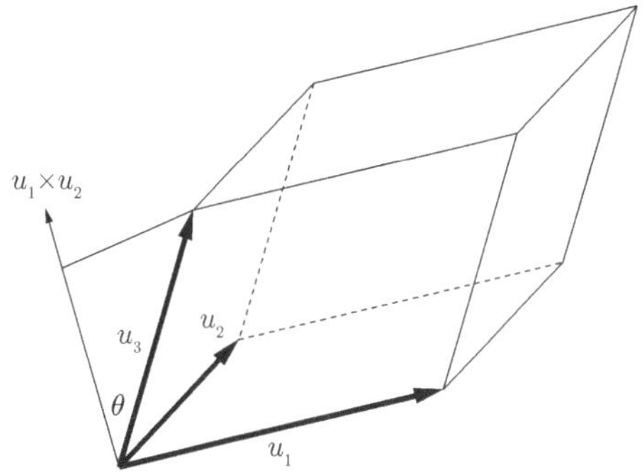

図 9.8　平行六面体

(9.7) の右辺の絶対値の中の内積は、$\boldsymbol{u}_1 \times \boldsymbol{u}_2$ と $\boldsymbol{u}_3$ の内積です。この内積は、ちょうど、$\boldsymbol{u}_1$, $\boldsymbol{u}_2$, $\boldsymbol{u}_3$ をそれぞれ 1, 2, 3 行とした行列の行列式になっています。定理 6.5. より、行と列を入れ替えても行列式の値は変化しませんから、$V = |\det(\boldsymbol{u}_1, \boldsymbol{u}_2, \boldsymbol{u}_3)|$ となります。

したがって、$A\boldsymbol{u}_1, A\boldsymbol{u}_2, A\boldsymbol{u}_3$ というベクトルのつくる平行六面体の体積 V' は、

$$
\begin{aligned}
V' &= |\det(A\boldsymbol{u}_1, A\boldsymbol{u}_2, A\boldsymbol{u}_3)| \\
&= |\det(A(\boldsymbol{u}_1, \boldsymbol{u}_2, \boldsymbol{u}_3))| \\
&= |\det A| \cdot |\det(\boldsymbol{u}_1, \boldsymbol{u}_2, \boldsymbol{u}_3)| \\
&= |\det A| \cdot V
\end{aligned}
$$

となります。 □

9.4 ▸ 線形写像と行列のランク

ここでは線形写像と行列のランクの関係について説明しますが、そのために、少し言葉を整理しておきます。K^n から K^m への線形写像 $f(\boldsymbol{x}) = A\boldsymbol{x}$ を考えます。ここで、A は $m \times n$ 行列です。次の概念を導入します。

定義9.1. 上記の f に対し、$\mathrm{Im}f = \{\boldsymbol{y} \in K^m \mid \boldsymbol{y} = A\boldsymbol{x}, \boldsymbol{x} \in K^n\}$ を f の**像** (image)、$\mathrm{Ker}f = \{\boldsymbol{x} \in K^n \mid f(\boldsymbol{x}) = A\boldsymbol{x} = \boldsymbol{0}\}$ を f の**核** (kernel) という。

定理9.3. 線形写像 f に対して、$\mathrm{Im}f$, $\mathrm{Ker}f$ は、各々 K^m, K^n の部分空間である。

証明 $\mathrm{Ker}f$ が K^n の部分空間であることは、定理 8.9. で証明済みですので、$\mathrm{Im}f$ が K^m の部分空間であることを示します。任意に $\boldsymbol{y}_1, \boldsymbol{y}_2 \in \mathrm{Im}f$ をとります。$\mathrm{Im}f$ の定義から、$\boldsymbol{y}_1 = A\boldsymbol{x}_1$, $\boldsymbol{y}_2 = A\boldsymbol{x}_2$ となる $\boldsymbol{x}_1$, $\boldsymbol{x}_2 \in K^n$ が存在します。このとき、

$$
\begin{aligned}
c_1\boldsymbol{y}_1 + c_2\boldsymbol{y}_2 &= c_1A\boldsymbol{x}_1 + c_2A\boldsymbol{x}_2 \\
&= A(c_1\boldsymbol{x}_1 + c_2\boldsymbol{x}_2)
\end{aligned}
$$

となりますので、$c_1\boldsymbol{y}_1 + c_2\boldsymbol{y}_2 \in \mathrm{Im}f$ となります。これは、$\mathrm{Im}f$ が K^m の部分空間であることを示しています。 □

定理9.4. （**次元定理** (dimension theorem)） f を K^n から K^m への線形変換とするとき、次の公式が成り立つ。

$$
\dim \mathrm{Im}f = n - \dim \mathrm{Ker}f \tag{9.8}
$$

証明 $\dim \mathrm{Ker}f = n-r$ として、$\mathrm{Ker}f$ の基底を $\{\boldsymbol{u}_{r+1}, \ldots, \boldsymbol{u}_n\}$ とします。定理 8.6. より、この基底を拡張して、$\{\boldsymbol{u}_1, \ldots, \boldsymbol{u}_r, \boldsymbol{u}_{r+1}, \ldots, \boldsymbol{u}_n\}$ が K^n の基底になるようにできます。このとき、$f(\boldsymbol{u}_1), \ldots, f(\boldsymbol{x}_r)$ が $\mathrm{Im}f$ の基底になることを示せば、$\dim \mathrm{Im}f = r$ となって、(9.8) が得られます。K^n の任意の元は、

$$
\boldsymbol{x} = c_1\boldsymbol{u}_1 + \cdots + c_r\boldsymbol{u}_r + c_{r+1}\boldsymbol{u}_{r+1} + \cdots + c_n\boldsymbol{u}_n
$$

と書くことができます。

$$
\begin{aligned}
f(\boldsymbol{x}) &= c_1f(\boldsymbol{u}_1) + \cdots + c_rf(\boldsymbol{u}_r) + c_{r+1}f(\boldsymbol{u}_{r+1}) + \cdots + c_nf(\boldsymbol{u}_n) \\
&= c_1f(\boldsymbol{u}_1) + \cdots + c_rf(\boldsymbol{u}_r)
\end{aligned}
$$

となりますから、$\dim \mathrm{Im}f \leq r$ であることが分かります。よって、等号が成り立つことを示すには、$f(\boldsymbol{u}_1), \ldots, f(\boldsymbol{x}_r)$ が一次独立であることを示せばよいことになります。

$$
c_1f(\boldsymbol{u}_1) + \cdots + c_rf(\boldsymbol{u}_r) = \boldsymbol{0}
$$

とします。このとき、

$$
f(c_1\boldsymbol{u}_1 + \cdots + c_r\boldsymbol{u}_r) = \boldsymbol{0}
$$

が成り立ちます。これは、$c_1\boldsymbol{u}_1 + \cdots + c_r\boldsymbol{u}_r \in \mathrm{Ker}f$ であることを示しています。したがって、

$$
c_{r+1}\boldsymbol{u}_{r+1} + \cdots + c_n\boldsymbol{u}_n = c'_1\boldsymbol{u}_1 + \cdots + c'_r\boldsymbol{u}_r \tag{9.9}
$$

となるような係数 $c'_1, \ldots, c'_n$ が存在しますが、$\boldsymbol{u}_1, \ldots, \boldsymbol{u}_r, \boldsymbol{u}_{r+1}, \ldots, \boldsymbol{u}_n$ は一次独立なので、$c'_1 = \cdots = c'_n = 0$ でなければなりません。よって、$f(\boldsymbol{u}_1), \ldots, f(\boldsymbol{x}_r)$ は一次独立となり、$\dim \mathrm{Im}f = r$ であること、すなわち (9.8) が示されました。 □

線形写像の観点でのランクの定義は次のようになります。

定義9.2.　$m \times n$ 行列 A が定める線形写像 $f(\boldsymbol{x}) = A\boldsymbol{x}$ に対し、$\dim \mathrm{Im} f$ を $\mathrm{rank} A$ で表します。

$m \times n$ 行列 A の列ベクトルを $\boldsymbol{a}_1, \ldots, \boldsymbol{a}_n$ とすると、$\boldsymbol{x} = (x_1, x_2, \ldots, x_n)^{\mathsf{T}} \in K^n$ に対し、

$$f(\boldsymbol{x}) = A\boldsymbol{x} = x_1\boldsymbol{a}_1 + x_2\boldsymbol{a}_2 + \cdots + x_n\boldsymbol{a}_n$$

となるので、$\mathrm{Im} f = \langle \boldsymbol{a}_1, \boldsymbol{a}_2, \ldots, \boldsymbol{a}_n \rangle$ が成り立ちます。つまり、$\dim \mathrm{Im} f$ は、$\boldsymbol{a}_1, \boldsymbol{a}_2, \ldots, \boldsymbol{a}_n$ のうち一次独立なベクトルの最大数だということになります。

この定義は、これまで採用していた「一次独立な行ベクトルの最大数」と食い違うように見えるかもしれません。しかし、実は「一次独立な列ベクトルの最大数」は「一次独立な行ベクトルの最大数」に等しいので、両者は一致するのです。これは、次の定理 9.5. から分かります。

定理9.5.　A を $m \times n$ 型の行列とするとき、$\mathrm{rank} A^{\mathsf{T}} = \mathrm{rank} A$ が成り立つ。

証明　K^n から K^m への線形写像 f を $f : \boldsymbol{x} \mapsto A\boldsymbol{x}$、$K^m$ から K^n への線形写像 f^{T} を $f^{\mathsf{T}} : \boldsymbol{y} \mapsto A^{\mathsf{T}}\boldsymbol{y}$ で定めます。f の核 $\mathrm{Ker} f$ を考えましょう。A の列ベクトルを $\boldsymbol{a}_1, \ldots, \boldsymbol{a}_n$、行ベクトルを $\boldsymbol{a}'_1, \boldsymbol{a}'_2, \ldots, \boldsymbol{a}'_m$ とします。$\boldsymbol{x} = (x_1, \ldots, x_n)^{\mathsf{T}} \in \mathrm{Ker} f$ に対し、

$$A\boldsymbol{x} = x_1\boldsymbol{a}_1 + x_2\boldsymbol{a}_2 + \cdots + x_n\boldsymbol{a}_n = \boldsymbol{0}$$

が成り立ちますが、これは、A の行ベクトル $\boldsymbol{a}'_1, \boldsymbol{a}'_2, \ldots, \boldsymbol{a}'_m$ と $\boldsymbol{x}$ との内積がすべて 0 になること、すなわち $(\boldsymbol{x}, \boldsymbol{a}'_j) = 0 \ (j = 1, 2, \ldots, m)$ を意味します。A の行ベクトルは A^{T} の列ベクトルですから、$\boldsymbol{x} \in (\mathrm{Im} f^{\mathsf{T}})^{\perp}$ となり、$\mathrm{Ker} f = (\mathrm{Im} f^{\mathsf{T}})^{\perp}$ であることが分かります。定理 9.4. より $\dim \mathrm{Ker} f = n - \mathrm{rank} A$、定理 8.13. より $\dim \mathrm{Ker} f = \dim((\mathrm{Im} f^{\mathsf{T}})^{\perp}) = n - \mathrm{rank} A^{\mathsf{T}}$ となるので、

$$n - \mathrm{rank} A = n - \mathrm{rank} A^{\mathsf{T}}$$

が成り立ち、$\mathrm{rank} A = \mathrm{rank} A^{\mathsf{T}}$ が得られます。　□

章末問題

問題9-1　**(数学)**　以下の行列で表される線形変換による点 $(1, -2)$ の像を求めてください。

$$(1) \begin{pmatrix} 2 & -1 \\ 1 & 2 \end{pmatrix}, \quad (2) \begin{pmatrix} 3 & 2 \\ 2 & 4 \end{pmatrix}, \quad (3) \begin{pmatrix} 1 & 1 \\ 1 & -1 \end{pmatrix}$$

問題9-2　**(数学)**　問題 9-1 の行列で表される線形変換によって、点 $(2, 3)$ に移される点の座標を求めてください。

問題9-3　**(数学)**　点 $(1, 1)$ を点 $(3, -2)$ に移し、点 $(3, 2)$ を点 $(0, 1)$ に移す線形変換 $f : \mathbb{R}^2 \to \mathbb{R}^2$

を表す行列 A を求めてください。

問題9-4 **(数学)** 座標平面上の 4 つの点 O(0,0), A(1,0), B(1,1), C(0,1) を頂点とする正方形（周と内部）の線形変換

$$\begin{pmatrix} x' \\ y' \end{pmatrix} = \begin{pmatrix} 1 & 2 \\ 2 & -1 \end{pmatrix} \begin{pmatrix} x \\ y \end{pmatrix}$$

による像を求めてください。また、像の面積を求めてください。

問題9-5 **(数学)** 2×2 の実行列 A による線形変換 f によって、直線 $\ell : y = mx$（m は実数の定数）上のすべての点がそれ自身に移されるとき、$\mathrm{tr}A = |A| + 1$ であることを証明してください。

問題9-6 **(Python)** 上記の楕円 E と例題 9.1 の線形変換による E の像を重ね描きしてください。

問題9-7 **(Python)** リスト 9.1 のプログラムを書き換えて、丸みを帯びた五芒星型の曲線

$$C : \begin{cases} x(t) & = -3\sin 2t + \sin 3t \\ y(t) & = 3\cos 2t + \cos 3t \end{cases}$$

と、線形変換

$$\begin{pmatrix} X \\ Y \end{pmatrix} = \begin{pmatrix} 2 & 1 \\ 1 & -1 \end{pmatrix} \begin{pmatrix} x \\ y \end{pmatrix}$$

による C の像を重ね描きしてください。

問題9-8 **(数学)** 双曲線 $H : xy = 1$ を $\pi/4$ 回転させた曲線の方程式を x, y の式で表してください。

問題9-9 **(数学)** 放物線 $C : y = x^2$ を $\pi/3$ 回転させた曲線の方程式を x, y の式で表してください。

問題9-10 **(数学)** 楕円 $E : \frac{x^2}{4} + y^2 = 1$ を直線 $\ell : y = x/\sqrt{3}$ に対して折り返した曲線の方程式を求めてください。

問題9-11 **(数学)** 次の行列 R に対して、R^{12} を求めてください。

$$R = \begin{pmatrix} 1 & -1 \\ 1 & 1 \end{pmatrix}$$

問題9-12 **(数学)** $\ell \times m$ 型行列 A と $m \times n$ 型行列 B に対し、$\mathrm{rank}(AB) \leq \min\{\mathrm{rank}A, \mathrm{rank}B\}$ であることを証明してください。

問題9-13 **(数学)** $\ell \times m$ 型行列 A と $m \times n$ 型行列 B が $AB = O$ を満たせば、$\mathrm{rank}A + \mathrm{rank}B \leq m$ であることを証明してください。

第10章 固有値と固有ベクトル

ここでは、固有値、固有ベクトルの数学的な定義と求め方の他、エルミート行列とユニタリ行列の固有値、固有ベクトルの性質について説明します。

10.1 ▸ 線形変換で方向を変えないベクトル

まず、固有値と固有ベクトルを定義します。

定義10.1. 正方行列 A に対し

$$A\boldsymbol{u} = \lambda\boldsymbol{u}$$

となるようなベクトル $\boldsymbol{u} \neq \boldsymbol{0}$ とスカラー λ が存在するとき、λ を A の**固有値** (eigenvalue)、$\boldsymbol{u}$ を λ に属する**固有ベクトル** (eigenvector) という。

ここで、固有ベクトルが零ベクトルでないことは重要です。なぜなら、$\boldsymbol{u} = \boldsymbol{0}$ に対しては、$A\boldsymbol{u} = \lambda\boldsymbol{u}$ は、どんなスカラー λ に対しても常に成り立ってしまって、定義の意味がないからです。一方、零ベクトルと固有ベクトル全体を考えると好都合なこともあります。後ほど使いますので、言葉と記号を用意しておきます。

定義10.2. A の固有値 λ に対して、$(\lambda I - A)\boldsymbol{u} = \boldsymbol{0}$ となる $\boldsymbol{u}$ 全体 ($\boldsymbol{u} = \boldsymbol{0}$ も含む)、すなわち $\mathrm{Ker}(\lambda I - A)$ を、λ に対する**固有空間** (eigenspace) といい、以下、$W_A(\lambda)$ で表す。

固有値が 1 の場合、つまり、$A\boldsymbol{u} = \boldsymbol{u}$ ($\boldsymbol{u} \neq \boldsymbol{0}$) となる $\boldsymbol{u}$ が存在するときは、$\boldsymbol{u}$ は線形変換で動かないということですから、**不動点** (fixed point) と呼ばれます。$A\boldsymbol{u} = 2\boldsymbol{u}$ ($\boldsymbol{u} \neq \boldsymbol{0}$) であれば、$\boldsymbol{u}$ は行列 A で表される線形変換で動いてはいますが、方向を変えていません。$A\boldsymbol{u} = -3\boldsymbol{u}$ ($\boldsymbol{u} \neq \boldsymbol{0}$) であれば逆向きになりますが、$\boldsymbol{u}$ の定数倍ではあるわけです。後に見るように正確な表現ではありませんが、話

を理解するにあたって、まずは、線形変換で方向が変わらないか逆向きになるベクトルをイメージしておくとよいでしょう。

固有値と固有ベクトルの例として、折り返しの行列を思い出しましょう。T を、原点を通って x 軸と角 θ をなす直線 ℓ に対する折り返しの線形変換とすると、

$$T = \begin{pmatrix} \cos 2\theta & \sin 2\theta \\ \sin 2\theta & -\cos 2\theta \end{pmatrix}$$

となるのでした。この線形変換は ℓ 上の点は動かさないはずです。つまり、ℓ と同じ方向のベクトル $\boldsymbol{u}_1 = (\cos\theta, \sin\theta)^{\mathsf{T}}$ に対して、

$$\begin{aligned} T\boldsymbol{u}_1 &= \begin{pmatrix} \cos 2\theta & \sin 2\theta \\ \sin 2\theta & -\cos 2\theta \end{pmatrix} \begin{pmatrix} \cos\theta \\ \sin\theta \end{pmatrix} \\ &= \begin{pmatrix} \cos 2\theta \cos\theta + \sin 2\theta \sin\theta \\ \sin 2\theta \cos\theta - \cos 2\theta \sin\theta \end{pmatrix} \\ &= \begin{pmatrix} \cos(2\theta - \theta) \\ \sin(2\theta - \theta) \end{pmatrix} = \begin{pmatrix} \cos\theta \\ \sin\theta \end{pmatrix} = \boldsymbol{u}_1 \end{aligned}$$

が成り立ちます。折り返しですから、原点を通り、ℓ に垂直な直線上の点は、ちょうど逆向きになるはずです。このような方向のベクトル $\boldsymbol{u}_2 = (\sin\theta, -\cos\theta)^{\mathsf{T}}$ に対して、

$$\begin{aligned} T\boldsymbol{u}_2 &= \begin{pmatrix} \cos 2\theta & \sin 2\theta \\ \sin 2\theta & -\cos 2\theta \end{pmatrix} \begin{pmatrix} \sin\theta \\ -\cos\theta \end{pmatrix} \\ &= \begin{pmatrix} \cos 2\theta \sin\theta - \sin 2\theta \cos\theta \\ \sin 2\theta \sin\theta + \cos 2\theta \cos\theta \end{pmatrix} \\ &= \begin{pmatrix} -\sin(2\theta - \theta) \\ \cos(2\theta - \theta) \end{pmatrix} = -\begin{pmatrix} \sin\theta \\ -\cos\theta \end{pmatrix} = -\boldsymbol{u}_2 \end{aligned}$$

が成り立っています（図 10.1）。

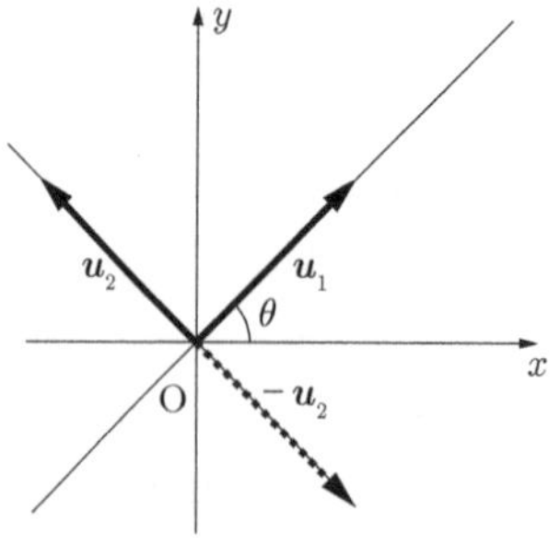

図 10.1　T で定数倍されるベクトル

このように、$\boldsymbol{u}_1$ と $\boldsymbol{u}_2$ はともに、T による線形変換によって元のベクトルの定数倍のベクトルに変換されています。

T に関しては、折り返しの性質から、固有ベクトルを容易に見つけることができたわけですが、一般の正方行列の場合にはどうすればいいでしょうか。

10.2 ▸ 固有値と固有ベクトルの定式化

ここからは代数的に話を進めていきましょう。

命題10.1. λ が A の固有値であることは、$|\lambda I - A| = 0$ であることと同値である。

証明 λ を A の固有値、$\boldsymbol{u}$ を λ に属する固有ベクトルとします。このとき、$A\boldsymbol{u} = \lambda\boldsymbol{u}$ ですが、$\lambda\boldsymbol{u} = \lambda I\boldsymbol{u}$ に注意して整理すると、

$$(\lambda I - A)\boldsymbol{u} = \boldsymbol{0} \tag{10.1}$$

となります。このとき、式 (10.1) の左辺の行列 $\lambda I - A$ が逆行列を持てば、両辺に左から $(\lambda I - A)^{-1}$ を掛けて、$\boldsymbol{u} = \boldsymbol{0}$ となるはずですが、定義から固有ベクトルは零ベクトルではないので、$\lambda I - A$ は逆行列を持たないことが分かります。よって、定理 5.1. より、$|\lambda I - A| = 0$ が成り立ちます。逆に、$|\lambda I - A| = 0$ とすると、定理 5.3. により、$\boldsymbol{u} \neq \boldsymbol{0}$ で、$(\lambda I - A)\boldsymbol{u} = \boldsymbol{0}$ を満たすものが存在します。これは、λ が A の固有値であることを示しています。 □

定義10.3. 命題 10.1. に現れる $\varphi_A(\lambda) = |\lambda I - A|$ は、A の次数を n とするとき n 次の多項式になる。$\varphi_A(\lambda)$ を A の**固有多項式**（eigenpolynomial）といい、$\varphi_A(\lambda) = |\lambda I - A| = 0$ を A の**固有方程式**（eigenequation）という。

命題10.2. n 次の行列 A の固有方程式 $\varphi_A(\lambda) = 0$ は、複素数の範囲で（重複度も含めて）n 個の解を持つ。

命題 10.2. は、「代数学の基本定理」から導かれます[1]。ここでは、命題 10.2. を認めて先に進みます。実例を計算してみましょう。

例題10.1. 以下の行列の固有値と固有ベクトルを求めてください。

---

[1] 複素数を係数とする n 次の多項式 $f(x) = a_n x^n + a_{n-1} x^{n-1} + \cdots + a_1 x + a_0$ に対して $f(\alpha) = 0$ を満たす複素数 α が必ず存在する、という定理です。

$$A = \begin{pmatrix} 4 & 1 & -1 \\ 1 & 2 & -1 \\ -1 & -1 & 2 \end{pmatrix}$$

解 まず、固有方程式を解いて固有値を求めます。

$$\begin{aligned}
\varphi_A(\lambda) = |\lambda I - A| &= \begin{vmatrix} \lambda-4 & -1 & 1 \\ -1 & \lambda-2 & 1 \\ 1 & 1 & \lambda-2 \end{vmatrix} \\
&= \begin{vmatrix} \lambda-4 & -1 & 1 \\ 0 & \lambda-1 & \lambda-1 \\ 1 & 1 & \lambda-2 \end{vmatrix} \\
&= (\lambda-1)\begin{vmatrix} \lambda-4 & -1 & 1 \\ 0 & 1 & 1 \\ 1 & 1 & \lambda-2 \end{vmatrix} \\
&= (\lambda-1)\begin{vmatrix} \lambda-4 & 0 & 2 \\ 0 & 1 & 1 \\ 1 & 0 & \lambda-3 \end{vmatrix} \\
&= (\lambda-1)\begin{vmatrix} \lambda-4 & 2 \\ 1 & \lambda-3 \end{vmatrix} \\
&= (\lambda-1)(\lambda^2-7\lambda+10) \\
&= (\lambda-1)(\lambda-2)(\lambda-5) = 0
\end{aligned}$$

となるので、固有値は $\lambda = 1, 2, 5$ となります。固有ベクトルを求めるには、各固有値 λ に対して、連立方程式 $(\lambda I - A)\boldsymbol{u} = \boldsymbol{0}$ を解くことになります。まず、$\lambda = 1$ のときは、

$$(I - A)\boldsymbol{u} = \begin{pmatrix} -3 & -1 & 1 \\ -1 & -1 & 1 \\ 1 & 1 & -1 \end{pmatrix}\begin{pmatrix} x \\ y \\ z \end{pmatrix} = \begin{pmatrix} 0 \\ 0 \\ 0 \end{pmatrix}$$

を解けばよいのですが、ここでは、基本変形を利用して解いてみましょう。

$$\left(\begin{array}{ccc|c} -3 & -1 & 1 & 0 \\ -1 & -1 & 1 & 0 \\ 1 & 1 & -1 & 0 \end{array}\right) \to \left(\begin{array}{ccc|c} -3 & -1 & 1 & 0 \\ -1 & -1 & 1 & 0 \\ 0 & 0 & 0 & 0 \end{array}\right)$$

$$
\to \left(\begin{array}{ccc|c} 0 & 2 & -2 & 0 \\ -1 & -1 & 1 & 0 \\ 0 & 0 & 0 & 0 \end{array}\right)
$$

$$
\to \left(\begin{array}{ccc|c} 0 & 1 & -1 & 0 \\ 1 & 1 & -1 & 0 \\ 0 & 0 & 0 & 0 \end{array}\right)
$$

$$
\to \left(\begin{array}{ccc|c} 0 & 1 & -1 & 0 \\ 1 & 0 & 0 & 0 \\ 0 & 0 & 0 & 0 \end{array}\right)
$$

となります。これは、

$$
\begin{cases} x = 0 \\ y - z = 0 \end{cases}
$$

を意味していますから、$x = 0, y = z$ となり、$z = t_1$ をパラメータとして、

$$
\begin{pmatrix} x \\ y \\ z \end{pmatrix} = t_1 \begin{pmatrix} 0 \\ 1 \\ 1 \end{pmatrix} \quad (t_1 \neq 0)
$$

となります。$\lambda = 2, \lambda = 5$ のときも同様に連立方程式を解いて、それぞれに属する固有ベクトルが、

$$
\begin{pmatrix} x \\ y \\ z \end{pmatrix} = t_2 \begin{pmatrix} 1 \\ -1 \\ 1 \end{pmatrix}, \quad t_3 \begin{pmatrix} 2 \\ 1 \\ -1 \end{pmatrix} \quad (t_2 \neq 0, t_3 \neq 0)
$$

となることが分かります。まとめると、A は固有値 $\lambda = 1, 2, 5$ を持ち、対応する固有ベクトルは、各々以下のようになります。

$$
t_1 \begin{pmatrix} 0 \\ 1 \\ 1 \end{pmatrix}, \quad t_2 \begin{pmatrix} 1 \\ -1 \\ 1 \end{pmatrix}, \quad t_3 \begin{pmatrix} 2 \\ 1 \\ -1 \end{pmatrix} \quad (t_1 \neq 0, t_2 \neq 0, t_3 \neq 0)
$$

□

10.3 ▸ 固有値が実数でない場合

例題 10.1. では、固有値はすべて実数になりましたが、固有値は一般に複素数になります。固有値が虚数の場合、固有ベクトルを「方向を変えないベクトル」という言い方で表現してよいものか悩ましいですが、数学では、往々にして、こうした「自然な感覚」よりも「数学的形式」を優先します[*2]。

[*2] そうしているうちに数学的形式が自然なものだと感じるようになります。

例題10.2. 角 $\pi/4$ の回転行列

$$R = \begin{pmatrix} \cos\frac{\pi}{4} & -\sin\frac{\pi}{4} \\ \sin\frac{\pi}{4} & \cos\frac{\pi}{4} \end{pmatrix} = \frac{1}{\sqrt{2}}\begin{pmatrix} 1 & -1 \\ 1 & 1 \end{pmatrix}$$

の固有値、固有ベクトルを求めてください。

解 R で定まる線形変換を考えると、零ベクトル以外のベクトルは、すべて $\pi/4$ だけ回転してしまうので、実数の固有値が存在しないことが分かります。実際に固有値を求めてみます。

$$\varphi_R(\lambda) = \begin{vmatrix} \lambda - \frac{1}{\sqrt{2}} & \frac{1}{\sqrt{2}} \\ -\frac{1}{\sqrt{2}} & \lambda - \frac{1}{\sqrt{2}} \end{vmatrix} = \left(\lambda - \frac{1}{\sqrt{2}}\right)^2 + \left(\frac{1}{\sqrt{2}}\right)^2 = 0$$

となりますので、固有値は、

$$\lambda = \frac{1}{\sqrt{2}} \pm \frac{1}{\sqrt{2}}i$$

となって、虚数になります。$\lambda = \frac{1}{\sqrt{2}} \pm \frac{1}{\sqrt{2}}i$ に属する固有ベクトルを求めてみます。$\lambda = \frac{1}{\sqrt{2}} \pm \frac{1}{\sqrt{2}}i$ に対して、次の連立方程式を解けばよいことになります（複号同順）。

$$\begin{pmatrix} \pm\frac{1}{\sqrt{2}}i & \frac{1}{\sqrt{2}} \\ -\frac{1}{\sqrt{2}} & \pm\frac{1}{\sqrt{2}}i \end{pmatrix}\begin{pmatrix} x \\ y \end{pmatrix} = \begin{pmatrix} 0 \\ 0 \end{pmatrix}$$

これらは、$\pm ix + y = 0$ と同値なので、固有ベクトルは、それぞれ以下のようになります。

$$\begin{pmatrix} x \\ y \end{pmatrix} = t_1\begin{pmatrix} 1 \\ -i \end{pmatrix},\quad t_2\begin{pmatrix} 1 \\ i \end{pmatrix} \quad (t_1 \neq 0, t_2 \neq 0)$$

□

これまでの例では、固有方程式の解はすべて異なりますが、一般に、固有方程式は重解を持つことがあり、その場合は扱いが一段複雑になります。

10.4 ▸ NumPy で固有値と固有ベクトルを計算する

ここで、NumPy で固有値と固有ベクトルを計算する方法を見ておきましょう。

例題10.3. NumPy を用いて、例題 10.1. と例題 10.2. で扱った 2 つの行列

$$A = \begin{pmatrix} 4 & 1 & -1 \\ 1 & 2 & -1 \\ -1 & -1 & 2 \end{pmatrix},\quad R = \begin{pmatrix} \cos\frac{\pi}{4} & -\sin\frac{\pi}{4} \\ \sin\frac{\pi}{4} & \cos\frac{\pi}{4} \end{pmatrix}$$

の固有値と固有ベクトルを求めてください。

解 例えばリスト 10.1 のようにすればいいでしょう。

リスト 10.1　Eigenvalue.py

```
1  import numpy as np
2  import numpy.linalg as LA
3
4  A = np.array([[4, 1, -1], [1, 2, -1], [-1, -1, 2]])
5  t = np.pi/4
6  R = np.array([[np.cos(t), -np.sin(t)], [np.sin(t), np.cos(t)]])
7  print(A)
8  print(LA.eig(A))
9
10 print(R)
11 print(LA.eig(R))
```

実行結果は次のようになります。

```
[[ 4  1 -1]
 [ 1  2 -1]
 [-1 -1  2]]
(array([5., 2., 1.]), array([[ 8.16496581e-01,  5.77350269e-01, -1.07610398e
    -16],
        [ 4.08248290e-01, -5.77350269e-01,  7.07106781e-01],
        [-4.08248290e-01,  5.77350269e-01,  7.07106781e-01]]))
[[ 0.70710678 -0.70710678]
 [ 0.70710678  0.70710678]]
(array([0.70710678+0.70710678j, 0.70710678-0.70710678j]),
 array([[ 0.        -0.70710678j,  0.        +0.70710678j],
        [-0.70710678+0.j        , -0.70710678-0.j        ]]))
```

固有値と固有ベクトルを計算しているのは、リスト 10.1 の 8 行目と 11 行目です。LA.eig(A) は、固有値と固有ベクトルを 1 次元配列と 2 次元配列のタプル[13]として返す関数です。一方だけ取り出したいときは、次のようにします。

```
vals, vecs = LA.eig(A)
```

こうすれば、vals に固有値、vecs に固有ベクトルが格納されます。実行結果の読み方ですが、

[13] タプル (tuple) とは複数の要素が決まった順番に並んだオブジェクトのことです。

(array([5., 2., 1.]) が A の固有値、続く配列が固有ベクトルを列ベクトルとした行列を表しています。つまり、固有値 5, 2, 1 に対応する正規化された固有ベクトル（の一つ）が、それぞれ、

$$\begin{pmatrix} 0.816496581 \\ 0.408248290 \\ -0.408248290 \end{pmatrix}, \begin{pmatrix} 0.577350269 \\ -0.577350269 \\ 0.577350269 \end{pmatrix}, \begin{pmatrix} -1.07610398 \times 10^{-16} \\ 0.707106781 \\ 0.707106781 \end{pmatrix}$$

であることを示しています。3 番目のベクトルの第 1 成分は数値計算の誤差により、非常に小さくはあるものの零ではない値になっています。

```
(array([0.70710678+0.70710678j, 0.70710678-0.70710678j])
```

が B の固有値です。対応する固有ベクトルは、次のようになっています。

$$\begin{pmatrix} 0. - 0.70710678j \\ -0.70710678 + 0.j \end{pmatrix}, \begin{pmatrix} 0. + 0.70710678j \\ -0.70710678 - 0.j \end{pmatrix}$$ □

10.5 ▸ Python でエルミート行列・ユニタリ行列の固有値を図示する

第 2 章で定義したエルミート行列、実対称行列を思い出しましょう。$A^* = A$ となる行列がエルミート行列、$A^\top = A$ となる行列が対称行列でした。成分がすべて実数の対称行列は実対称行列と呼ばれ、エルミート行列の特別な場合にあたります。このような行列の固有値はどうなるでしょうか。

定理10.3. エルミート行列 A の固有値はすべて実数である。特に、実対称行列の固有値はすべて実数である。また、その相異なる固有値に属する固有ベクトルは直交する。

証明 λ を A の固有値とすれば、$A\boldsymbol{u} = \lambda\boldsymbol{u}$ となる $\boldsymbol{u} \neq \boldsymbol{0}$ が存在します。

$$(A\boldsymbol{u}, \boldsymbol{u}) = \overline{\boldsymbol{u}}^\top A\boldsymbol{u} = \overline{\boldsymbol{u}}^\top A^*\boldsymbol{u} = \overline{(A\boldsymbol{u})}^\top \boldsymbol{u} = (\boldsymbol{u}, A^*\boldsymbol{u}) = (\boldsymbol{u}, A\boldsymbol{u})$$

となりますが、左辺は $\lambda\|\boldsymbol{u}\|^2$ に一致し、右辺は $\overline{\lambda}\|\boldsymbol{u}\|^2$ に一致するので、$\lambda\|\boldsymbol{u}\|^2 = \overline{\lambda}\|\boldsymbol{u}\|^2$ となります。$\boldsymbol{u} \neq \boldsymbol{0}$ より、$\lambda = \overline{\lambda}$ が得られますが、これは λ が実数であることを示しています。

次に後半を示します。λ_1, λ_2 を A の固有値で、$\lambda_1 \neq \lambda_2$ であるとします。これらは実数で、このときそれぞれの固有ベクトル $\boldsymbol{u}_1\ (\neq \boldsymbol{0})$, $\boldsymbol{u}_2\ (\neq \boldsymbol{0})$ が存在して、$A\boldsymbol{u}_1 = \lambda_1\boldsymbol{u}_1$, $A\boldsymbol{u}_2 = \lambda_2\boldsymbol{u}_2$ となります。上の議論の真似をして、

$$(A\boldsymbol{u}_1, \boldsymbol{u}_2) = (\boldsymbol{u}_1, A\boldsymbol{u}_2)$$

が得られ、$\lambda_1(\boldsymbol{u}_1, \boldsymbol{u}_2) = \lambda_2(\boldsymbol{u}_1, \boldsymbol{u}_2)$ となります。つまり、

$$(\lambda_1 - \lambda_2)(\boldsymbol{u}_1, \boldsymbol{u}_2) = 0$$

となり、$\lambda_1 \neq \lambda_2$ から $(\boldsymbol{u}_1, \boldsymbol{u}_2) = 0$、つまり $\boldsymbol{u}_1$ と $\boldsymbol{u}_2$ は直交します。 □

次にユニタリ行列の固有値を見てみましょう。ユニタリ行列とは、$U^*U = UU^* = I$ となる行列のことでした。

定理10.4. ユニタリ行列 U による線形変換は内積を保存する（$(U\boldsymbol{x}, U\boldsymbol{y}) = (\boldsymbol{x}, \boldsymbol{y})$）。特に、ノルムを変えない（$\|U\boldsymbol{x}\| = \|\boldsymbol{x}\|$）。また、$U$ の固有値 λ は、$|\lambda| = 1$ を満たす。

証明 ユニタリ行列の定義より、$(U\boldsymbol{x}, U\boldsymbol{y}) = (\boldsymbol{x}, U^*U\boldsymbol{y}) = (\boldsymbol{x}, I\boldsymbol{y}) = (\boldsymbol{x}, \boldsymbol{y})$ が成り立ちます。$\boldsymbol{y} = \boldsymbol{x}$ とおけば、$\|U\boldsymbol{x}\| = \|\boldsymbol{x}\|$ が得られます。λ を U の固有値、$\boldsymbol{v}$ を λ に属する固有ベクトルとします。このとき、$|\lambda|\|\boldsymbol{v}\| = \|U\boldsymbol{v}\| = \|\boldsymbol{v}\|$ となりますが、$\boldsymbol{v} \neq \boldsymbol{0}$ より、$|\lambda| = 1$ が成り立つことが分かります。□

ここで、ランダムな実対称行列と直交行列を生成して複素平面上に固有値を描いてみましょう。リスト 10.2 をご覧ください。実行すると、図 10.2 のように複素平面上に固有値が並びます。

リスト 10.2　HermiteUnitary.py

```
import numpy as np
import numpy.linalg as LA
import random
import matplotlib.pyplot as plt

# Generate a random real symmetric matrix A
n = 12 # size of matrices
R = np.array([random.uniform(-1,1) for i in range(n**2)], dtype = np.complex).reshape(n, n)
U = np.triu(R, k = 0) # upper triangular matrix
L = U.transpose() # L = U^T
D = np.diag(np.diag(U), k = 0) # diagonal part of U
A = U + L - D # real symmetric case
val, Q = LA.eig(A) # eigenvalues and vectors of A
# Q can be regarded as a random orthogonal matrix
val2, vect = LA.eig(Q) # eigenvalues and vectors of Q

fig = plt.figure()
ax1 = fig.add_subplot(1,2,1)
```

```
19  ax2 = fig.add_subplot(1,2,2)
20  ax1.scatter(np.real(val),np.imag(val))
21  ax2.scatter(np.real(val2),np.imag(val2))
22  ax2.set_aspect('equal', adjustable='box')
23  ax1.set_xlabel('Real part'); ax2.set_xlabel('Real part')
24  ax1.set_ylabel('Imaginary part')
25  plt.show()
```

3 行目で乱数関係の関数を利用する際に必要な `random` ライブラリ、4 行目では図を描くために必要な `matplotlib` をインポートしています。7 行目では、生成する行列のサイズ n を指定しています。ここでは、$n = 12$ としています。8 行目で n^2 個の乱数（$[-1, 1]$ を台とする連続一様分布）を生成し、データ型を複素数型として（`dtype = np.complex`）、`reshape` メソッドで $n \times n$ 行列に成形しています。9 行目では、R の上半分（対角成分）を取り出して上三角行列 U としています（ユニタリ行列と紛らわしいですが、ここでは、Upper の U のつもりです）。10 行目でその転置 $L = U^\top$ をつくっています。11 行目では U の対角成分を取り出した行列 D をつくっています。12 行目では、上三角行列 U とその転置 L を足して、重複している対角成分を引いて一様な乱数を成分に持つ実対称行列 $(A = U + L - D)$ を生成しています。14 行目では、A の固有値と固有ベクトルを取り出していますが、固有ベクトルを並べた行列は、それぞれのベクトルが互いに直交しているので、そのまま直交行列になっています。これをランダムな直交行列 Q として採用します。

20 行目、21 行目では、各々の固有値の実部と虚部を取り出して、散布図を描画するメソッドである `matplotlib.pyplot.scatter` を使って点を描画しています。実行結果は、図 10.2 のようになります。乱数を使っていますので、実行のたびに結果が変わります。実対称行列の固有値は実軸上に、直交行列の固有値は、複素平面の単位円上に並んでいることが分かるでしょう。

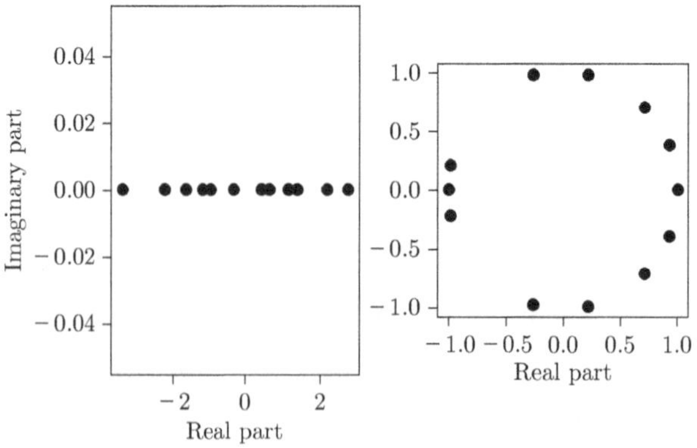

図 10.2 実対称行列と直交行列の固有値

エルミート行列の異なる固有値に属する固有ベクトルは直交しているので、一次独立になりますが、一般の場合はどうなるでしょうか。実は一般にも一次独立になります。つまり、次の定理 10.5. が成り立ちます。

定理10.5. n 次の正方行列 A の固有値 $\lambda_1, \lambda_2, \cdots, \lambda_s$ $(s \leq n)$ がすべて互いに異なるとき、これらの固有値に属する固有ベクトル $\boldsymbol{u}_1, \boldsymbol{u}_2, \cdots, \boldsymbol{u}_s$ は一次独立である。

証明 背理法で証明します。$r < s$ に対して、$\boldsymbol{u}_1, \boldsymbol{u}_2, \cdots, \boldsymbol{u}_r$ が一次独立であり、$\boldsymbol{u}_{r+1}$ がこれらの一次結合で表されると仮定して矛盾を導きます。

今、スカラー $c_1, c_2, \cdots, c_r$ を用いて、

$$\boldsymbol{u}_{r+1} = c_1\boldsymbol{u}_1 + c_2\boldsymbol{u}_2 + \cdots + c_r\boldsymbol{u}_r \tag{10.2}$$

と書くことができると仮定します。$\boldsymbol{u}_{r+1} \neq \boldsymbol{0}$ であることから、$c_1, c_2, \ldots, c_r$ の中には 0 でないものが含まれます。(10.2) の両辺に左から A を掛ければ、

$$A\boldsymbol{u}_{r+1} = c_1A\boldsymbol{u}_1 + c_2A\boldsymbol{u}_2 + \cdots + c_rA\boldsymbol{u}_r \tag{10.3}$$

となりますが、$A\boldsymbol{u}_j = \lambda_j\boldsymbol{u}_j$ $(j = 1, 2, \cdots, r+1)$ ですから、式 (10.3) は、

$$\lambda_{r+1}\boldsymbol{u}_{r+1} = c_1\lambda_1\boldsymbol{u}_1 + c_2\lambda_2\boldsymbol{u}_2 + \cdots + c_r\lambda_r\boldsymbol{u}_r \tag{10.4}$$

となります。(10.2) の両辺に λ_{r+1} を掛けて (10.4) から引くと、

$$c_1(\lambda_1 - \lambda_{r+1})\boldsymbol{u}_1 + c_2(\lambda_2 - \lambda_{r+1})\boldsymbol{u}_2 + \cdots + c_r(\lambda_r - \lambda_{r+1})\boldsymbol{u}_r = \boldsymbol{0}$$

が得られます。固有値は互いに異なるので、$\lambda_k - \lambda_{r+1} \neq 0$ $(k = 1, 2, \cdots, r)$ であり、$\boldsymbol{u}_1, \boldsymbol{u}_2, \cdots, \boldsymbol{u}_r$ は一次独立であることから、$c_1 = c_2 = \cdots = c_r = 0$ となり、$c_1, c_2, \ldots, c_r$ の中に 0 でないものが含まれることと矛盾します。 □

章末問題

問題10-1 **(数学)**　手計算で、

$$(1)\begin{pmatrix} 3 & 1 \\ 1 & 3 \end{pmatrix},\quad (2)\begin{pmatrix} 3 & 2 \\ 1 & 4 \end{pmatrix},\quad (3)\begin{pmatrix} 1 & -1 \\ -1 & 2 \end{pmatrix}$$

の固有値と固有ベクトルを求めてください。

問題10-2 **(Python)**　NumPy を用いて、問題 10-1 の (1), (2), (3) の行列の固有値と固有ベクトルを求めてください。

問題10-3 **(数学)**　手計算で、

$$A = \begin{pmatrix} 3 & 1 & -1 \\ -1 & 4 & 0 \\ 1 & 0 & 2 \end{pmatrix}$$

の固有値と固有ベクトルを求めてください。

問題10-4 **(Python)**　NumPyを使って、問題10-3の行列 A の固有値と固有ベクトルを求めてください。

問題10-5 **(数学)**　正方行列 A が、ある正の整数 m に対して $A^m = O$ を満たすとき、A の固有値は0だけであることを証明してください。

問題10-6 **(数学)**　実正方行列 A が $A^{\mathsf{T}} = -A$ となるとき、**交代行列** (alternating matrix) または**反対称行列** (antisymmetric matrix) といいます。交代行列の対角成分が0になることを証明してください。また、A の次数が奇数のとき、$|A| = 0$ となることを証明してください。

問題10-7 **(数学)**　問題10-6で定義した交代行列 A の固有値の実部は0であることを証明してください。

問題10-8 **(数学)**　問題10-6で定義した交代行列 A の固有値を λ とすると、$-\lambda$ も A の固有値であることを証明してください。

問題10-9 **(Python)**　リスト10.2のプログラムを参考にして、5.6節における巡回行列について、$x_0 = 1, x_1 = 2, \cdots, x_8 = 9, x_9 = 0$ としたものの固有値を複素平面上に表示してください。`scipy.linalg.circulant(c)` とすれば、`c` に与えた1次元配列を $\{x_j\}$ とした巡回行列を生成することができます。

第11章 行列の標準化

ここでは、固有値、固有ベクトルを用いて行列を対角行列のような簡単な行列に変換する方法（対角化）を学びます。

11.1 ▸ 行列の対角化

線形代数学においては、2 つの行列が似ていることを次のように表現します。

定義11.1. 2 つの n 次の正方行列 A, B に対して、ある正則行列 P を用いて、

$$B = P^{-1}AP$$

と書けるとき、A と B は**相似** (similar) であるという。

定理11.1. A, B が相似であれば、その固有多項式は等しい。すなわち、$\varphi_A(\lambda) = \varphi_B(\lambda)$ である。特に、A と B の固有値は等しい。

証明 直接、固有多項式を計算します。

$$\begin{aligned}
\varphi_B(\lambda) &= |\lambda I - B| \\
&= |\lambda I - P^{-1}AP| \\
&= |\lambda P^{-1}P - P^{-1}AP| \\
&= |P^{-1}(\lambda I - A)P| \\
&= |P^{-1}||\lambda I - A||P| \\
&= |\lambda I - A||P^{-1}||P| = |\lambda I - A| = \varphi_A(\lambda)
\end{aligned}$$

となり、固有多項式が一致することが分かります。 □

定理 10.5. によると、n 次の正方行列 A の固有値 $\lambda_1, \lambda_2, \cdots, \lambda_n$ がすべて異なっていれば、対応する固有ベクトル $\boldsymbol{u}_1, \boldsymbol{u}_2, \cdots, \boldsymbol{u}_n$ は基底になります。関係式 $A\boldsymbol{u}_1 = \lambda_1\boldsymbol{u}_1, A\boldsymbol{u}_2 = \lambda_2\boldsymbol{u}_2, \cdots, A\boldsymbol{u}_n = \lambda_n\boldsymbol{u}_n$ に対し、$P = (\boldsymbol{u}_1\ \boldsymbol{u}_2\ \cdots\ \boldsymbol{u}_n)$ を列ベクトル $\boldsymbol{u}_1, \boldsymbol{u}_2, \ldots, \boldsymbol{u}_n$ を横に並べてつくった行列とします。このとき、

$$
\begin{aligned}
AP = A(\boldsymbol{u}_1\ \boldsymbol{u}_2\ \cdots\ \boldsymbol{u}_n) &= (A\boldsymbol{u}_1\ A\boldsymbol{u}_2\ \cdots\ A\boldsymbol{u}_n) \\
&= (\lambda_1\boldsymbol{u}_1\ \lambda_2\boldsymbol{u}_2\ \cdots\ \lambda_n\boldsymbol{u}_n) \\
&= (\boldsymbol{u}_1\ \boldsymbol{u}_2\ \cdots\ \boldsymbol{u}_n)\begin{pmatrix} \lambda_1 & 0 & \cdots & 0 \\ 0 & \lambda_2 & \cdots & 0 \\ \vdots & \vdots & \ddots & \vdots \\ 0 & 0 & \cdots & \lambda_n \end{pmatrix} \\
&= P\begin{pmatrix} \lambda_1 & 0 & \cdots & 0 \\ 0 & \lambda_2 & \cdots & 0 \\ \vdots & \vdots & \ddots & \vdots \\ 0 & 0 & \cdots & \lambda_n \end{pmatrix}
\end{aligned}
$$

となります。つまり、

$$
AP = P\begin{pmatrix} \lambda_1 & 0 & \cdots & 0 \\ 0 & \lambda_2 & \cdots & 0 \\ \vdots & \vdots & \ddots & \vdots \\ 0 & 0 & \cdots & \lambda_n \end{pmatrix}
$$

となっていることが分かります。P は、一次独立なベクトル（基底）を並べてつくった行列ですから、正則行列になっています。両辺に左から P^{-1} を掛けてみると、

$$
P^{-1}AP = \begin{pmatrix} \lambda_1 & 0 & \cdots & 0 \\ 0 & \lambda_2 & \cdots & 0 \\ \vdots & \vdots & \ddots & \vdots \\ 0 & 0 & \cdots & \lambda_n \end{pmatrix}
$$

となります。このように、正則行列 P を用いて、$P^{-1}AP$ を対角行列にすることを、A の**対角化** (diagonalization) といい、対角行列と相似な行列を**対角化可能** (diagonalizable) な行列といいます。A の固有値がすべて異なるときは、A はその固有値を並べてできる対角行列と相似になっています。この結果を少し一般化して定理の形にしておきます。対角化可能性の判定条件については、後により詳しく検討します。

定理 11.2. n 次の正方行列 A の n 個の固有値に属する一次独立な n 個の固有ベクトル $\boldsymbol{u}_1, \boldsymbol{u}_2, \cdots, \boldsymbol{u}_n$

が存在するとする。このとき、固有ベクトルを列ベクトルとする行列 $P = (\boldsymbol{u}_1\ \boldsymbol{u}_2\ \cdots\ \boldsymbol{u}_n)$ を用いて、$P^{-1}AP = \mathrm{diag}(\lambda_1, \lambda_2, \ldots, \lambda_n)$ とできる。特に、A の固有値 $\lambda_1, \lambda_2, \cdots, \lambda_n$ がすべて異なっていれば、A は対角化できる。

証明 固有値がすべて異なる場合の証明は既に述べましたが、一次独立な n 個の固有ベクトルがあれば、同様にして対角化できることが分かります。 □

サイズの小さい行列で対角化の様子を見てみましょう。

例題11.1.

$$A = \begin{pmatrix} 2 & 3 \\ 1 & 4 \end{pmatrix}$$

の固有値と固有ベクトルを求めて対角化してください。

解 まず、固有値を求めましょう。

$$|\lambda I - A| = \begin{vmatrix} \lambda - 2 & -3 \\ -1 & \lambda - 4 \end{vmatrix} = \lambda^2 - 6\lambda + 5 = (\lambda - 1)(\lambda - 5) = 0$$

ですので、固有値は $\lambda = 1, 5$ となります。$\lambda = 1$, $\lambda = 5$ に対応する固有ベクトルは、それぞれ

$$\boldsymbol{u}_1 = t_1 \begin{pmatrix} -3 \\ 1 \end{pmatrix} \quad (t_1 \neq 0), \quad \boldsymbol{u}_2 = t_2 \begin{pmatrix} 1 \\ 1 \end{pmatrix} \quad (t_2 \neq 0)$$

となります。$t_1 = t_2 = 1$ とした固有ベクトルを並べた行列を、

$$P = (\boldsymbol{u}_1\ \boldsymbol{u}_2) = \begin{pmatrix} -3 & 1 \\ 1 & 1 \end{pmatrix}$$

とすれば、

$$P^{-1} = \frac{1}{(-3) \times 1 - 1 \times 1} \begin{pmatrix} 1 & -1 \\ -1 & -3 \end{pmatrix} = \frac{1}{4} \begin{pmatrix} -1 & 1 \\ 1 & 3 \end{pmatrix}$$

ですので、

$$\begin{aligned} P^{-1}AP &= \frac{1}{4} \begin{pmatrix} -1 & 1 \\ 1 & 3 \end{pmatrix} \begin{pmatrix} 2 & 3 \\ 1 & 4 \end{pmatrix} \begin{pmatrix} -3 & 1 \\ 1 & 1 \end{pmatrix} \\ &= \frac{1}{4} \begin{pmatrix} -1 & 1 \\ 5 & 15 \end{pmatrix} \begin{pmatrix} -3 & 1 \\ 1 & 1 \end{pmatrix} \\ &= \frac{1}{4} \begin{pmatrix} 4 & 0 \\ 0 & 20 \end{pmatrix} = \begin{pmatrix} 1 & 0 \\ 0 & 5 \end{pmatrix} \end{aligned}$$

となり、確かに対角化されていますね。 □

この例では $t_1 = t_2 = 1$ としていますが、これは便宜的なことで、実際はどのような t_1, t_2 $(t_1 \neq 0, t_2 \neq 0)$ を選んでも同じように対角化できます。対角化の原理を考えれば明らかですが、対角化された行列の対角線の成分の順序は、固有ベクトルの並べ方と対応しています。ですので、もし $\boldsymbol{u}_1$ と $\boldsymbol{u}_2$ を逆順に並べ、

$$P = (\boldsymbol{u}_2\ \boldsymbol{u}_1) = \begin{pmatrix} 1 & -3 \\ 1 & 1 \end{pmatrix}$$

とすれば、

$$P^{-1}AP = \begin{pmatrix} 5 & 0 \\ 0 & 1 \end{pmatrix}$$

となります。また、ここではあえて掛け算を行って対角行列になることを確認していますが、実際には計算しなくてかまいません。

11.2 ▸ 行列の k 乗

対角化について立ち入った数学的説明を行う前に、対角化を行列の k 乗を求める計算に応用してみます。次の性質に注目します。

$$(P^{-1}AP)(P^{-1}BP) = P^{-1}ABP$$

特に、$B = A$ とおけば、

$$(P^{-1}AP)^2 = P^{-1}A^2P$$

が成り立ちます。この操作を繰り返せば、

$$(P^{-1}AP)^k = \overbrace{(P^{-1}AP)(P^{-1}AP)\cdots(P^{-1}AP)}^{k\ 個} = P^{-1}A^kP \quad (k = 1, 2, \cdots)$$

が成り立つことが分かります。

例題11.2. 対角化を応用して、例題 11.1. の行列

$$A = \begin{pmatrix} 2 & 3 \\ 1 & 4 \end{pmatrix}$$

の k $(k = 1, 2, \ldots)$ 乗を計算してください。

解 対角化した結果は、

$$P = \begin{pmatrix} -3 & 1 \\ 1 & 1 \end{pmatrix}$$

に対し、

$$P^{-1}AP = \begin{pmatrix} 1 & 0 \\ 0 & 5 \end{pmatrix} \tag{11.1}$$

でした。式 (11.1) の両辺を k 乗すると、

$$P^{-1}A^kP = (P^{-1}AP)^k = \begin{pmatrix} 1 & 0 \\ 0 & 5^k \end{pmatrix} \tag{11.2}$$

が得られます。式 (11.2) の両辺に、左から P、右から P^{-1} を掛ければ、

$$\begin{aligned} A^k &= P \begin{pmatrix} 1 & 0 \\ 0 & 5^k \end{pmatrix} P^{-1} \\ &= \frac{1}{4} \begin{pmatrix} -3 & 1 \\ 1 & 1 \end{pmatrix} \begin{pmatrix} 1 & 0 \\ 0 & 5^k \end{pmatrix} \begin{pmatrix} -1 & 1 \\ 1 & 3 \end{pmatrix} \\ &= \frac{1}{4} \begin{pmatrix} -3 & 5^k \\ 1 & 5^k \end{pmatrix} \begin{pmatrix} -1 & 1 \\ 1 & 3 \end{pmatrix} \\ &= \frac{1}{4} \begin{pmatrix} 5^k + 3 & 3 \cdot 5^k - 3 \\ 5^k - 1 & 3 \cdot 5^k + 1 \end{pmatrix} \end{aligned}$$

となることが分かります。 □

11.3 ▸ 対角化可能である条件

正方行列 A の固有値がすべて異なるときは、A を対角化することができました。では、固有値に重複があるとき、つまり、固有方程式が重解を持つときはどうなるのでしょうか。

例題11.3. 次の行列 A が対角化できるかどうか判定してください。

$$A = \begin{pmatrix} 2 & 1 & 1 \\ 1 & 2 & 1 \\ 1 & 1 & 2 \end{pmatrix}$$

解 固有値と固有ベクトルを計算します。固有多項式は、

$$\varphi_A(\lambda) = \begin{vmatrix} \lambda - 2 & -1 & -1 \\ -1 & \lambda - 2 & -1 \\ -1 & -1 & \lambda - 2 \end{vmatrix}$$

$$
\begin{aligned}
&= \begin{vmatrix} \lambda-4 & \lambda-4 & \lambda-4 \\ -1 & \lambda-2 & -1 \\ -1 & -1 & \lambda-2 \end{vmatrix} \\
&= (\lambda-4) \begin{vmatrix} 1 & 1 & 1 \\ -1 & \lambda-2 & -1 \\ -1 & -1 & \lambda-2 \end{vmatrix} \\
&= (\lambda-4) \begin{vmatrix} 1 & 1 & 1 \\ 0 & \lambda-1 & 0 \\ 0 & 0 & \lambda-1 \end{vmatrix} \\
&= (\lambda-1)^2(\lambda-4)
\end{aligned}
$$

となりますので、A の固有値は 1（重複度 2)、4 です。$\lambda = 1$ のときの固有ベクトルを求めてみます。このとき、固有ベクトルの満たす連立方程式は、1 つの方程式

$$
-x - y - z = 0 \tag{11.3}
$$

だけですので、パラメータが 2 つ出てきます。$z = t_1, y = t_2$ とすると、

$$
\begin{pmatrix} x \\ y \\ z \end{pmatrix} = \begin{pmatrix} -t_1 - t_2 \\ t_1 \\ t_2 \end{pmatrix} = t_1 \begin{pmatrix} -1 \\ 0 \\ 1 \end{pmatrix} + t_2 \begin{pmatrix} -1 \\ 1 \\ 0 \end{pmatrix} = t_1 \boldsymbol{u}_1 + t_2 \boldsymbol{u}_2 \qquad (|t_1| + |t_2| \neq 0)
$$

となります。これら 2 つのベクトル $\boldsymbol{u}_1, \boldsymbol{u}_2$ は一次独立です。つまり、$\boldsymbol{u}_1, \boldsymbol{u}_2$ が、$W_A(1)$ の基底になっていますので、$\dim W_A(1) = 2$ となります。次に $W_A(4)$ を求めます。固有ベクトルの満たす方程式の拡大係数行列は次のように変形できます。

$$
\begin{aligned}
\left(\begin{array}{ccc|c} 2 & -1 & -1 & 0 \\ -1 & 2 & -1 & 0 \\ -1 & -1 & 2 & 0 \end{array}\right) &\to \left(\begin{array}{ccc|c} 1 & -2 & 1 & 0 \\ 2 & -1 & -1 & 0 \\ -1 & -1 & 2 & 0 \end{array}\right) \\
&\to \left(\begin{array}{ccc|c} 1 & -2 & 1 & 0 \\ 0 & 3 & -3 & 0 \\ 0 & -3 & 3 & 0 \end{array}\right) \\
&\to \left(\begin{array}{ccc|c} 1 & -2 & 1 & 0 \\ 0 & 1 & -1 & 0 \\ 0 & 0 & 0 & 0 \end{array}\right) \\
&\to \left(\begin{array}{ccc|c} 1 & 0 & -1 & 0 \\ 0 & 1 & -1 & 0 \\ 0 & 0 & 0 & 0 \end{array}\right)
\end{aligned}
$$

となりますから、$x - z = 0, y - z = 0$ となり、$z = t_3$ とおいて、

$$\begin{pmatrix} x \\ y \\ z \end{pmatrix} = \begin{pmatrix} t_3 \\ t_3 \\ t_3 \end{pmatrix} = t_3 \begin{pmatrix} 1 \\ 1 \\ 1 \end{pmatrix} = t_3 \boldsymbol{u}_3 \qquad (t_3 \neq 0)$$

となります。$\boldsymbol{u}_1, \boldsymbol{u}_2, \boldsymbol{u}_3$ は一次独立です。よって、

$$P = (\boldsymbol{u}_1\ \boldsymbol{u}_2\ \boldsymbol{u}_3) = \begin{pmatrix} -1 & -1 & 1 \\ 0 & 1 & 1 \\ 1 & 0 & 1 \end{pmatrix}$$

とすれば、P は逆行列を持ち、

$$P^{-1}AP = \begin{pmatrix} 1 & 0 & 0 \\ 0 & 1 & 0 \\ 0 & 0 & 4 \end{pmatrix}$$

となります。つまり、A は対角化できます。

もう一つ見てみましょう。

例題11.4.

$$J = \begin{pmatrix} 2 & 1 & 0 \\ 0 & 2 & 1 \\ 0 & 0 & 2 \end{pmatrix}$$

の固有値と固有ベクトルを求めてください。

解

$$\varphi_J(\lambda) = \begin{vmatrix} \lambda - 2 & -1 & 0 \\ 0 & \lambda - 2 & -1 \\ 0 & 0 & \lambda - 2 \end{vmatrix} = (\lambda - 2)^3$$

となりますので、A の固有値は 2 (重複度 3) です。固有ベクトルは、

$$\begin{pmatrix} x \\ y \\ z \end{pmatrix} = \begin{pmatrix} t_1 \\ 0 \\ 0 \end{pmatrix} = t_1 \begin{pmatrix} 1 \\ 0 \\ 0 \end{pmatrix} = t_1 \boldsymbol{u}_1 \qquad (t_1 \neq 0)$$

となります。 □

例題 11.4. では、固有値 $\lambda = 2$ に対する固有空間は、$W_J(2) = \langle \boldsymbol{u}_1 \rangle$ となり、その次元は 1 です。$\dim W_J(2) < 3$（$\lambda = 2$ の重複度）になっています。このような場合は、次の定理 11.3. の条件 2 に反するため、対角化はできません。

定理11.3. n 次の正方行列 A について、次の 3 つの条件は同値である。

1. A は対角化可能である。
2. A の各固有値 λ に属する固有空間の次元が λ の重複度に等しい。
3. n 個の一次独立な A の固有ベクトルが存在する。

証明 1 から 2 を示します。A の互いに異なる固有値を $\lambda_1, \ldots, \lambda_r$ $(r \leq n)$ とします。λ_i $(1 \leq i \leq r)$ の重複度を m_i $(1 \leq i \leq r)$ とします。A は対角化できると仮定していますから、適当な正則行列 P により、

$$AP = P \begin{pmatrix} \lambda_1 I_{m_1} & & 0 \\ & \ddots & \\ 0 & & \lambda_r I_{m_r} \end{pmatrix}$$

と書くことができます。ここで、I_m は、m 次の単位行列です。P の列ベクトルの中に、λ_i に属する固有ベクトルが m_i 個ありますので、$t_i = \dim W_A(\lambda_i) \geq m_i$ となります。W_A (λ_i) の基底を $\boldsymbol{u}_j^i$ $(j = 1, \ldots, t_i)$ とします。

$$\sum_{i=1}^{r} \sum_{j=1}^{t_i} a_{ij} \boldsymbol{u}_j^i = \boldsymbol{0}$$

とすると、$\sum_{j=1}^{r_i} a_{ij} \boldsymbol{u}_j^i \in W_A(\lambda_i)$ ですので、定理 10.5. より、$\sum_{j=1}^{t_i} a_{ij} \boldsymbol{u}_j^i = \boldsymbol{0}$ となります。よって、$a_{ij} = 0$ となって、$\boldsymbol{u}_j^i$ は一次独立になり、$t_1 + \cdots + t_r \leq n$ となりますが、重複度の和は n ですから、$t_i = m_i$ となります。

2 から 3 を示します。2 を仮定すると、A の固有値 $\lambda_1, \ldots, \lambda_s$ $(s \leq n)$ に対し、異なる固有値に属する固有ベクトルは一次独立であり、重複度の合計は A の次数に等しいので、$\dim W_A(\lambda_1) + \cdots + \dim W_A(\lambda_s) = n$ となります。$W_A(\lambda_i)$ $(i = 1, 2, \ldots, s)$ の元はすべて λ_i に属する固有ベクトルですので、$i = 1, 2, \ldots, s$ に対して、$W_A(\lambda_i)$ の基底を並べれば、これが n 個の一次独立な A の固有ベクトルとなります。

3 から 1 は、定理 11.2. で既に証明されています。 □

11.4 ▸ 三角化とその応用

n 次の正方行列 A は一般には対角化できないことを見ましたが、**三角化** (triangularization) は可能です。次の定理が成り立ちます。

定理11.4. n 次の正方行列 A に対し、適当な正則行列 U をとれば、

$$U^{-1}AU = \begin{pmatrix} \lambda_1 & * & \cdots & * \\ 0 & \lambda_2 & \cdots & * \\ \vdots & \vdots & \ddots & \vdots \\ 0 & 0 & \cdots & \lambda_n \end{pmatrix}$$

と上三角行列にできる。特に U としてユニタリ行列をとることができる。

証明 n についての帰納法を使って証明します。$n = 1$ のときは明らかです。A の固有値を $\lambda_1, \lambda_2, \ldots, \lambda_n$ とします。λ_1 に属する固有ベクトルを $\boldsymbol{u}_1$ ($\|\boldsymbol{u}_1\| = 1$) とします。次に、$\boldsymbol{u}_1, \boldsymbol{u}_2, \ldots, \boldsymbol{u}_n$ が正規直交基底となるように $\boldsymbol{u}_2, \ldots, \boldsymbol{u}_n$ を選びます。$\boldsymbol{u}_1, \boldsymbol{u}_2, \ldots, \boldsymbol{u}_n$ を列ベクトルとする正則行列は列ベクトル同士が互いに直交していますので、ユニタリ行列になります。これを $P = (\boldsymbol{u}_1, \boldsymbol{u}_2, \ldots, \boldsymbol{u}_n)$ とすると、

$$P^{-1}AP = \begin{pmatrix} \lambda_1 & * \\ 0 & A_1 \end{pmatrix}$$

と書けます。A_1 の固有値は、$\lambda_2, \ldots, \lambda_n$ と一致していますから、帰納法の仮定より、適当な $n-1$ 次の正則行列（ユニタリ行列）Q が存在して、

$$Q^{-1}A_1Q = \begin{pmatrix} \lambda_2 & * & * \\ 0 & \ddots & * \\ 0 & \cdots & \lambda_n \end{pmatrix}$$

となります。$R = \begin{pmatrix} 1 & 0 \\ 0 & Q \end{pmatrix}$ とすれば、R はユニタリ行列になっています。さらに、$U = PR$ とおけば、U も正則行列（ユニタリ行列）で、

$$U^{-1}AU = \begin{pmatrix} \lambda_1 & * & \cdots & * \\ 0 & \lambda_2 & \cdots & * \\ \vdots & \vdots & \ddots & \vdots \\ 0 & 0 & \cdots & \lambda_n \end{pmatrix}$$

となります。 □

三角化はいつでもできるので、行列の様々な性質を証明するのに絶大な威力を発揮します。数学的な観点では、三角化できることが最も基本的で重要です。

多項式 $f(x) = a_mx^m + a_{m-1}x^{m-1} + \cdots + a_0$ に対して、x を n 次の正方行列 A で置き換えて得られる n 次の正方行列を $f(A)$ で表します。つまり、

$$f(A) = a_m A^m + a_{m-1}A^{m-1} + \cdots + a_0 I$$

と定義します。

定理11.5. （**フロベニウスの定理** (Frobenius' theorem)）n 次の正方行列 A の固有値を $\lambda_1, \ldots, \lambda_n$ とするとき、多項式 $f(x)$ に対して、$f(A)$ の固有値は、$f(\lambda_1), \ldots, f(\lambda_n)$ となる。

証明 定理 11.4. より、適当な U によって、$U^{-1}AU$ を上三角行列にすることができ、対角成分には、固有値 $\lambda_1, \ldots, \lambda_n$ が並ぶようにできます。$(U^{-1}AU)^k = U^{-1}A^kU$ が成り立ちます。ここで、A^k の固有値は A の固有値の k 乗になりますから、その固有値も k 乗され、

$$U^{-1}A^kU = \begin{pmatrix} \lambda_1^k & * & \cdots & * \\ 0 & \lambda_2^k & \cdots & * \\ \vdots & \vdots & \ddots & \vdots \\ 0 & 0 & \cdots & \lambda_n^k \end{pmatrix}$$

となり、$f(U^{-1}AU) = U^{-1}f(A)U$ となります。したがって、

$$\begin{aligned} f(U^{-1}AU) &= a_m(U^{-1}AU)^m + a_{m-1}(U^{-1}AU)^{m-1} + \cdots + a_0 I \\ &= \begin{pmatrix} f(\lambda_1) & * & \cdots & * \\ 0 & f(\lambda_2) & \cdots & * \\ \vdots & \vdots & \ddots & \vdots \\ 0 & 0 & \cdots & f(\lambda_n) \end{pmatrix} \end{aligned}$$

となります。よって、$f(A)$ の各固有値は、$f(\lambda_1), \ldots, f(\lambda_n)$ に一致します。 □

さらに、固有多項式と行列の関係として最も基本的なのは、次の**ケーリー・ハミルトンの定理** (Cayley–Hamilton theorem) です。

定理11.6. （ケーリー・ハミルトンの定理）A を n 次の正方行列とし、$\varphi_A(\lambda)$ を A の固有多項式とすると、$\varphi_A(A) = O$ が成り立つ。

定理 11.6. は、A が対角化できるのであればほとんど明らかです。

定理 11.6. の証明はいくつか知られていますが、ここでは三角化を用いる方法を紹介しておきましょう。

定理 11.6. の証明 A の固有値を $\lambda_1, \lambda_2, \ldots, \lambda_n$（重複を許す）とすると、$\varphi_A(\lambda) = (\lambda - \lambda_1)(\lambda - \lambda_2)\cdots(\lambda - \lambda_n)$ となります。定理 11.4. より、適当な U によって、

$$\Lambda = U^{-1}AU = \begin{pmatrix} \lambda_1 & * & \cdots & * \\ 0 & \lambda_2 & \cdots & * \\ \vdots & \vdots & \ddots & \vdots \\ 0 & 0 & \cdots & \lambda_n \end{pmatrix}$$

の形にできます。

$$\begin{aligned} \varphi_A(A) &= (A - \lambda_1 I)(A - \lambda_2 I) \cdots (A - \lambda_n I) \\ &= (U\Lambda U^{-1} - \lambda_1 I)(U\Lambda U^{-1} - \lambda_2 I) \cdots (U\Lambda U^{-1} - \lambda_n I) \\ &= U(\Lambda - \lambda_1 I)(\Lambda - \lambda_2 I) \cdots (\Lambda - \lambda_n I)U^{-1} \end{aligned}$$

ですから、

$$U^{-1}\varphi_A(A)U = (\Lambda - \lambda_1 I)(\Lambda - \lambda_2 I) \cdots (\Lambda - \lambda_n I)$$

となります。$\boldsymbol{e}_1, \boldsymbol{e}_2, \ldots, \boldsymbol{e}_n$ を基本ベクトル（つまり、$\boldsymbol{e}_k$ は、第 k 成分のみ 1 で、他の成分は 0）として、$W_k = \langle \boldsymbol{e}_1, \ldots. \boldsymbol{e}_k \rangle$ $(k = 1, 2, \ldots, n)$ とします $(W_n = V = \mathbb{C}^n)$。このとき、Λ が上三角行列であることから、$(\Lambda - \lambda_1 I)\boldsymbol{e}_1 = \boldsymbol{0}$, $(\Lambda - \lambda_k I)\boldsymbol{e}_k \in W_{k-1}$ $(k \geq 2)$ となることが分かります。任意の $\boldsymbol{x} \in \mathbb{C}^n$ に対して、$\boldsymbol{x}$ は $\boldsymbol{e}_1, \boldsymbol{e}_2, \ldots, \boldsymbol{e}_n$ の一次結合ですから、$\boldsymbol{x} \in W_n$ となります。すると、$(\Lambda - \lambda_n I)\boldsymbol{x} \in W_{n-1}$ となり、さらに $(\Lambda - \lambda_{n-1} I)\{(\Lambda - \lambda_n I)\boldsymbol{x}\} \in W_{n-2}$ となって、以下同様にして、

$$\begin{aligned} U^{-1}\varphi_A(A)U\boldsymbol{x} &= (\Lambda - \lambda_1 I)(\Lambda - \lambda_2 I) \cdots (\Lambda - \lambda_n I)\boldsymbol{x} \\ &= (\Lambda - \lambda_1 I)(\Lambda - \lambda_2 I) \cdots (\Lambda - \lambda_{n-1} I)\{(\Lambda - \lambda_n I)\boldsymbol{x}\} \\ &= \cdots \\ &= (\Lambda - \lambda_1 I)\{(\Lambda - \lambda_2 I) \cdots (\Lambda - \lambda_n I)\boldsymbol{x}\} \end{aligned}$$

であり、$(\Lambda - \lambda_2 I) \cdots (\Lambda - \lambda_n I)\boldsymbol{x} \in W_1$ であることから、$(\Lambda - \lambda_2 I) \cdots (\Lambda - \lambda_n I)\boldsymbol{x} = z\boldsymbol{e}_1$ となるような複素数 z が存在します。すると、$(\Lambda - \lambda_1 I)(z\boldsymbol{e}_1) = z(\Lambda - \lambda_1 I)\boldsymbol{e}_1 = \boldsymbol{0}$ となります。つまり、任意の $\boldsymbol{x}$ に対し、$U^{-1}\varphi_A(A)U\boldsymbol{x} = \boldsymbol{0}$ となります。これは、$U^{-1}\varphi_A(A)U = O$ であること、すなわち $\varphi_A(A) = O$ であることを示しています。 □

定理11.7. n 次の正方行列 A が適当なユニタリ行列 U によって、対角成分 $\lambda_1, \lambda_2, \ldots, \lambda_n$ がすべて実数であるような対角行列

$$U^* AU = \begin{pmatrix} \lambda_1 & & & 0 \\ & \lambda_2 & & \\ & & \ddots & \\ 0 & & & \lambda_n \end{pmatrix} \tag{11.4}$$

にできるための必要十分条件は、A がエルミート行列であることである。特に、A が実行列であれば、U として直交行列がとれる。

証明 A がエルミート行列であれば、定理 10.3. により、A の固有値はすべて実数です。定理 11.4. より、適当なユニタリ行列 U により、

$$U^{-1}AU = \begin{pmatrix} \lambda_1 & * & \cdots & * \\ 0 & \lambda_2 & \cdots & * \\ \vdots & \vdots & \ddots & \vdots \\ 0 & 0 & \cdots & \lambda_n \end{pmatrix}$$

のように上三角行列にすることができます。ユニタリ行列は、$U^{-1} = U^*$ を満たしますので、$U^{-1}AU = U^*AU$ であり、

$$(U^*AU)^* = U^*A^*(U^*)^* = U^*AU$$

となります。これは、U^*AU がエルミート行列であること、つまり、$U^{-1}AU$ の成分のうち $*$ の部分がすべて 0 であることを示しています。逆に、A がエルミート行列であれば、(11.4) の右辺の三角行列を Λ とすると、Λ を用いて $A = U\Lambda U^*$ と書くことができます。A のエルミート性より $A^* = (U\Lambda U^*) = U\Lambda^* U = U\Lambda U^* = A$ となるので、$\Lambda^* = \Lambda$、つまり Λ は対角成分がすべて実数の対角行列となります。 □

例題11.5. 例題 11.3. の行列 A を対角化する直交行列 P を求めてください。

解 A は実対称行列で、既に例題 11.3. で見たように、固有方程式が、$\varphi_A(\lambda) = (\lambda-1)^2(\lambda-4)$ となるので、その固有値は、$\lambda = 1$（重複度 2）、$\lambda = 4$（重複度 1）となります。$W_A(1)$ に属するベクトルは次のようになりました。

$$\begin{pmatrix} x \\ y \\ z \end{pmatrix} = t_1 \begin{pmatrix} -1 \\ 0 \\ 1 \end{pmatrix} + t_2 \begin{pmatrix} -1 \\ 1 \\ 0 \end{pmatrix} = t_1\boldsymbol{u}_1 + t_2\boldsymbol{u}_2 \qquad (|t_1| + |t_2| \neq 0)$$

ここで、$\boldsymbol{u}_1, \boldsymbol{u}_2$ は直交してはいませんが、一次独立です。$W_A(4)$ に属するベクトルは、

$$\begin{pmatrix} x \\ y \\ z \end{pmatrix} = t_3 \begin{pmatrix} 1 \\ 1 \\ 1 \end{pmatrix} \qquad (t_3 \neq 0)$$

と書けます。グラム・シュミットの直交化法により、$\boldsymbol{u}_1, \boldsymbol{u}_2$ を正規直交化すると、

$$\boldsymbol{v}_1 = \frac{\boldsymbol{u}_1}{\|\boldsymbol{u}_1\|} = \frac{1}{\sqrt{2}}\begin{pmatrix} -1 \\ 0 \\ 1 \end{pmatrix}, \quad \boldsymbol{v}_2 = \frac{\boldsymbol{u}_2 - (\boldsymbol{u}_1, \boldsymbol{v}_1)\boldsymbol{v}_1}{\|\boldsymbol{u}_2 - (\boldsymbol{u}_1, \boldsymbol{v}_1)\boldsymbol{v}_1\|} = \frac{1}{\sqrt{6}}\begin{pmatrix} -1 \\ 2 \\ -1 \end{pmatrix}$$

となるので、

$$P = \frac{1}{\sqrt{6}}\begin{pmatrix} -\sqrt{3} & -1 & \sqrt{2} \\ 0 & 2 & \sqrt{2} \\ \sqrt{3} & -1 & \sqrt{2} \end{pmatrix}$$

となります。

例題11.6. 定理 11.6. を応用して、次の行列の $k\ (= 1, 2, \ldots)$ 乗を求めてください。

$$A = \begin{pmatrix} 2 & 1 \\ -1 & 4 \end{pmatrix}$$

解 A の固有値は、$\lambda = 3$（重解）です。固有空間は、

$$W_A(3) = \left\{ t \begin{pmatrix} 1 \\ 1 \end{pmatrix} \middle|\ t \in K \right\}$$

となりますから、$\dim W_A(3) = 1$ となり、対角化できません。一方、定理 11.6. より、$(A - 3I)^2 = O$ が成り立ちます。そこで、x^k を $(x-3)^2$ で割ったときの商を $Q(x)$、余りを $ax + b$ としたとき、

$$x^k = (x-3)^2 Q(x) + ax + b \qquad (*)$$

と書けることを利用して、A^k を求めてみることにします。この等式 $(*)$ において、$x = 3$ とすれば、$3^k = 3a + b$ となります。$(*)$ の両辺を x で微分すると、$kx^{k-1} = 2(x-3)Q(x) + (x-3)^2 Q'(x) + a$ となりますが、ここで、$x = 3$ とすると、$k \cdot 3^{k-1} = a$ となります。よって、$b = 3^k - k \cdot 3^k = -(k-1) \cdot 3^k$ となり、$(*)$ で $x = A$ とおいて、A^k が次のようになることが分かります。

$$\begin{aligned} A^k &= (A - 3I)^2 Q(A) + k \cdot 3^{k-1} A - (k-1) \cdot 3^k I \\ &= k \cdot 3^{k-1} A - (k-1) 3^k I \\ &= k \cdot 3^{k-1} \begin{pmatrix} 2 & 1 \\ -1 & 4 \end{pmatrix} - (k-1) 3^k \begin{pmatrix} 1 & 0 \\ 0 & 1 \end{pmatrix} \\ &= \begin{pmatrix} (3-k) \cdot 3^{k-1} & k \cdot 3^{k-1} \\ -k \cdot 3^{k-1} & (k+3) \cdot 3^{k-1} \end{pmatrix} \end{aligned}$$

補足11.1. 定理 11.4. により、対角化できない正方行列でも三角化まではできることが分かります。理論的には三角化までできれば足りることが多いのですが、可能な限り単純化するとどうなるかは数学的には興味ある問題でしょう。対角化できない場合も含めた標準形はジョルダン標準形といいます。ジョルダン標準形の説明をするには多くのページが必要になりますので、ここでは、直感的な説明のみしておきます。三角化したとき、対角成分に固有値が並ぶわけですが、異なる固有値に対するブロックは別々に三角化できると考えられます。すると、次のような各固有値 λ に対応する三角行列が並んだ行列になります。

$$\begin{pmatrix} \lambda & * & * & * \\ & \lambda & * & * \\ & & \ddots & * \\ & & & \lambda \end{pmatrix}$$

P をうまくとるとこの行列をさらに簡単なものにすることができて、次のような行列が並んだものにできます。

$$J(\lambda) = \begin{pmatrix} \lambda & 1 & 0 & \cdots & 0 \\ 0 & \lambda & 1 & \cdots & 0 \\ 0 & 0 & \lambda & \cdots & 0 \\ \vdots & \vdots & \vdots & \ddots & \vdots \\ 0 & 0 & 0 & \cdots & \lambda \end{pmatrix}$$

$J(\lambda)$ のような行列を**ジョルダン細胞** (Jordan cell) といいます。正方行列 A は、適当な正則行列 P を選べば、次のような行列に変換できます。ここで、λ_i と λ_j は一致する場合もあります。

$$P^{-1}AP = \begin{pmatrix} J(\lambda_1) & & & \\ & J(\lambda_2) & & \\ & & \ddots & \\ & & & J(\lambda_r) \end{pmatrix}$$

これを A の**ジョルダン標準形** (Jordan normal form) といいます。

章末問題

問題11-1 **(数学)** A と B が相似であれば、$\mathrm{tr}A = \mathrm{tr}B, \mathrm{rank}A = \mathrm{rank}B$ であることを証明してください。

問題11-2 **(数学)** 対角化を応用して（手計算で)、

$$A = \begin{pmatrix} 3 & 1 \\ 1 & 3 \end{pmatrix}$$

の k 乗 A^k $(k = 1, 2, \ldots)$ を求めてください。

問題11-3 **(Python)**　NumPy を用いて例題 11.4. の行列 J の固有値と固有ベクトルを求めてください。

問題11-4 **(数学)**　A が実数成分のみからなる n 次の正方行列で、その固有値がすべて実数であれば、適当な直交行列 P によって、

$$P^{-1}AP = \begin{pmatrix} \lambda_1 & * & \cdots & * \\ 0 & \lambda_2 & \cdots & * \\ \vdots & \vdots & \ddots & \vdots \\ 0 & 0 & \cdots & \lambda_n \end{pmatrix}$$

とできることを証明してください。

問題11-5 **(数学)**　ケーリー・ハミルトンの定理（定理 11.6.）を応用して、次の行列の k $(= 1, 2, \ldots)$ 乗を求めてください。

$$A = \begin{pmatrix} 1 & 1 \\ -1 & 3 \end{pmatrix}$$

問題11-6 **(数学)**　二項定理を応用して、3 次のジョルダン細胞の k $(= 1, 2, \ldots)$ 乗を求めてください。

問題11-7 **(数学)**　a を実数の定数とします。このとき、次の行列 A が対角化可能かどうか調べてください。

$$A = \begin{pmatrix} 0 & 0 & 1 \\ 0 & 1 & 0 \\ 1 & 0 & a \end{pmatrix}$$

問題11-8 **(数学)**　次の行列 A が対角化可能であるための必要十分条件を a, b, c の式で表してください。

$$A = \begin{pmatrix} 2 & a & b \\ 0 & 2 & c \\ 0 & 0 & 1 \end{pmatrix}$$

問題11-9 **(数学)**　n 次の正方行列 A が $A^2 = A$ を満たすとき、A は対角化可能であることを証明してください。このような行列は**べき等行列** (idempotent matrix) と呼ばれています。

問題11-10 **(数学)**

$$A = \begin{pmatrix} 1 & 0 & -1 \\ 2 & 1 & 0 \\ 0 & 0 & 2 \end{pmatrix}$$

について、固有多項式を求め、A が対角化できるかどうか調べてください。

問題11-11 **(数学)**　問題 11-10 の行列 A に対して $A^{-1} = f(A)$ となるような多項式 f を求めてください。

問題11-12 **(数学)**　n 次の正方行列 A が $A^2 = A$ を満たすとき、

$$\mathrm{rank}A = \mathrm{tr}A$$

であることを証明してください。

問題11-13 **(数学)**　n 次の正方行列 A, B に対し、B が正則であるとします。λ が AB の固有値であれば、BA の固有値でもあることを示してください。

問題11-14 **(数学)**　n 次の正方行列 A, B に対し、λ が AB の固有値であれば、λ は BA の固有値でもあることを示してください。（ヒント：z を B の固有値でない複素数としたとき、$B - zI$ は正則であり、問題 11-13 の議論が有効です。）

問題11-15 **(数学)**

$$A = \begin{pmatrix} 2 & -1 \\ 2 & -1 \end{pmatrix}, \quad B = \begin{pmatrix} 1 & 1 \\ 2 & 2 \end{pmatrix}$$

について、AB と BA を求め、それぞれの 0 に対する固有空間 $W_{AB}(0), W_{BA}(0)$ の次元を求めてください。

第12章

特異値分解・低ランク近似

特異値分解は、非正方行列に対する対角化の類似概念で、情報の圧縮で大きな力を発揮します。特異値分解の典型的な応用として「低ランク近似」を取り上げ、画像圧縮に応用してみます。

12.1 ▸ 特異値分解とは

A を正方行列とします。このとき、$B = A^*A$ という行列を考えましょう。$B^* = (A^*A)^* = A^*A = B$ となりますから、B はエルミート行列です。B の固有値が実数であることはもちろんですが、実は 0 以上になります。実際、B の固有値 λ に属する固有ベクトルを $\boldsymbol{u}$ とすると、

$$\lambda\|\boldsymbol{u}\|^2 = (B\boldsymbol{u}, \boldsymbol{u}) = (A^*A\boldsymbol{u}, \boldsymbol{u}) = (A\boldsymbol{u}, A\boldsymbol{u}) = \|A\boldsymbol{u}\|^2 \geq 0$$

となり、固有ベクトルは零ベクトルではないので、$\lambda \geq 0$ となります。

類似のことを $m \times n$ 行列 A の場合にやりたいのですが、$m \neq n$ のときは、$A\boldsymbol{u} = \lambda\boldsymbol{u}$ のような関係が成り立つことはありません。というのは、$\boldsymbol{u}$ は n 次元ベクトルですが、$A\boldsymbol{u}$ は m 次元のベクトルなので、そもそもベクトルの成分数すら合わないからです。そこで、次のようなことを考えます。

定義12.1. A を $m \times n$ 行列とする。このとき、実数 $\sigma \geq 0$ に対し、m 次元ベクトル $\boldsymbol{u} \neq \boldsymbol{0}$ と n 次元ベクトル $\boldsymbol{v} \neq \boldsymbol{0}$ で次の関係式を満たすものが存在するとき、σ を A の**特異値** (singular value)、$\boldsymbol{u}$ を σ に属する**左特異ベクトル** (left-singular vector)、$\boldsymbol{v}$ を σ に属する**右特異ベクトル** (right-singular vector) という。

$$A\boldsymbol{v} = \sigma\boldsymbol{u}$$
$$A^*\boldsymbol{u} = \sigma\boldsymbol{v}$$

σ^2 は、n 次, m 次の正方行列 A^*A, AA^* の共通の固有値になっています。実際、

$$A^*A\boldsymbol{v} = \sigma A^*\boldsymbol{u} = \sigma^2\boldsymbol{v}$$
$$AA^*\boldsymbol{u} = \sigma A\boldsymbol{v} = \sigma^2\boldsymbol{u}$$

となります。A^*A, AA^* はエルミート行列で、固有値は非負となります。つまり、固有値は非負の実数 σ を用いて σ^2 と書くことができます。さらに、エルミート行列の固有ベクトルは（複素内積で）互いに直交しています。ここで、各固有ベクトルのノルムは 1 として（正規化して）おきます。$\mathrm{rank}A = r$ とするとき、重複も含め、正の特異値 $\sigma_1, \sigma_2, \ldots, \sigma_r$ が存在します。つまり、$A\boldsymbol{v}_i = \sigma_i\boldsymbol{u}_i$ $(i = 1, 2, \ldots, r)$, $A^*\boldsymbol{u}_i = \sigma_i\boldsymbol{v}_i$ となる $\boldsymbol{u}_i \neq \boldsymbol{0}$, $\boldsymbol{v}_i \neq \boldsymbol{0}$ が存在します。$V = (\boldsymbol{v}_1\ \boldsymbol{v}_2\ \cdots\ \boldsymbol{v}_r)$ とすると、V は、$n \times r$ 行列で、

$$\begin{aligned}
AV &= (\sigma_1\boldsymbol{u}_1\ \sigma_2\boldsymbol{u}_2\ \cdots\ \sigma_r\boldsymbol{u}_r) \\
&= (\boldsymbol{u}_1\ \boldsymbol{u}_2\ \cdots\ \boldsymbol{u}_r)\begin{pmatrix} \sigma_1 & 0 & \cdots & 0 \\ 0 & \sigma_2 & \cdots & 0 \\ \vdots & \vdots & \ddots & \vdots \\ 0 & 0 & \cdots & \sigma_r \end{pmatrix} \\
&= U\Sigma
\end{aligned}$$

となります。ここで、$U = (\boldsymbol{u}_1\ \boldsymbol{u}_2\ \cdots\ \boldsymbol{u}_r)$, $\Sigma = \mathrm{diag}(\sigma_1, \sigma_2, \ldots, \sigma_r)$ とおきました。U は $m \times r$ 型、Σ は r 次の正方行列です。V の列ベクトルは正規直交系になっていますから、$VV^* = I_n$ になることより、$AV = U\Sigma$ の両辺に右から V^* を掛けると、

$$A = U\Sigma V^* \tag{12.1}$$

となります。(12.1) を A の**特異値分解** (singular value decomposition) といいます。SVD と略記されることもあります。ここで、$V^*V = I_r$, $U^*U = I_m$, $UU^* = I_r$ となります。U, V は、一般に正方行列ではありませんが、ユニタリ性にあたる性質が成り立っています。実行列の場合は、共役転置と転置は同じことですから、$V^* = V^\top$ となり、U, V も実行列の特異値分解は、次の形になります。

$$A = U\Sigma V^\top$$

A が n 次の正方行列で非負エルミート行列であるとします。このとき、A の固有値 $\lambda_1, \lambda_2, \ldots, \lambda_n$ は非負の実数です。さらに、A は、ユニタリ行列 U で対角化可能ですから、$\Lambda = \mathrm{diag}(\lambda_1, \lambda_2, \ldots, \lambda_n)$ として、

$$A = U\Lambda U^*$$

となります。このときは、特異値と固有値は一致し、特異値分解と対角化も一致します。

特異値分解は、A が非負エルミートでないどころか正方行列でなくても定義できるという点で優れています。例を見てみましょう。

例題12.1.　次の行列を手計算で特異値分解してください。

$$A = \begin{pmatrix} 1 & 2 \\ 1 & -1 \\ 2 & -1 \end{pmatrix}$$

解 定義に従って計算していきましょう。

$$A^\top A = \begin{pmatrix} 1 & 1 & 2 \\ 2 & -1 & -1 \end{pmatrix} \begin{pmatrix} 1 & 2 \\ 1 & -1 \\ 2 & -1 \end{pmatrix} = \begin{pmatrix} 6 & -1 \\ -1 & 6 \end{pmatrix}$$

となりますから、その固有値は、

$$\begin{vmatrix} \lambda - 6 & 1 \\ 1 & \lambda - 6 \end{vmatrix} = (\lambda - 6)^2 - 1 = 0$$

より、$\lambda = 7, 5$ となり、A の特異値は、$\sigma = \sqrt{7}, \sqrt{5}$ となることが分かります。よって、$\Sigma = \mathrm{diag}(\sqrt{7}, \sqrt{5})$ となります。$\boldsymbol{v}$ は、$A^\top A$ の固有ベクトルでした。固有値 $7, 5$ に対する固有ベクトルを、$\boldsymbol{v}_1 = (x_1, y_1)^\top$, $\boldsymbol{v}_2 = (x_2, y_2)^\top$ とすると、

$$\begin{pmatrix} 1 & 1 \\ 1 & 1 \end{pmatrix} \begin{pmatrix} x_1 \\ y_1 \end{pmatrix} = \begin{pmatrix} 0 \\ 0 \end{pmatrix}, \quad \begin{pmatrix} -1 & 1 \\ 1 & -1 \end{pmatrix} \begin{pmatrix} x_2 \\ y_2 \end{pmatrix} = \begin{pmatrix} 0 \\ 0 \end{pmatrix}$$

これらを解いて、正規化すれば（符号は一方のみをとる）、

$$\boldsymbol{v}_1 = \frac{1}{\sqrt{2}} \begin{pmatrix} -1 \\ 1 \end{pmatrix}, \quad \boldsymbol{v}_2 = \frac{1}{\sqrt{2}} \begin{pmatrix} 1 \\ 1 \end{pmatrix}$$

となりますので、U は次のようになります。

$$V = \begin{pmatrix} -\frac{1}{\sqrt{2}} & \frac{1}{\sqrt{2}} \\ \frac{1}{\sqrt{2}} & \frac{1}{\sqrt{2}} \end{pmatrix}$$

$$AA^\top = \begin{pmatrix} 1 & 2 \\ 1 & -1 \\ 2 & -1 \end{pmatrix} \begin{pmatrix} 1 & 1 & 2 \\ 2 & -1 & -1 \end{pmatrix} = \begin{pmatrix} 5 & -1 & 0 \\ -1 & 2 & 3 \\ 0 & 3 & 5 \end{pmatrix}$$

となりますから、その固有値は、

$$\begin{vmatrix} \lambda - 5 & 1 & 0 \\ 1 & \lambda - 2 & -3 \\ 0 & -3 & \lambda - 5 \end{vmatrix} = \lambda(\lambda - 7)(\lambda - 5) = 0$$

より、$\lambda = 0, 7, 5$ となりますが、$A^{\mathsf{T}}A$ の固有値と共通なのは、$\lambda = 7, 5$ のみです。対応する固有ベクトルを求めます。$\lambda = 7$ に属する固有ベクトルを $\boldsymbol{u} = (x_1, y_1, z_1)^{\mathsf{T}}$ とすると、固有方程式は、

$$\begin{pmatrix} 2 & 1 & 0 \\ 1 & 5 & -3 \\ 0 & -3 & 2 \end{pmatrix} \begin{pmatrix} x_1 \\ y_1 \\ z_1 \end{pmatrix} = \begin{pmatrix} 0 \\ 0 \\ 0 \end{pmatrix}$$

となります。これを解いて、正規化したベクトルの一つは、

$$\boldsymbol{u}_1 = \frac{1}{\sqrt{14}} \begin{pmatrix} 1 \\ -2 \\ -3 \end{pmatrix}$$

となります。同様にして、$\lambda = 5$ に属する正規化された固有ベクトルの一つは、

$$\boldsymbol{u}_2 = \frac{1}{\sqrt{10}} \begin{pmatrix} 3 \\ 0 \\ 1 \end{pmatrix}$$

となります。よって、U は、次のように書くことができます。

$$U = \begin{pmatrix} \frac{1}{\sqrt{14}} & \frac{3}{\sqrt{10}} \\ -\frac{2}{\sqrt{14}} & 0 \\ -\frac{3}{\sqrt{14}} & \frac{1}{\sqrt{10}} \end{pmatrix}$$

以上から、A の特異値分解は次のようになります。

$$A = U\Sigma V^{\mathsf{T}} = \begin{pmatrix} \frac{1}{\sqrt{14}} & \frac{3}{\sqrt{10}} \\ -\frac{2}{\sqrt{14}} & 0 \\ -\frac{3}{\sqrt{14}} & \frac{1}{\sqrt{10}} \end{pmatrix} \begin{pmatrix} \sqrt{7} & 0 \\ 0 & \sqrt{5} \end{pmatrix} \begin{pmatrix} -\frac{1}{\sqrt{2}} & \frac{1}{\sqrt{2}} \\ \frac{1}{\sqrt{2}} & \frac{1}{\sqrt{2}} \end{pmatrix}$$ □

例題12.2. NumPy を利用して、例題 12.1. の行列 A の特異値分解を求め、分解が正しいことを行列の積を求めて確認してください。

解 特異値分解では、numpy.linalg.svd という関数を使います。例えば、リスト 12.1 のようにすればよいでしょう。ここでは説明のため、行列のランク等の情報も表示し、full_matrices を False にした場合と True にした場合（デフォルト）両方の結果を示しています。

リスト 12.1　svd.py

```
import numpy as np
```

```
2   import numpy.linalg as LA
3
4   A = np.array([[1, 2], [1, -1], [2, -1]])
5   print('A =', A, sep = '\n')
6   print('Rank of A =', LA.matrix_rank(A))
7   print('A^TA=', np.transpose(A) @ A)
8
9   print('*** Case full_matrices = False ***')
10  U, S, VT = LA.svd(A, full_matrices = False)
11  print(U.shape, S.shape, VT.shape)
12
13  print('U =',U, 'Sigma =', np.diag(S), 'V^T =', VT, sep = '\n')
14  # Reconstruction of matrix A
15  print('USV^T =', U @ np.diag(S) @ VT, sep = '\n')
16
17  print('*** Case full_matrices = True(default) ***')
18  U0, S0, VT0 = LA.svd(A)
19  print(U0.shape, S0.shape, VT0.shape)
20  print('U =',U0, 'Sigma =', np.diag(S0), 'V^T =', VT0, sep = '\n')
21
22  # Reconstruction of matrix A
23  m, n = A.shape
24  print(U0[:,:n] @ np.diag(S0) @ VT[:m,:])
```

リスト 12.1 のプログラムの 10 行目、18 行目が SVD の処理です[*1]。10 行目の SVD では、`full_matrices = False` とありますが、`True` とすると、U, V が正方行列になります。デフォルトでは、`True` となっていますのでご注意ください。出力結果のうち、Σ にあたる `S`, `S0` は固有値の並んだ 1 次元配列で、行列の形になっていないため、13 行目で `diag(S)`（20 行目、24 行目では、`diag(S0)`）として対角行列をつくっています。V については、転置された $V^\top$ が出力されています。15 行目では、U と $\mathrm{diag}(S)$ と $V^\top$ の積を求めています。`full_matrices = True` の場合は、24 行目のように $U, V^\top$ の不要な列と行をカットしておかないと行列の積が定義できなくなる場合があります。実行結果は以下の通りです。

[*1] ここでは、NumPy の svd 関数を使っていますが、SciPy の方が便利なことが多いので、後ほど SciPy の svd 関数を使います。

```
A =
[[ 1  2]
 [ 1 -1]
 [ 2 -1]]
Rank of A = 2
A^TA= [[ 6 -1]
 [-1  6]]
*** Case full_matrices = False ***
(3, 2) (2,) (2, 2)
U =
[[ 2.67261242e-01  9.48683298e-01]
 [-5.34522484e-01  3.02685589e-16]
 [-8.01783726e-01  3.16227766e-01]]
Sigma =
[[2.64575131 0.        ]
 [0.         2.23606798]]
V^T =
[[-0.70710678  0.70710678]
 [ 0.70710678  0.70710678]]
USV^T =
[[ 1.  2.]
 [ 1. -1.]
 [ 2. -1.]]
*** Case full_matrices = True(default) ***
(3, 3) (2,) (2, 2)
U =
[[ 2.67261242e-01  9.48683298e-01 -1.69030851e-01]
 [-5.34522484e-01  3.02685589e-16 -8.45154255e-01]
 [-8.01783726e-01  3.16227766e-01  5.07092553e-01]]
Sigma =
[[2.64575131 0.        ]
 [0.         2.23606798]]
V^T =
[[-0.70710678  0.70710678]
 [ 0.70710678  0.70710678]]
```

数値誤差で、0 になるべき成分が小さな実数になっていますが、最後に掛け算した結果は、A に戻っていることが分かるでしょう。`numpy.linalg.svd` では、特異値は大きい方から順に並びます。つまり、この例では、左から $\sqrt{7}, \sqrt{5}$ のように並びます。`full_matrices = True` の場合、V は `full_matrices = False` のときと同じ行列ですが、U が 3×3 型の正方行列になっていることが分かると思います。

12.2 ▸ [illegible]

特異値分解が正方行列の対角化の類似であることは分かりましたが、こんなことをして何か嬉しいことがあるのでしょうか。実は、行列に詰め込まれている情報を圧縮するのに役立ちます。特異値分解の代表的な応用例は、画像圧縮と統計学における主成分分析です。主成分分析は重要な応用例ですが、統計学の説明がかさむので、ここでは特異値分解を利用した低ランク近似による画像圧縮を取り上げます[*2]。

低ランク近似を説明するため、A を 3×4 型の実行列で、$\mathrm{rank} A = 3$ となるものとします。このとき、$U = (\boldsymbol{u}_1\ \boldsymbol{u}_2\ \boldsymbol{u}_3)$、$V = (\boldsymbol{v}_1\ \boldsymbol{v}_2\ \boldsymbol{v}_3)$ とすると、

$$
\begin{aligned}
A &= U \Sigma V^{\top} \\
&= (\boldsymbol{u}_1\ \boldsymbol{u}_2\ \boldsymbol{u}_3) \begin{pmatrix} \sigma_1 & 0 & 0 \\ 0 & \sigma_2 & 0 \\ 0 & 0 & \sigma_3 \end{pmatrix} (\boldsymbol{v}_1\ \boldsymbol{v}_2\ \boldsymbol{v}_3)^{\top} \\
&= \sigma_1 (\boldsymbol{u}_1\ \boldsymbol{u}_2\ \boldsymbol{u}_3) \begin{pmatrix} 1 & 0 & 0 \\ 0 & 0 & 0 \\ 0 & 0 & 0 \end{pmatrix} (\boldsymbol{v}_1\ \boldsymbol{v}_2\ \boldsymbol{v}_3)^{\top} \\
&\quad + \sigma_2 (\boldsymbol{u}_1\ \boldsymbol{u}_2\ \boldsymbol{u}_3) \begin{pmatrix} 0 & 0 & 0 \\ 0 & 1 & 0 \\ 0 & 0 & 0 \end{pmatrix} (\boldsymbol{v}_1\ \boldsymbol{v}_2\ \boldsymbol{v}_3)^{\top} \\
&\quad + \sigma_3 (\boldsymbol{u}_1\ \boldsymbol{u}_2\ \boldsymbol{u}_3) \begin{pmatrix} 0 & 0 & 0 \\ 0 & 0 & 0 \\ 0 & 0 & 1 \end{pmatrix} (\boldsymbol{v}_1\ \boldsymbol{v}_2\ \boldsymbol{v}_3)^{\top} \\
&= \sigma_1 \boldsymbol{u}_1 \boldsymbol{v}_1^{\top} + \sigma_2 \boldsymbol{u}_2 \boldsymbol{v}_2^{\top} + \sigma_3 \boldsymbol{u}_3 \boldsymbol{v}_3^{\top}
\end{aligned}
$$

となります。これを一般化すると、次のようになります。

[*2] 主成分分析については、神永正博・木下勉『R で学ぶ確率統計学（多変量統計編）』内田老鶴圃で説明していますので、よろしければご覧ください。

$$A = \sum_{i=1}^{r} \sigma_i \boldsymbol{u}_i \boldsymbol{v}_i^{\mathsf{T}} \tag{12.2}$$

つまり、特異値分解においては、V の列ベクトルは、入力データの空間における正規直交基底で、U の列ベクトルは、出力データの空間の正規直交基底を表していて、V で表現された入力データが、特異値分だけ増幅し、U の列ベクトルを基底とした表現で出力されるという解釈ができます[*3]。**特異値は増幅率に対応しているのです**。**σ が大きければ大きいほど、A を表すのに重要な軸だという解釈ができます（図 12.1 参照）**。特異値が大きい方から $\sigma_1 \geq \sigma_2 \geq \cdots \geq \sigma_r$ と並んでいるとすると、右辺の k $(\leq r)$ 項の部分和

$$A_k = \sum_{i=1}^{k} \sigma_i \boldsymbol{u}_i \boldsymbol{v}_i^{\mathsf{T}}$$

は、A に「近い」行列になっていると考えられます。A の情報をあまり失わないように k の値を決めれば、A_k を A の代用品と思っても実用上問題ないようにできるはずです。これが**低ランク近似** (low rank approximation) の基本原理です。行列同士の「距離」を測るため、行列ノルムを用意します。

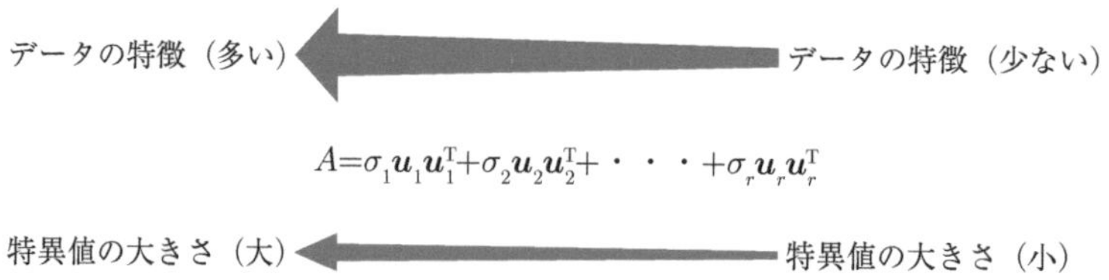

図 12.1 特異値分解

定義12.2. $m \times n$ 行列 $A = (a_{ij})_{1 \leq i \leq m, 1 \leq j \leq n}$ の**行列ノルム**[*4] (matrix norm) $\|A\|$ を次のように定義する。ここで、$\boldsymbol{x}$ は n 次元列ベクトルである。

$$\|A\| = \max_{\|\boldsymbol{x}\|=1} \|A\boldsymbol{x}\|$$

定理12.1. $\mathrm{rank} A = r$ とし、A の特異値を $\sigma_1 \geq \sigma_2 \geq \cdots \geq \sigma_r > 0$ とするとき、$\|A\| = \sigma_1$ が成り立つ。つまり $\|A\|$ は A の最大の特異値に等しい。

証明 U でノルムは変わらないから、

[*3] 複素行列の場合は、このような幾何学的解釈はやや難しいですが、実行列の場合の類似と考えれば、大体のイメージは湧くのではないでしょうか。
[*4] **スペクトルノルム** (spectral norm) と呼ばれることもあります。

$$\begin{aligned}\|A\| &= \max_{\|\boldsymbol{x}\|=1} \|A\boldsymbol{x}\| \\ &= \max_{\|\boldsymbol{x}\|=1} \|U\Sigma V^\top \boldsymbol{x}\| \\ &= \max_{\|\boldsymbol{x}\|=1} \|\Sigma V^\top \boldsymbol{x}\|\end{aligned}$$

ここで $\boldsymbol{y} = V^\top \boldsymbol{x} = (y_1, y_2, \ldots, y_r)^\top$ とおけば、V のユニタリ性により、

$$\begin{aligned}\|A\| &= \max_{\|\boldsymbol{y}\|=1} \left\| \begin{pmatrix} \sigma_1 & 0 & \cdots & 0 \\ 0 & \sigma_2 & \cdots & 0 \\ \vdots & \vdots & \ddots & \vdots \\ 0 & 0 & \cdots & \sigma_r \end{pmatrix} \begin{pmatrix} y_1 \\ y_2 \\ \vdots \\ y_r \end{pmatrix} \right\| \\ &= \max_{\|\boldsymbol{y}\|=1} \left\| \begin{pmatrix} \sigma_1 y_1 \\ \sigma_2 y_2 \\ \vdots \\ \sigma_r y_r \end{pmatrix} \right\| \\ &= \max_{|y_1|^2+|y_2|^2+\cdots+|y_r|^2=1} \sqrt{\sigma_1^2 |y_1|^2 + \sigma_2^2 |y_2|^2 + \cdots + \sigma_r^2 |y_r|^2} = \sigma_1\end{aligned}$$

となります。 □

定理12.2. $\mathrm{rank} A = r$ とし、A の特異値を $\sigma_1 \geq \sigma_2 \geq \cdots \geq \sigma_r$ とする。A の特異値分解を $A = U\Sigma V^*$ とするとき、$\mathrm{rank} A_k = k \ (\leq r)$ となる行列 A_k を、

$$A_k = \sum_{i=1}^{k} \sigma_i \boldsymbol{u}_i \boldsymbol{v}_i^*$$

で定義する。このとき、$A_r = A$ であり、以下の等式が成り立つ。

$$\|A - A_k\| = \sigma_{k+1} \ (k < r)$$

証明 行列 $\Sigma_k \ (k < r)$ を次のように定義します。

$$\Sigma_k = \begin{pmatrix} 0 & & & & & \\ & \ddots & & & & \\ & & 0 & & & \\ & & & \sigma_{k+1} & & \\ & & & & \ddots & \\ & & & & & \sigma_r \end{pmatrix}$$

このとき、U, V のユニタリ性と定理 12.1. より、

$$\begin{aligned} \|A - A_k\| &= \left\| \sum_{i=k+1}^{r} \sigma_i \boldsymbol{u}_i \boldsymbol{v}_i^* \right\| \\ &= \|U\Sigma_k V^*\| \\ &= \|\Sigma_k\| = \sigma_{k+1} \end{aligned}$$

が得られます。 □

今、特異値 σ_{k+1} は、k が大きいほど小さくなるのですから、定理 12.2. は、A_k が A を近似していることを示しています。これ自身は当然の結果に見えるかもしれませんが、次の定理 12.3. より、A_k が A の最良の近似になっていることが分かります。

定理12.3. （エッカート・ヤング・ミルスキーの定理）A を $m \times n$ 行列で $\mathrm{rank}A = r$ とし、A の特異値分解を $A = U\Sigma V^*$ とする。ここで、U, V はユニタリ行列で、$\Sigma = \mathrm{diag}(\sigma_1, \sigma_2, \ldots, \sigma_r)$ である（ただし、Σ は $m \times n$ 行列になるように 0 を追加して考える）。$A_k = \sum_{i=1}^{k} \sigma_i \boldsymbol{u}_i \boldsymbol{v}_i^*$ は、ランク k の行列において、A に最も近い行列である。すなわち、任意の $\mathrm{rank}B = k$ $(k < r)$ となる $m \times n$ 行列 B に対して、次の不等式が成り立つ。

$$\|A - A_k\| \leq \|A - B\|$$

証明 B を $\mathrm{rank}B = k$ となる $m \times n$ 行列とします。B の定める線形写像を f_B とすると、次元定理（定理 9.4.）より、

$$\dim \mathrm{Ker} f_B = n - \mathrm{rank}B = n - k$$

となります。A の特異値分解における V の $k+1$ 個の列ベクトル $\boldsymbol{v}_1, \boldsymbol{v}_2, \ldots, \boldsymbol{v}_{k+1}$ は一次独立です。$V_{k+1} = (\boldsymbol{v}_1\ \boldsymbol{v}_2\ \ldots\ \boldsymbol{v}_{k+1})$ の定める線形写像を $f_{V_{k+1}}$ とすると、$\dim \mathrm{Im} f_{V_{k+1}} = k+1$ となり、

$$\dim \mathrm{Ker} f_B + \dim \mathrm{Im} f_{V_{k+1}} = n - k + (k+1) = n + 1 > n$$

となるので、$\dim \mathrm{Ker} f_B \cap \mathrm{Im} f_{V_{k+1}}$ は $\boldsymbol{0}$ 以外の元を含むことになります。$\boldsymbol{0} \neq \boldsymbol{z} \in \mathrm{Ker} f_B \cap \mathrm{Im} f_{V_{k+1}}$ となる $\boldsymbol{z}$ をとります。$\boldsymbol{z}$ は正規化されているとします。$\boldsymbol{z} \in \mathrm{Im} f_{V_{k+1}}$ ですから、$\boldsymbol{z} = \sum_{i=1}^{k+1} x_i \boldsymbol{v}_i$ となるような x_i $(i = 1, 2, \ldots, k+1)$ が存在します。$\boldsymbol{z}$ のノルムは 1 ですので、$|x_1|^2 + |x_2|^2 + \cdots + |x_{k+1}|^2 = 1$ となっています。$\|A - B\|^2$ を下から評価します。

$$\begin{aligned} \|A - B\|^2 &= \max_{\|\boldsymbol{w}\|=1} \|(A - B)\boldsymbol{w}\|^2 \\ &\geq \|(A - B)\boldsymbol{z}\|^2 \\ &= \|A\boldsymbol{z}\|^2 \end{aligned}$$

$$
\begin{aligned}
&= (A\boldsymbol{z}, A\boldsymbol{z}) \\
&= (U\Sigma V^*\boldsymbol{z}, U\Sigma V^*\boldsymbol{z}) \\
&= (\Sigma V^*\boldsymbol{z}, \Sigma V^*\boldsymbol{z}) \\
&= (\Sigma^2 V^*\boldsymbol{z}, V^*\boldsymbol{z})
\end{aligned}
$$

となります。第一の不等式は $\|\boldsymbol{z}\| = 1$ ですので、最大値以下だということです（当たり前ですが）。次の等式は、$\boldsymbol{z} \in \mathrm{Ker} f_B$ から、$B\boldsymbol{z} = \boldsymbol{0}$ となることから従います。下から 3 番目の等式では、特異値分解の等式 $A = U\Sigma V^*$ を代入しています。下から 2 番目の等式では、U のユニタリ性を使っています。最後の式で、$\boldsymbol{x} = (x_1, x_2, \ldots, x_{k+1})^\mathsf{T}$ とおくと、$V^*\boldsymbol{z} = V^*V\boldsymbol{x} = \boldsymbol{x}$ ですので、

$$
\begin{aligned}
\|A - B\|^2 &\geq (\Sigma^2 V^*\boldsymbol{z}, V^*\boldsymbol{z}) \\
&= (\Sigma^2\boldsymbol{x}, \boldsymbol{x}) \\
&= \sum_{i=1}^{k+1} \sigma_i^2 |x_i|^2 \\
&\geq \sigma_{k+1}^2 = \|A - A_k\|^2
\end{aligned}
$$

となることが分かります。 □

12.3 ▸ Python で画像圧縮

実際の画像の特異値分布を見てみましょう。次ページの図 12.2 は見ての通り猫の写真です[5]。もとはカラー画像なのですが、話を単純化するため、グレースケールに変換して SVD にかけてみます。

カラー画像の場合は、各座標の RGB 値 (red, green, blue) が含まれていますが、グレースケールの画像はこれらをまとめて 0 から 255 階調の輝度値になっています。輝度 L は、RGB の値をまとめて、

$$
L = 0.299R + 0.587G + 0.114B
$$

とした値になっています[6]。この値が各ピクセル（画素）ごとに並んだ行列を特異値分解するわけです。

▸ リスト 12.2　svdist.py ◂

```python
import matplotlib.pyplot as plt
from scipy import linalg as SLA
from PIL import Image
```

[5] 筆者の住まいの近所で見かけた猫です。
[6] $0.299 + 0.587 + 0.114 = 1$ となります。

図 12.2　猫の写真

```

# Convert a color image to a black-and-white one
imagefile = Image.open('cat.jpg')
BWimage = imagefile.convert('L')
BWimage.save('black-and-white.jpg')
print('size=', BWimage.size, 'mode=', BWimage.mode)

# SVD
U, S, VT = SLA.svd(BWimage)

fig, ax = plt.subplots(1, 1)

ax.plot(range(len(S)), S)
ax.set_yscale('log')
ax.set_xlabel('rank')
ax.set_ylabel('singular value(logarithmic scale)')
plt.show()
```

リスト 12.2 のプログラムを実行すると、次のようにファイルサイズ（この場合は、4160×3120）とモード（L はグレースケール画像であることを示しています）が表示され、図 12.3 が表示されます。ファイル形式については細かい話がいろいろありますが、本書の主題は線形代数学ですので、これ以上深入りするのはやめにしておきます。

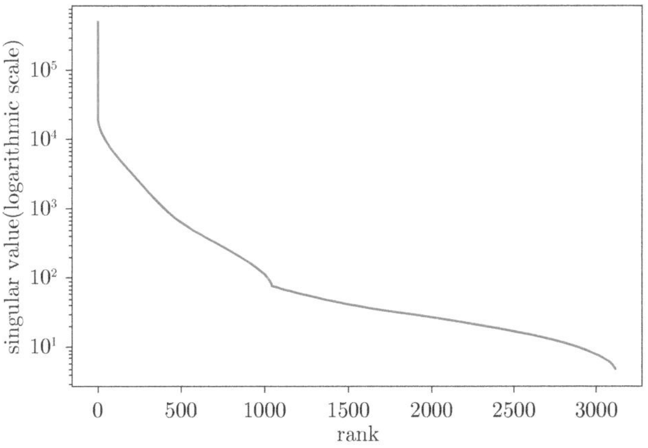

図 12.3　猫の写真の特異値

```
size= (4160, 3120) mode= L
```

図 12.3 は、画像の行列の特異値を大きい方から順に並べたものです。ただし、縦軸は特異値の常用対数をとったものです。横軸はランクにあたる数字と理解してもらってほぼ正しいのですが、正確には 0 番から並べているので、実際のランクは 1 大きな数になります。この行列は 4160×3120 で、ランクは 3120 です[*7]。これを見ると、特異値の大きさは非常に大きく違っていることが分かります。もちろん画像ファイル次第で特異値の分布は変わります（問題 12-6）。

プログラムの中身を説明します。ここでは、NumPy ではなく SciPy の `linalg` をインポートして、12 行目で SVD の計算で使っています[*8]。これは次のプログラムとの接続を考えての措置です。3 行目でインポートしているのは、Pillow (PIL) という画像処理関係のツール類がまとまったライブラリです[*9]。6 行目で猫の JPEG 画像（これはカラー）をオープンして `imagefile` というオブジェクトにして、7 行目でグレースケール画像に変換し、8 行目で白黒の JPEG 画像としてセーブしています。9 行目で、取得した画像ファイルのサイズとモードを表示しています。12 行目で SVD を求めています。14 行目以降はグラフ表示のための処理です。17 行目で縦軸を対数目盛にしています。

ではいよいよ猫画像の低ランク近似をしてみることにします。リスト 12.3 をご覧ください。ここでは、グレースケール画像への変換も含めたプログラムを示します。6 行目から 9 行目がグレースケール画像への変換処理です。

[*7] 正確には断言できないわけですが、ランク落ちする確率は小さいので無視して考えます。
[*8] SciPy の方が高機能なため、何かと便利なのです。
[*9] 画像の拡大・縮小、回転、トリミングなどが簡単にできるツールが入っています。

リスト 12.3　svdimage.py

```
import numpy as np
import matplotlib.pyplot as plt
from scipy import linalg as SLA
from PIL import Image

# Convert a color image to a black-and-white one
imagefile = Image.open(’cat.jpg’)
BWimage = imagefile.convert(’L’)
BWimage.save(’black-and-white.jpg’)

# SVD
U, S, VT = SLA.svd(BWimage)

rlist = [1, 10, 20, 50, 300, 400] # rank

dict = {} # empty dictionary

# Generate images of a specified rank
for r in rlist:
    Utmp = U[:, :r]
    Stmp = np.array(SLA.diagsvd(S[ :r], M = r, N = r))
    VTtmp = VT[:r, :]
    Ar = np.array(Utmp @ Stmp @ VTtmp)
    imageuint8 = Image.fromarray(np.uint8(Ar), mode = ’L’)
    filename = ’PictRank{}.jpg’.format(r)
    imageuint8.save(filename)
    dict[rlist.index(r)] = filename

# Display images horizontally and vertically
fig, ax = plt.subplots(3, 2, figsize=(14, 10))

for i in range(len(rlist)):
    imagefile0 = Image.open(dict[i]) # i-th image open
    j = i % 3; k = i // 3
```

```
35      ax[j][k].imshow(imagefile0, cmap='gray')
36      ax[j][k].set_title('rank = {}'.format(rlist[i]))
37
38  # Adjusting the distance between images
39  fig.subplots_adjust(wspace=-0.4, hspace=0.3)
40
41  plt.show()
```

12 行目で SVD を行って特異ベクトルと特異値を取得しています。この計算は 1 回だけで済みます。14 行目は出力画像のランクのリストです。このプログラムでは 6 個ですが、8 行目以降を調整すればもっと多くの画像を生成することもできます。16 行目は出力する低ランク近似された画像ファイルのインデクシングに使うための辞書型データです。19 行目から 27 行目で `rlist` に含まれているランク r に対して、A_r を計算し、対応する JPEG 画像を生成し、画像の辞書を作成（27 行目）しています。`Utmp` は、r 個の左特異ベクトルを並べた行列、`Stmp` は、r 個の特異値の配列で、`VTtmp` は、r 個の右特異ベクトルを並べた行列の転置行列です。23 行目でこれらを掛けて `ndarray` 型に変換してランク r の行列 A_r をつくっています。24 行目では、`Ar` を 8 ビット整数型に変換し、さらに `ndarray` から PIL 画像ファイルに変換しています。`mode = 'L'` は、グレースケール画像への変換のために入れていますが、なくても正常動作します。25 行目でファイル名を生成しています。`PictRank` の後ろにランク r を書き込んだファイル名になります。26 行目で画像データを JPEG 画像ファイルとしてセーブしています。27 行目では、辞書にファイル名を書き込んでいます。

30 行目から 39 行目までは画像を並べて表示するための処理です。33 行目で i 番目のファイルをオープンしています。34 行目はファイルの並び順を決めるため、i を 3 で割った余りを j、商を k として、35 行目で `imshow` メソッドを使ってグレースケールの画像を所定の位置に配置しています。36 行目では、図のタイトルにランクを表示しています。39 行目では図と図の間隔の調整をしています（表示がおかしければ、この行をコメントアウトしてもう一度実行してみてください）。

実行すると、図 12.4 が表示されます。ランク 1 では何がなんだか分かりませんが、ランク 10、20 くらいになると猫らしきものが識別できるようになります。ランク 50 だと猫であることがはっきり分かるのではないでしょうか。ランク 300、400 となると差がほとんどないことが分かりますね。ファイルサイズはランクが小さい方から順に 323KB, 544KB, 659KB, 845KB, 1203KB, 1236KB となっています。見た目がほとんど変化ないあたりのランクで切っておけば、画像ファイルが圧縮できるというわけです。これが SVD を用いた低ランク近似による画像圧縮です。

特異値分解は、データを情報の多い部分と少ない部分に分解する技術ですので、画像圧縮の他にも様々な応用が可能です。次の画期的応用を見つけるのはあなたかもしれません。

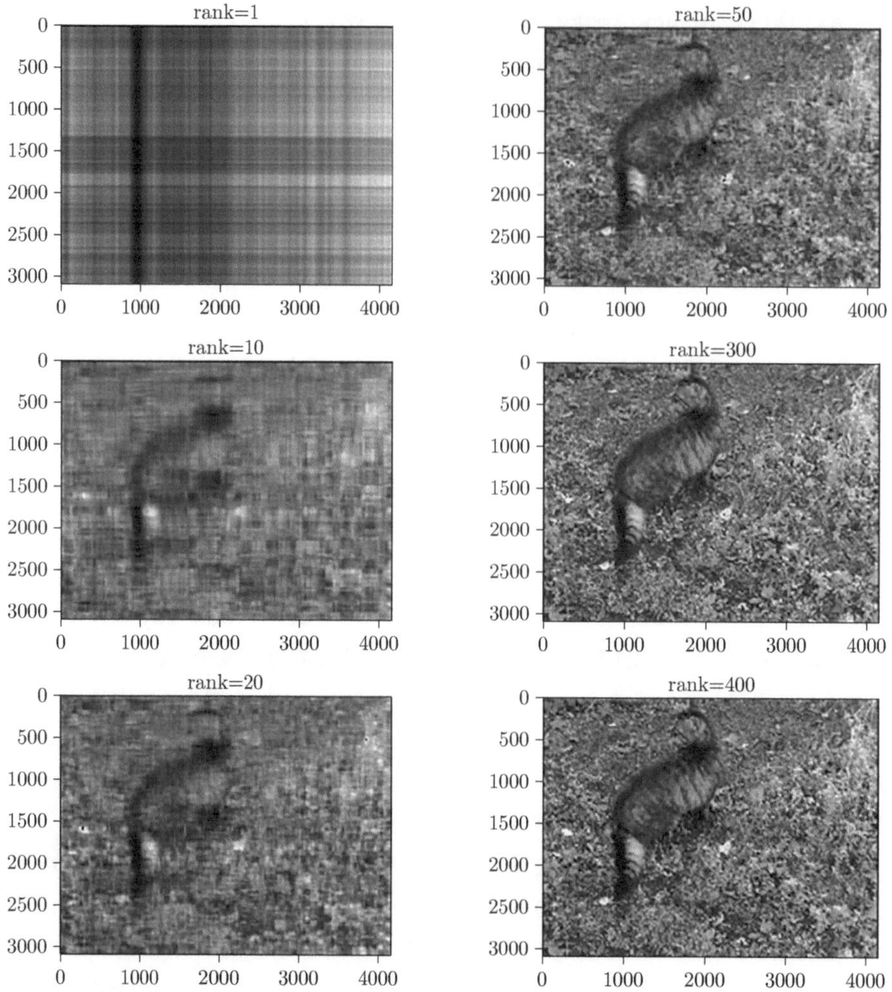

図 12.4　画像の低ランク近似

章末問題

問題12-1　**(数学)**　次の行列を手計算で特異値分解してください。

$$
A = \begin{pmatrix} 1 & 3 \\ -2 & 0 \\ 2 & -12 \end{pmatrix}
$$

問題12-2　**(Python)**　問題 12-1 の行列 A を NumPy を用いて特異値分解してください。

問題12-3　**(数学)**　実行列

$$A = \begin{pmatrix} a & b \\ c & d \end{pmatrix}$$

の行列ノルム $\|A\|$ を

$$\begin{pmatrix} a & b \\ c & d \end{pmatrix} \begin{pmatrix} \cos\theta \\ \sin\theta \end{pmatrix}$$

のノルムの最大値を計算することで直接求めてください。

問題12-4 **(数学)**　A の行列ノルムは、定理 12.1. によって A の最大の特異値に一致することが分かっています。問題 12-3 の行列 A に対して、A の最大の特異値を求め、問題 12-3 の結果と一致していることを示してください。

問題12-5 **(Python)**　定理 12.1. を応用して、特異値分解を用いて、行列 A の行列ノルムを求める関数をつくってください。

問題12-6 **(Python)**　リスト 12.2 のプログラムを利用して何か他の JPEG 画像ファイル（こちらは読者ご自身でご用意ください）の特異値分布を調べてください。

問題12-7 **(Python)**　リスト 12.3 のプログラムを利用して何か他の JPEG 画像ファイル（こちらは読者ご自身でご用意ください）を低ランク近似で圧縮してください。

章末問題略解

第1章

問題1-1解答 (3) の計算プロセスを丁寧に書いておきます。

$$\left(\begin{array}{cc|c} 3 & 2 & 3 \\ 7 & -4 & 2 \end{array}\right) \to \left(\begin{array}{cc|c} 3 & 2 & 3 \\ 0 & -\frac{26}{3} & -5 \end{array}\right)$$
$$\to \left(\begin{array}{cc|c} 3 & 2 & 3 \\ 0 & 1 & \frac{15}{26} \end{array}\right)$$
$$\to \left(\begin{array}{cc|c} 3 & 0 & \frac{24}{13} \\ 0 & 1 & \frac{15}{26} \end{array}\right)$$
$$\to \left(\begin{array}{cc|c} 1 & 0 & \frac{8}{13} \\ 0 & 1 & \frac{15}{26} \end{array}\right)$$

となり、求める解は、$x = \frac{8}{13}, y = \frac{15}{26}$ となります。

(1), (2) も同様に解くことができて、答はそれぞれ、$x = -1,\ y = 1,\ x = 2,\ y = -1$ となります。

問題1-2解答 (1) の計算プロセスを丁寧に書いておきます。(2) も同様です。

$$\left(\begin{array}{ccc|c} 1 & 2 & 2 & 1 \\ -3 & -1 & 1 & -1 \\ 2 & -3 & 3 & 8 \end{array}\right) \to \left(\begin{array}{ccc|c} 1 & 2 & 2 & 1 \\ \mathbf{0} & 5 & 7 & 2 \\ \mathbf{0} & -7 & -1 & 6 \end{array}\right) \quad (②+3\times①, ③+(-2)\times①)$$
$$\to \left(\begin{array}{ccc|c} 1 & 2 & 2 & 1 \\ \mathbf{0} & 5 & 7 & 2 \\ \mathbf{0} & \mathbf{0} & \frac{44}{5} & \frac{44}{5} \end{array}\right) \quad (③+\frac{7}{5}\times②)$$
$$\to \left(\begin{array}{ccc|c} 1 & 2 & 2 & 1 \\ \mathbf{0} & 5 & 7 & 2 \\ \mathbf{0} & \mathbf{0} & 1 & 1 \end{array}\right) \quad (\frac{5}{44}\times③)$$

$$\to \left(\begin{array}{ccc|c} 1 & 2 & \mathbf{0} & -1 \\ \mathbf{0} & 5 & \mathbf{0} & -5 \\ \mathbf{0} & \mathbf{0} & 1 & 1 \end{array}\right) \quad (\text{①} + (-2) \times \text{③}, \text{②} + (-7) \times \text{①})$$

$$\to \left(\begin{array}{ccc|c} 1 & 2 & \mathbf{0} & -1 \\ \mathbf{0} & 1 & \mathbf{0} & -1 \\ \mathbf{0} & \mathbf{0} & 1 & 1 \end{array}\right) \quad (\frac{1}{5} \times \text{②})$$

$$\to \left(\begin{array}{ccc|c} 1 & \mathbf{0} & \mathbf{0} & 1 \\ \mathbf{0} & 1 & \mathbf{0} & -1 \\ \mathbf{0} & \mathbf{0} & 1 & 1 \end{array}\right) \quad (\text{①} + (-2) \times \text{②})$$

となるので、$x = 1, y = -1, z = 1$ が解となります。(2) $x = 2, y = -3, z = 1$ が解となります。

問題1-3解答　以下のようになります。

$$(1) \begin{pmatrix} 1 & 2 & 2 \\ -3 & -1 & 1 \\ 2 & -3 & 3 \end{pmatrix} \begin{pmatrix} x \\ y \\ z \end{pmatrix} = \begin{pmatrix} 1 \\ -1 \\ 8 \end{pmatrix} (2) \begin{pmatrix} 1 & 2 & -3 \\ 3 & 4 & -5 \\ -1 & 3 & 1 \end{pmatrix} \begin{pmatrix} x \\ y \\ z \end{pmatrix} = \begin{pmatrix} -7 \\ -11 \\ -10 \end{pmatrix}$$

問題1-4解答　次のようになります。

$$\begin{pmatrix} 3 & 2 & 1 \\ 1 & 8 & 9 \end{pmatrix} \begin{pmatrix} a & p \\ b & q \\ c & r \end{pmatrix} = \begin{pmatrix} 3 & -1 \\ 4 & 5 \end{pmatrix}$$

問題1-5解答　例えば、次のリスト A.1 のようにすればよいでしょう。

リスト A.1　ProbNumPyMatrixBasics.py

```
import numpy as np

A = np.array([[3, 4], [-1, -3], [1, 2]])
B = np.array([[-3, 5], [2, 6], [0, -2]])

C = -3*A + 5*B
print(C)
```

実行すると、結果は次のようになります。

$$\begin{pmatrix} -24 & 13 \\ 13 & 39 \\ -3 & -16 \end{pmatrix}$$

問題1-6解答 例えば、リスト A.2 のようにします。

リスト A.2 ProbZeroMatrix.py

```
import numpy as np

Z = np.zeros((3, 5))

print(Z)
```

問題1-7解答 手計算結果は省略します。(1), (2) を NumPy を用いて計算するには、例えばリスト A.3 のようにします。

リスト A.3 ProbNumPyMatrixProd.py

```
import numpy as np

A = np.array([[3, 5], [-2, 1]])
B = np.array([[1, 0, -2], [3, -1, 2]])
C = np.array([[1, 2], [-1, 9], [3, -4]])
D = np.array([[3, 8, 2], [0, 2, 1]])

E = np.dot(A, B)
F = np.dot(C, D)
print(C, D, sep = ’\n’)
```

実行結果は、次のようになります。

$$(1)\begin{pmatrix} 18 & -5 & 4 \\ 1 & -1 & 6 \end{pmatrix}, \quad (2)\begin{pmatrix} 3 & 12 & 4 \\ -3 & 10 & 7 \\ 9 & 16 & 2 \end{pmatrix}$$

問題1-8解答 手計算結果は省略します。NumPy を用いて計算するには、例えばリスト A.4 のようにします。

リスト A.4　ProbNumPyMatrixProdComplex.py

```
import numpy as np

A = np.array([[-1 + 3j, 2 + 3j, 4 + 1j], [-4 - 3j, 1 + 1j, 3 - 2j]])
B = np.array([[2 + 2j, 1j], [1-1j, 1 + 1j], [3 - 1j, 5 + 2j]])

C = np.dot(A, B)
D = np.dot(B, A)
print(C, D, sep = '\n')
```

実行結果は、次のようになります。

$$AB = \begin{pmatrix} 10+4i & 14+17i \\ 7-23i & 22-6i \end{pmatrix}, \quad BA = \begin{pmatrix} -5 & -3+11i & 8+13i \\ 1-3i & 5+3i & 10-2i \\ -14-13i & 12+14i & 32-5i \end{pmatrix}$$

問題1-9解答　例えば、次の例があります。

$$A = \begin{pmatrix} 0 & 1 \\ 0 & 0 \end{pmatrix}, \ B = \begin{pmatrix} 1 & 0 \\ 0 & 0 \end{pmatrix}$$

第2章

問題2-1解答　リスト 2.1 において、7 行目と 10 行目を

```
C = np.dot(B, A); CT = C.T
print(CT, np.dot(AT, BT), sep = '\n')
```

と書き換えて実行すると、結果は、次のようになります。

$$(BA)^{\mathsf{T}} = A^{\mathsf{T}}B^{\mathsf{T}} = \begin{pmatrix} 14 & -17 & -19 \\ -12 & 21 & 51 \\ -16 & 13 & -13 \end{pmatrix}$$

問題2-2解答　例題 2.1. の結果を 2 回使うと、

$$(ABC)^{\mathsf{T}} = ((AB)C)^{\mathsf{T}}$$

$$
\begin{aligned}
&= C^{\top}(AB)^{\top} \\
&= C^{\top}B^{\top}A^{\top}
\end{aligned}
$$

が得られます。また、ABC の方は、$m \times n$ 型ですので、$(ABC)^{\top}$ は、$n \times m$ 型になります。 □

問題2-3解答 仮定より、$A^{\top} = A$、$B^{\top} = B$、$(AB)^{\top} = AB$ が成り立ちます。例題 2.1 の結果から、

$$AB = (AB)^{\top} = B^{\top}A^{\top} = BA$$

が成り立ちます。これは、A, B が可換であることを示しています。 □

問題2-4解答 例えばリスト A.5 のようにすればいいでしょう。

リスト A.5　ProbGenerateMatrices.py

```python
import numpy as np

n = 5
J = np.eye(n, k = 2)
K = np.eye(n, k = -3)
print(J, K, sep = '\n')
```

問題2-5解答 $\mathrm{tr}(ABC) = \mathrm{tr}(BCA)$ を証明すれば、後は同様ですので、この等式だけ示します。ABC, CAB のトレースは、それぞれ、

$$
\begin{aligned}
\mathrm{tr}(ABC) &= \sum_{i=1}^{n} \left\{ \sum_{j=1}^{n} \left(\sum_{k=1}^{n} a_{ik} b_{kj} \right) c_{ji} \right\} \\
\mathrm{tr}(CAB) &= \sum_{i=1}^{n} \left\{ \sum_{j=1}^{n} \left(\sum_{k=1}^{n} c_{ik} a_{kj} \right) b_{ji} \right\}
\end{aligned}
$$

和の順序を入れ替えて、

$$
\begin{aligned}
\mathrm{tr}(CAB) &= \sum_{i=1}^{n} \left\{ \sum_{j=1}^{n} \left(\sum_{k=1}^{n} c_{ik} a_{kj} \right) b_{ji} \right\} \\
&= \sum_{i=1}^{n} \left\{ \sum_{k=1}^{n} \left(\sum_{j=1}^{n} a_{kj} b_{ji} \right) c_{ik} \right\} \\
&= \sum_{k=1}^{n} \left\{ \sum_{i=1}^{n} \left(\sum_{j=1}^{n} a_{kj} b_{ji} \right) c_{ik} \right\}
\end{aligned}
$$

最後の式は、$\mathrm{tr}(ABC)$ と同じになっていますから、所望の等式が示されました。 □

問題2-6解答 存在しません。両辺のトレースをとると、右辺のトレースは kn となり、左辺は、

$$\mathrm{tr}(A^2B - ABA) = \mathrm{tr}(A^2B) - \mathrm{tr}(ABA) = 0$$

となり、矛盾が生じるからです。

問題2-7解答 例えばリスト A.6 のようにすればいいでしょう。

リスト A.6 ProbMatrixOperation1.py

```
import numpy as np

n = 6; i = 3; k = 10
A = np.eye(n); A[i][i] = k
print(A, sep ='\n')
```

問題2-8解答 例えばリスト A.7 のようにすればいいでしょう。

リスト A.7 ProbMatrixMult.py

```
import numpy as np

A = np.array([[1, 3, 5], [-2, 5, 1]])
B = np.array([[2, -3], [-1, 4], [5, 6]])

typeA = A.shape; typeB = B.shape
m = typeA[0]; r = typeA[1]; s = typeB[0]; n = typeB[1]
if r != s:
    print('different type')

M = np.zeros((m , n))

for i in range(m):
    for j in range(n):
        for k in range(r):
            M[i][j] += A[i][k]*B[k][j]
```

```

print(M)
```

問題2-9解答 例えばリスト A.8 のようにすればいいでしょう。

リスト A.8 ProbMatrixPower.py

```
import numpy as np

def MatrixPower(A, k):
    bit = format(k,"b")
    M = np.eye(len(A))
    for i in range(len(bit)):
        M = M @ M
        if bit[i] == "1":
            M = A @ M
    return M

# example
A = np.array([[1, 2, 3], [1, -2, 1], [-3, 5, 2]])

print(MatrixPower(A, 5))
```

問題2-10解答 例えばリスト A.9 のようにすればいいでしょう。このまま実行すると、問題 1-2 の (1) を解き、4 行目、5 行目をコメントアウトし、6 行目、7 行目のコメントを外すと (2) を解きます。

リスト A.9 ProbSolveLinearEq.py

```
1  import numpy as np
2  import numpy.linalg as LA
3
4  A = np.array([[1, 2, 2], [-3, -1, 1], [2, -3, 3]])
5  b = np.array([1, -1, 8])
6  #A = np.array([[1, 2, -3], [3, 4, -5], [-1, 3, 1]])
7  #b = np.array([-7, -11, -10])
```

```
r = LA.matrix_rank(A)
print('rank(A) =', r)
try:
    x = LA.solve(A, b)
    print(x)
except Exception as message:
    print(message)
```

答は、(1) $x = 1, y = -1, z = 1$, (2) $x = 2, y = -3, z = 1$ となります。

問題2-11解答 例えばリスト A.10 のようにすればいいでしょう。

リスト A.10　ProbSolveAlgebraicEqSymPy.py

```
import sympy

x, y, z = sympy.var('x y z')
f1 = x**2 + y**2 + z**2 - 50
f2 = x - y + z - 2
f3 = x + 2*y + z - 1

try:
    sol = sympy.solve([f1, f2, f3], [x, y, z])
    print(sol)
except Exception as message:
    print(message)
```

実行すると、次のような解が求まります。

$$(x, y, z) = \left(\frac{5}{6} \mp \frac{\sqrt{97}}{2}, -\frac{1}{3}, \frac{5}{6} \pm \frac{\sqrt{97}}{2}\right) \text{（複号同順）}$$

第3章

問題3-1解答 (1) 公式を直接適用して、

$$\begin{pmatrix} 2 & -5 \\ 3 & 7 \end{pmatrix}^{-1} = \frac{1}{29}\begin{pmatrix} 7 & 5 \\ -3 & 2 \end{pmatrix}$$

(2) $5 \cdot 6 - (-2) \cdot (-15) = 0$ となるので、逆行列をもちません。

(3) $a^2 - (1-a)(2-a) = 3a - 2 = 0$ のとき、すなわち、$a = 2/3$ のときは逆行列をもちません。$a \neq 2/3$ のときは、

$$\begin{pmatrix} a & 1-a \\ 2-a & a \end{pmatrix}^{-1} = \frac{1}{3a-2}\begin{pmatrix} a & a-1 \\ a-2 & a \end{pmatrix}$$

となります。

問題3-2解答　行基本変形します。

$$\left(\begin{array}{ccc|ccc} 1 & -1 & 2 & 1 & 0 & 0 \\ 2 & -1 & 3 & 0 & 1 & 0 \\ 3 & a & 2-a & 0 & 0 & 1 \end{array}\right) \to \left(\begin{array}{ccc|ccc} 1 & -1 & 2 & 1 & 0 & 0 \\ 0 & 1 & -1 & -2 & 1 & 0 \\ 0 & a+3 & -a-4 & -3 & 0 & 1 \end{array}\right)$$

$$\to \left(\begin{array}{ccc|ccc} 1 & -1 & 2 & 1 & 0 & 0 \\ 0 & 1 & -1 & -2 & 1 & 0 \\ 0 & 0 & -1 & 2a+3 & -a-3 & 1 \end{array}\right)$$

$$\to \left(\begin{array}{ccc|ccc} 1 & -1 & 2 & 1 & 0 & 0 \\ 0 & 1 & -1 & -2 & 1 & 0 \\ 0 & 0 & 1 & -2a-3 & a+3 & -1 \end{array}\right)$$

$$\to \left(\begin{array}{ccc|ccc} 1 & -1 & 0 & 4a+7 & -2a-6 & 2 \\ 0 & 1 & 0 & -2a-5 & a+4 & -1 \\ 0 & 0 & 1 & -2a-3 & a+3 & -1 \end{array}\right)$$

$$\to \left(\begin{array}{ccc|ccc} 1 & 0 & 0 & 2a+2 & -a-2 & 1 \\ 0 & 1 & 0 & -2a-5 & a+4 & -1 \\ 0 & 0 & 1 & -2a-3 & a+3 & -1 \end{array}\right)$$

となるので、A は a の値によらず正則で、逆行列は、

$$A^{-1} = \begin{pmatrix} 2a+2 & -a-2 & 1 \\ -2a-5 & a+4 & -1 \\ -2a-3 & a+3 & -1 \end{pmatrix}$$

となります。

問題3-3解答　例題 3.5. を用いると、AB は正則で、C が正則なので、ABC も正則であることが分かりますが、さらに、

$$(ABC)^{-1} = ((AB)C)^{-1} = C^{-1}(AB)^{-1} = C^{-1}B^{-1}A^{-1}$$

となることも分かります。 □

問題3-4解答 A は正則行列ですから逆行列 A^{-1} を持ち、

$$A^{-1}A = AA^{-1} = I$$

が成り立ちます。辺々転置をとっても等式が成立しますから、

$$I = (A^{-1}A)^{\mathsf{T}} = A^{\mathsf{T}}(A^{-1})^{\mathsf{T}}$$
$$I = (AA^{-1})^{\mathsf{T}} = (A^{-1})^{\mathsf{T}}A^{\mathsf{T}}$$

が成り立ちます。まとめると、

$$A^{\mathsf{T}}(A^{-1})^{\mathsf{T}} = (A^{-1})^{\mathsf{T}}A^{\mathsf{T}} = I$$

となります。これは、A^{T} が正則で、その逆行列が、$(A^{-1})^{\mathsf{T}}$ であることを示しています。 □

問題3-5解答 問題 3-3 より UCV も正則ですから、例題 3.6. の等式において、$B = UCV$ とおくと、

$$\begin{aligned}
(A+UCV)^{-1} &= A^{-1} - A^{-1}((UCV)^{-1} + A^{-1})^{-1}A^{-1} \\
&= A^{-1} - A^{-1}(V^{-1}C^{-1}U^{-1} + A^{-1})^{-1}A^{-1} \\
&= A^{-1} - A^{-1}(V^{-1}C^{-1}U^{-1} + V^{-1}VA^{-1}UU^{-1})^{-1}A^{-1} \\
&= A^{-1} - A^{-1}\{V^{-1}(C^{-1} + VA^{-1}U)U^{-1}\}^{-1}A^{-1} \\
&= A^{-1} - A^{-1}(U^{-1})^{-1}(C^{-1} + VA^{-1}U)^{-1}(V^{-1})^{-1}A^{-1} \\
&= A^{-1} - A^{-1}U(C^{-1} + VA^{-1}U)^{-1}VA^{-1}
\end{aligned}$$

となり、求める恒等式が得られます。2 番目の等式で、$(UCV)^{-1} = V^{-1}C^{-1}U^{-1}$ であることを使いました。 □

問題3-6解答 NumPy を使うやり方と SymPy を使うやり方をまとめてしまうと、例えばリスト A.11 のようになるでしょう。

リスト A.11　ProbSolveLEqusingMatInv.py

```
import numpy as np
import numpy.linalg as LA
import sympy

```

```
A = np.array([[1, 6, -2], [-1, 5, 7], [1, 3, 3]])
B = sympy.Matrix([[1, 6, -2], [-1, 5, 7], [1, 3, 3]])

u = np.array([1, 5, 3]).reshape(3,1)
v = sympy.Matrix([1, 5, 3]).reshape(3,1)

r = LA.matrix_rank(A)
print('rank(A) =', r)
try:
    InvA = LA.inv(A)
    InvB = B.inv()
    print('NumPy:', np.dot(InvA, u), 'SymPy:', np.dot(InvB, v), sep = '\n')
except Exception as message:
    print(message)
```

実行結果は、以下のようになります。

```
rank(A) = 3
NumPy:
[[0.42857143]
 [0.28571429]
 [0.57142857]]
SymPy:
[[3/7]
 [2/7]
 [4/7]]
```

正確な答は、SymPy の結果より、$x = 3/7, y = 2/7, z = 4/7$ となります。

問題3-7解答 例えば、リスト A.12 のようにすればいいでしょう。12 行目と 18 行目で時間の差を計算しています。そのまま引き算してかまいません。時刻として計算してくれます。環境によっても変わりますし、バックグラウンドの処理などによっても変わりますが、numpy.linalg.solve を用いて解く方法の方が高速で、逆行列を求めて計算する場合の約 1/3 の時間になっているかと思います。

リスト A.12 ProbSolveTimeCompare.py

```
1 import numpy as np
2 import numpy.linalg as LA
3 import time
```

```
A = np.random.rand(2000, 2000)
b = np.random.rand(2000)

start1 = time.time()
x1 = LA.inv(A) @ b
end1 = time.time()

t1 = end1 - start1

start2 = time.time()
x2 = LA.solve(A, b)
end2 = time.time()

t2 = end2 - start2

print(t1, t2)
```

▶ 第4章

問題4-1解答 リスト 4.1 の 5 行目と 6 行目を次のように書き換えればよいでしょう。

```
A = np.array([[3, 1, 4, 1], [5, 9, 2, 6], [5, 3, 5, 8], [9, 7, 9, 3]])
B = sympy.Matrix([[3, 1, 4, 1], [5, 9, 2, 6], [5, 3, 5, 8], [9, 7, 9, 3]])
```

実行結果は、NumPy での計算結果が、98.00000000000004 で、SymPy での計算結果が 98 となります。

問題4-2解答 直接積を計算すると、次のようになり、公式が成り立つことが分かります。

$$\begin{pmatrix} I & X \\ O & I \end{pmatrix}\begin{pmatrix} I & -X \\ O & I \end{pmatrix} = \begin{pmatrix} I^2 + XO & -IX + XI \\ OI + IO & -OX + I^2 \end{pmatrix} = \begin{pmatrix} I & O \\ O & I \end{pmatrix}$$

$$\begin{pmatrix} I & O \\ Y & I \end{pmatrix}\begin{pmatrix} I & O \\ -Y & I \end{pmatrix} = \begin{pmatrix} I^2 - OY & IO + OI \\ YI - IY & YO + I^2 \end{pmatrix} = \begin{pmatrix} I & O \\ O & I \end{pmatrix}$$

問題4-3解答 最初に 4 行目から 2 行目を引いておくと若干計算が楽です。

$$
\begin{aligned}
\begin{vmatrix} 1 & 2 & 4 & -1 \\ 2 & 3 & 0 & 1 \\ 1 & 1 & 3 & -4 \\ 2 & 3 & 1 & 1 \end{vmatrix}
&= \begin{vmatrix} 1 & 2 & 4 & -1 \\ 2 & 3 & 0 & 1 \\ 1 & 1 & 3 & -4 \\ 0 & 0 & 1 & 0 \end{vmatrix} \\
&= \begin{vmatrix} 1 & 2 & 4 & -1 \\ 0 & -1 & -8 & 3 \\ 0 & -1 & -1 & -3 \\ 0 & 0 & 1 & 0 \end{vmatrix} \\
&= \begin{vmatrix} 1 & 2 & 4 & -1 \\ 0 & -1 & -8 & 3 \\ 0 & 0 & 7 & -6 \\ 0 & 0 & 1 & 0 \end{vmatrix} \\
&= -\begin{vmatrix} 1 & 2 & 4 & -1 \\ 0 & -1 & -8 & 3 \\ 0 & 0 & 1 & 0 \\ 0 & 0 & 7 & -6 \end{vmatrix} \\
&= -\begin{vmatrix} 1 & 2 & 4 & -1 \\ 0 & -1 & -8 & 3 \\ 0 & 0 & 1 & 0 \\ 0 & 0 & 0 & -6 \end{vmatrix} = -6
\end{aligned}
$$

問題4-4解答　まず、2 列目（ブロック単位で 2 列目）を i 倍して 1 列目に加えて、2 行目から 1 行目の i 倍を引けば、

$$
\begin{aligned}
\begin{vmatrix} A & -B \\ B & A \end{vmatrix}
&= \begin{vmatrix} A-iB & -B \\ B+iA & A \end{vmatrix} \\
&= \begin{vmatrix} A-iB & -B \\ O & A+iB \end{vmatrix} = |A-iB||A+iB|
\end{aligned}
$$

となり、公式が示されました。 □

問題4-5解答　次のように直接計算できます。

$$
\begin{vmatrix} a & a & a \\ a & b & b \\ a & b & c \end{vmatrix}
= a\begin{vmatrix} 1 & a & a \\ 1 & b & b \\ 1 & b & c \end{vmatrix}
$$

$$
= a \begin{vmatrix} 1 & a & a \\ 0 & b-a & b-a \\ 0 & b-a & c-a \end{vmatrix}
$$

$$
= a \begin{vmatrix} 1 & a & a \\ 0 & b-a & b-a \\ 0 & 0 & c-b \end{vmatrix} = a(b-a)(c-b)
$$

問題4-6解答　例えばリスト A.13 のようにすればよいでしょう。

リスト A.13　ProbSymbolicDet.py

```
1  import sympy
2
3  (a, b, c) = sympy.symbols('a b c')
4  A = sympy.Matrix([[a, a, a], [a, b, b], [a, b, c]])
5
6  DetA = sympy.det(A)
7  print(DetA)
8  print(sympy.factor(DetA))
```

3 行目でシンボルを定義して、4 行目で行列を定義しています。6 行目で行列式を計算して DetA としていますが、これは展開された形のままですので、8 行目で、sympy.factor を使って因数分解しています。実行結果は次のようになります。

```
a**2*b - a**2*c - a*b**2 + a*b*c
a*(a - b)*(b - c)
```

上が sympy.det(A) の結果で、下が因数分解した形です。□

問題4-7解答

$$
M = \begin{pmatrix} A & B \\ B & A \end{pmatrix}
$$

とした上で、例題 4.8. にならって、リスト A.14 のようにすればいいでしょう。

リスト A.14　probBlockMatDet.py

```
import numpy as np
import numpy.linalg as LA
```

```
A = np.random.uniform(low = -10, high = 10, size = (2, 2))
B = np.random.uniform(low = -10, high = 10, size = (2, 2))

M = np.block([[A, B], [B, A]])

d = LA.det(A+B)*LA.det(A-B)

s = LA.det(A**2 - B**2)
t = LA.det(A)**2 - LA.det(B)**2

print('M=', M, '|M|=', LA.det(M), '|A+B||A-B|=', d, '|A**2-B**2|=', s, '
    |A|**2-|B|**2=', t, sep='\n')
```

実行すると、次のようになります（乱数ですので値は毎回変わります）。

```
M=
[[-3.22821272 -6.7492329  -0.44184365 -4.99397375]
 [ 1.60744601 -2.02971581  9.18848615 -3.5592967 ]
 [-0.44184365 -4.99397375 -3.22821272 -6.7492329 ]
 [ 9.18848615 -3.5592967   1.60744601 -2.02971581]]
|M|=
-2587.703950767065
|A+B||A-B|=
-2587.703950767064
|A**2-B**2|=
1599.5854021651194
|A|**2-|B|**2=
-1949.616101118302
```

結果を見れば分かるとおり、誤差を除いて、$|M| = |A+B||A-B|$ となりますが、$|M| \neq |A^2 - B^2|$、$|M| \neq |A|^2 - |B|^2$ であることが分かります。

問題4-8解答 簡単のため、$O_{n,n}$ を O と略記します。

$$\begin{pmatrix} A & I \\ -I & B \end{pmatrix} \begin{pmatrix} (I+BA)^{-1}B & -(I+BA)^{-1} \\ I - A(I+BA)^{-1}B & A(I+BA)^{-1} \end{pmatrix}$$

の $(1,1)$ ブロックは、

$$A(I+BA)^{-1}B + I - A(I+BA)^{-1}B = I$$

$(1,2)$ ブロックは、

$$-A(I+BA)^{-1} + A(I+BA)^{-1} = O$$

$(2,1)$ ブロックは、

$$\begin{aligned}&-(I+BA)^{-1}B+B-BA(I+BA)^{-1}B\\&=-(I+BA)^{-1}B+B-(I+BA-I)(I+BA)^{-1}B\\&=-(I+BA)^{-1}B+B-(I+BA)(I+BA)^{-1}B+(I+BA)^{-1}B\\&=-(I+BA)^{-1}B+B-B+(I+BA)^{-1}B=O\end{aligned}$$

$(2,2)$ ブロックは、

$$\begin{aligned}&(I+BA)^{-1}+BA(I+BA)^{-1}\\&=(I+BA)^{-1}+(I+BA-I)(I+BA)^{-1}\\&=(I+BA)^{-1}+(I+BA)(I+BA)^{-1}-(I+BA)^{-1}=I\end{aligned}$$

となり、積が単位行列 I になることが示されました。 □

問題4-9解答

$$A=\begin{pmatrix}a&b\\-b&a\end{pmatrix},\quad B=\begin{pmatrix}c&d\\d&-c\end{pmatrix}$$

とすれば、

$$\begin{vmatrix}a&b&-c&-d\\-b&a&-d&c\\c&d&a&b\\d&-c&-b&a\end{vmatrix}=\begin{vmatrix}A&-B\\B&A\end{vmatrix}=|A-iB||A+iB|$$

$$\begin{aligned}|A-iB||A+iB|&=\begin{vmatrix}a-ic&b-id\\-b-id&a+ic\end{vmatrix}\begin{vmatrix}a+ic&b+id\\-b+id&a-ic\end{vmatrix}\\&=(a^2+b^2+c^2+d^2)^2\end{aligned}$$

▶ 第5章

問題5-1解答　第 2, 3 行を第 1 行に加えて計算します。

$$\begin{aligned}\begin{vmatrix}1-x&1&1\\1&1-x&1\\1&1&1-x\end{vmatrix}&=\begin{vmatrix}3-x&3-x&3-x\\1&1-x&1\\1&1&1-x\end{vmatrix}\\&=(3-x)\begin{vmatrix}1&1&1\\1&1-x&1\\1&1&1-x\end{vmatrix}\end{aligned}$$

$$= (3-x)\begin{vmatrix} 1 & 1 & 1 \\ 0 & -x & 0 \\ 0 & 0 & -x \end{vmatrix} = x^2(3-x) = 0$$

となるので、$x = 0$ (2 重解), 3 となります。 □

問題5-2解答

$$\begin{vmatrix} x & 1 & 0 & x \\ 0 & x & x & 1 \\ 1 & x & x & 0 \\ x & 0 & 1 & x \end{vmatrix} = \begin{vmatrix} 2x+1 & 1 & 0 & x \\ 2x+1 & x & x & 1 \\ 2x+1 & x & x & 0 \\ 2x+1 & 0 & 1 & x \end{vmatrix}$$

$$= (2x+1)\begin{vmatrix} 1 & 1 & 0 & x \\ 1 & x & x & 1 \\ 1 & x & x & 0 \\ 1 & 0 & 1 & x \end{vmatrix}$$

$$= (2x+1)\begin{vmatrix} 1 & 1 & 0 & x \\ 1 & x & x & 1 \\ 0 & 0 & 0 & -1 \\ 1 & 0 & 1 & x \end{vmatrix}$$

$$= (2x+1)\begin{vmatrix} 1 & 1 & 0 \\ 1 & x & x \\ 1 & 0 & 1 \end{vmatrix}$$

$$= (2x+1)\begin{vmatrix} 1 & 1 & 0 \\ 0 & x-1 & x \\ 0 & -1 & 1 \end{vmatrix}$$

$$= (2x+1)\begin{vmatrix} x-1 & x \\ -1 & 1 \end{vmatrix} = (2x+1)(2x-1) = 0$$

となりますので、求める解は、$x = \pm\frac{1}{2}$ となります。

問題5-3解答 成分がすべて整数である正則行列 A の逆行列 A^{-1} の成分がすべて整数であると仮定します。このとき、定理 4.4. より、

$$1 = |I| = |AA^{-1}| = |A||A^{-1}|$$

となります。A と A^{-1} の成分はすべて整数ですから、その行列式 $|A|$, $|A^{-1}|$ もまた整数でなければなりません。よって、$|A| = \pm 1$ です。逆に、$|A| = \pm 1$ とするとき、逆行列の公式（定理 5.1.）より、A の余因子行列を $\tilde{A}$ とすれば、

$$A^{-1} = \frac{1}{|A|}\tilde{A} = \pm\tilde{A}$$

となりますが、A の成分はすべて整数なので、その余因子行列の成分もまた整数です。よって A^{-1} の成分は符号を除いて $\tilde{A}$ の成分と等しいので、整数です。 □

問題5-4解答 問題 5-3 の結果より、A^{-1} が整数成分だけからなる必要十分条件は、$|A| = \pm 1$ でした。よって、$|A| = \pm 1$ であれば、A^{-1} の成分はすべて整数となり、任意の整数ベクトル $\boldsymbol{b}$（成分がすべて整数のベクトル）に対し、

$$\boldsymbol{x} = A^{-1}\boldsymbol{b}$$

は整数ベクトルになります。逆に、任意の $\boldsymbol{b}$ に対して、$\boldsymbol{x}$ が整数解であれば、特に、基本列ベクトル $\boldsymbol{e}_1, \boldsymbol{e}_2, \ldots, \boldsymbol{e}_n$ に対し、

$$\boldsymbol{x}_j = A^{-1}\boldsymbol{e}_j$$

は整数ベクトルでなければなりません。$A^{-1}\boldsymbol{e}_j$ は、A^{-1} の第 j 列ベクトルに一致します。つまり、$\boldsymbol{x}_j$ が整数ベクトルであるためには、A^{-1} の第 j 列ベクトルは整数ベクトルでなければなりません。よって、A^{-1} のすべての列ベクトルは整数ベクトルとなり、これは、A^{-1} の成分がすべて整数であることを意味します。よって、問題 5-3 より $|A^{-1}|$ も整数となります。$AA^{-1} = I$ の両辺の行列式をとると、$|A||A^{-1}| = 1$ となりますが、$|A|, |A^{-1}|$ はともに整数ですので、$|A| = \pm 1$ となります。 □

問題5-5解答 リスト 5.1 のプログラムの 22 行目を

```
A = np.array([[2, 7, 1, 8], [2, 8, 1, 8], [2, 8, 4, 5], [9, 0, 4, 5]])
```

と変更して実行すれば、$|A| = -189$ が得られ、

$$\tilde{A} = \begin{pmatrix} 216 & -216 & 27 & -27 \\ 189 & -189 & 0 & 0 \\ -216 & 251 & -62 & 6 \\ -216 & 188 & 1 & 6 \end{pmatrix}, \quad A^{-1} = \frac{1}{189}\begin{pmatrix} -216 & 216 & -27 & 27 \\ -189 & 189 & 0 & 0 \\ 216 & -251 & 62 & -6 \\ 216 & -188 & -1 & -6 \end{pmatrix}$$

となります。

問題5-6解答 9 行目と 10 行目の 0 を 1 とすれば y が、2 とすれば z が求まります。答は、$y = 1/3$, $z = -11/21$ です。

問題5-7解答

```
import sympy
a = sympy.Rational(1, 2)
b = sympy.Rational(1, 3)
print(a-b)
```

として実行すれば、1/6 と出力されるでしょう。

問題5-8解答 $y_i = a_0 + a_1 x_i + \cdots + a_n x_i^n$ $(i = 0, 1, \ldots, n)$ となるように係数 $a_0, a_1, \ldots, a_n$ を決めればよいことになります。これを行列の形で表せば、

$$\begin{pmatrix} 1 & x_0 & x_0^2 & \dots & x_0^n \\ 1 & x_1 & x_1^2 & \dots & x_1^n \\ & & \dots\dots\dots\dots & & \\ 1 & x_{n+1} & x_{n+1}^2 & \dots & x_{n+1}^n \end{pmatrix} \begin{pmatrix} a_0 \\ a_1 \\ \vdots \\ a_n \end{pmatrix} = \begin{pmatrix} y_0 \\ y_1 \\ \vdots \\ y_n \end{pmatrix}$$

左辺の $(n+1) \times (n+1)$ 行列はヴァンデルモンド行列になっています。これを V とします。その行列式 $|V|$ は、$\prod_{0 \le i < j \le n}(x_j - x_i)$ ですので、x_i $(i = 0, 1, \dots, n)$ がすべて異なれば、$|V|$ の値は 0 になりません。よって、V は逆行列を持ち、係数 $a_0, a_1, \dots, a_n$ は一意的に決まります。 □

▸ 第 6 章

問題6-1解答 次のようになります。

$$(1) \begin{pmatrix} 1 & 2 & 3 & 4 & 5 \\ 5 & 1 & 4 & 2 & 3 \end{pmatrix}, \quad (2) \begin{pmatrix} 1 & 2 & 3 & 4 & 5 \\ 3 & 5 & 4 & 2 & 1 \end{pmatrix}$$

問題6-2解答 次のようになります。

$$(1) \begin{pmatrix} 5 & 4 & 3 & 1 & 2 \\ 1 & 2 & 3 & 4 & 5 \end{pmatrix} = \begin{pmatrix} 1 & 2 & 3 & 4 & 5 \\ 4 & 5 & 3 & 2 & 1 \end{pmatrix}$$

$$(2) \begin{pmatrix} 5 & 3 & 2 & 1 & 4 \\ 1 & 2 & 3 & 4 & 5 \end{pmatrix} = \begin{pmatrix} 1 & 2 & 3 & 4 & 5 \\ 4 & 3 & 2 & 5 & 1 \end{pmatrix}$$

問題6-3解答 $2 \cdot |2 - 5| - 1 = 5$ 個

問題6-4解答 リスト 6.2 の 3 行目を、次のように変えて実行します。

```
S = symc.Permutation([4, 5, 6, 2, 8, 7, 0, 3, 1])
```

実行すると、次のようになります。

```
S =  (0 4 8 1 5 7 3 2 6)
inverse of S =  (0 6 2 3 7 5 1 8 4)
order of S =  9
[(0, 6), (0, 2), (0, 3), (0, 7), (0, 5), (0, 1), (0, 8), (0, 4)]
```

この結果から、S を互いに素な巡回置換の積で表すと、次のようになることも分かります。

$$S = (0, 4, 8, 1, 5, 7, 3, 2, 6)$$

となり（つまり、S は巡回置換）、$S^{-1} = (0, 6, 2, 3, 7, 5, 1, 8, 4)$, $\mathrm{ord}(S) = 9$, S の互換の積への分解の一例として、次が得られます。

$$S = (0, 6)(0, 2)(0, 3)(0, 7)(0, 5)(0, 1)(0, 8)(0, 4)$$

問題6-5解答 例えば、次のようにすればサイズ 15 のランダムな置換を 10 個生成して表示することができます。何度か実行して、ランダムに置換が変わることを確認してみましょう。

リスト A.15　ProbRandomPerm.py

```
import sympy.combinatorics as symc

for i in range(10):
    print(symc.Permutation.random(15))
```

問題6-6解答　例えば、リスト A.16 のようにすれば S_4 の元が列挙されます。

リスト A.16　ProbGroup.py

```
1 import sympy.combinatorics as symc
2 
3 for s in symc.symmetric(4):
4     print(s)
5 #for s in symc.alternating(4):
6 #    print(s)
```

実行結果は、次のようになります。A_4 については 3 行目、4 行目をコメントアウトし、5 行目、6 行目のコメントを外して実行すれば元が列挙されます。

```
(3)
(2 3)
(3)(1 2)
(1 2 3)
(1 3 2)
(1 3)
(3)(0 1)
(0 1)(2 3)
(3)(0 1 2)
(0 1 2 3)
(0 1 3 2)
(0 1 3)
(3)(0 2 1)
(0 2 3 1)
(3)(0 2)
(0 2 3)
(0 2)(1 3)
(0 2 1 3)
(0 3 2 1)
(0 3 1)
(0 3 2)
(0 3)
(0 3 1 2)
```

```
(0 3)(1 2)
```

問題6-7解答 次の置換の符号を求めればよいでしょう。

$$\begin{pmatrix} 1 & 2 & 3 & 4 & 5 & 6 & 7 & 8 & 9 \\ 9 & 5 & 8 & 7 & 3 & 2 & 6 & 1 & 4 \end{pmatrix}$$

リスト 6.2 の 3 行目を、次のように変えて実行すると、S が偶置換であることが分かりますので、求める符号は $+1$ であることが分かります。

```
S = symc.Permutation([8, 4, 7, 6, 2, 1, 5, 0, 3])
```

問題6-8解答 例えば、リスト A.17 のようにすればよいでしょう。

リスト A.17　ProbTransA.py

```
import numpy as np
import numpy.linalg as LA

A = np.array([[1, 9, 2], [-1, 3, 1], [3, 8, -2]])
B = np.transpose(A)

print(LA.det(A))
print(LA.det(B))
```

実行すると、いずれも、-38.99999999999999 となり、一致していることが分かります。（本当の値は -39 ですが。）

問題6-9解答 例えば、リスト A.18 のようにすればよいでしょう。

リスト A.18　ProbABdet.py

```
import numpy as np
import numpy.linalg as LA

A = np.array([[2, 5, 3], [-1, 7, 9]])
B = np.array([[-1, 3], [2, 9], [5, -3]])

C = A @ B
print(C)
```

```
print(LA.det(C))

D = B @ A
print(D)
print(LA.det(D))
```

実行すると、次の結果を得ます。$|BA|$ は理論上 0 にならなければなりませんが、数値計算の誤差によって、非常に小さいものの 0 ではない値になっていますね。

```
[[23 42]
 [60 33]]
-1760.9999999999995
[[ -5  16  24]
 [ -5  73  87]
 [ 13   4 -12]]
5.993359654719576e-12
```

問題6-10解答 リスト 6.3 とリスト 6.4 を実行するだけです。

問題6-11解答 リスト A.19 のようにすればよいでしょう。

リスト A.19 ProbDiscriminant.py

```
import sympy

x = sympy.symbols("x")
a, b, c, D = sympy.symbols("a b c D")

f = x**4 + a*x**2 + b*x + c
g = 4*x**3 + 2*a*x + b

D = sympy.resultant(f,g,x)
print(D)
```

実行すると、

```
16*a**4*c - 4*a**3*b**2 - 128*a**2*c**2 + 144*a*b**2*c - 27*b**4 + 256*c**3
```

と表示され、判別式が、$D = 16a^4c - 4a^3b^2 - 128a^2c^2 + 144ab^2c - 27b^4 + 256c^3$ であることがわかります。

▶ 第 7 章

問題7-1解答　まず、(性質 1) ですが、$\boldsymbol{v}\times\boldsymbol{u}$ は、外積の行列式表示 (7.2) において、$\boldsymbol{u}\times\boldsymbol{v}$ の 2 行目と 3 行目を入れ替えることに相当しますので符号が変わります。(性質 2) は、左辺の外積は、(7.2) において 2 行目を k 倍することに相当しますから、k を行列式の外に出すことができます。(性質 3) は、行列式の性質 4 から明らかです。 □

問題7-2解答　6 行目から 8 行目を次のように書き換えて実行すれば方程式が得られます。

```
OA = sympy.Matrix([1, 1, 1])
OB = sympy.Matrix([2, 4, -1])
OC = sympy.Matrix([3, 0, -2])
```

結果は、$11x - y - 7z + 19 = 0$ となります。

問題7-3解答　$\boldsymbol{a}\times\boldsymbol{b}$ を求めてそのノルムで割れば、1 つの単位ベクトルが求まります。次のようにすればよいでしょう。

リスト A.20　OrthogonalUnit.py

```
import sympy

a = sympy.Matrix([1, -3, 2])
b = sympy.Matrix([2, 2, -1])
n = a.cross(b)

print(n/n.norm(ord=2))
```

実行結果は、

```
Matrix([[-sqrt(10)/30], [sqrt(10)/6], [4*sqrt(10)/15]])
```

となりますので、求める単位ベクトルは、2 方向まとめて、次のようになります。

$$\pm\left(-\frac{\sqrt{10}}{30}, \frac{\sqrt{10}}{6}, \frac{4\sqrt{10}}{15}\right)$$

問題7-4解答　平面 $\pi : 3x + y - 2z + 2 = 0$ に平行なのですから、求める平面の法線ベクトルは、$(3, 1, -2)$ に平行です。よって、

$$3(x-1) + y - 2(z+2) = 0$$

となり、求める平面の方程式は、$3x + y - 2z - 7 = 0$ となります。

問題7-5解答 $\frac{x-1}{2}=\frac{y-2}{3}=\frac{z+1}{4}=t$ とおくと、$x=1+2t, y=2+3t, z=-1+4t$ となります。これを π の方程式に代入すると、$(1+2t)+2(2+3t)-3(-1+4t)+2=0$ となり、$t=\frac{5}{2}$ となります。よって、$x=1+5=6,\ y=2+\frac{15}{2}=\frac{19}{2},\ z=-1+10=9$。つまり、求める交点の座標は、$(6,\frac{19}{2},9)$ となります。

問題7-6解答 $\frac{x-x_0}{p}=\frac{y-y_0}{q}=\frac{z-z_0}{r}=t$ とおくと、$x=x_0+pt, y=y_0+qt, z=z_0+rt$ となります。これを π の式に代入すると、$a(x_0+pt)+b(y_0+qt)+c(z_0+rt)+d=0$ が得られます。整理すれば、$ax_0+by_0+cz_0+d+(ap+bq+cr)t=0$ となるので、t が一つに定まるためには、$ap+bq+cr\neq 0$ が必要十分条件となります。

問題7-7解答 例題 7.4. の距離公式から、距離 h は、

$$h=\frac{|2\cdot 3+3\cdot 4-8+4|}{\sqrt{2^2+3^2+(-1)^2}}=\frac{14}{\sqrt{14}}=\sqrt{14}$$

となります。

問題7-8解答 リスト 7.2 のプログラムの 6 行目から 8 行目までを

```
OA = sympy.Matrix([1,-1, 3])
OB = sympy.Matrix([2, 0,-1])
OC = sympy.Matrix([-2, 1, 4])
```

と書き換えて実行すると、$9x+11y+5z-13=0$ が得られます。D の座標 $(3,\alpha,28)$ を代入して、$27+11\alpha+140-13=0$ が得られます。よって、$\alpha=-14$ となります。(2) $\overrightarrow{\mathrm{AB}}=(1,1,-4)$, $\overrightarrow{\mathrm{AC}}=(-3,2,1)$, $\overrightarrow{\mathrm{AD}}=(2,\alpha+1,25)$ となりますので、

$$s(1,1,-4)+t(-3,2,1)=(2,\alpha+1,25)$$

すなわち、$s-3t=2,\ s+2t=\alpha+1,\ -4s+t=25$ が成り立つように、α を決めればよいわけですが、s,t を求めると、$s=-7, t=-3$ となりますから、

$$\alpha=s+2t-1=-7-6-1=-14$$

となります。(3) $\overrightarrow{\mathrm{AB}}=(1,1,-4)$, $\overrightarrow{\mathrm{AC}}=(-3,2,1)$, $\overrightarrow{\mathrm{AD}}=(2,\alpha+1,25)$ を縦に並べた行列を基本変形します。

$$\begin{pmatrix} 1 & 1 & -4 \\ -3 & 2 & 1 \\ 2 & \alpha+1 & 25 \end{pmatrix} \to \begin{pmatrix} 1 & 1 & -4 \\ 0 & 5 & -11 \\ 0 & \alpha-1 & 33 \end{pmatrix}$$

となります。ランクが 2 になるためには、右下の 2×2 小行列の行列式が 0 にならなければなりません。つまり、

$$\begin{vmatrix} 5 & -11 \\ \alpha-1 & 33 \end{vmatrix}=5\cdot 33+11(\alpha-1)=0$$

となります。これを解いて、$\alpha = -14$ が得られます。(2) と (3) は実質的に同じことをしています。

問題7-9解答 (1) リスト 7.2 のプログラムの 6 行目から 8 行目までを

```
OA = sympy.Matrix([0, 1, 2])
OB = sympy.Matrix([1, 3, -1])
OC = sympy.Matrix([-1, 0, 2])
```

と書き換えて実行すると、$\pi : -3x + 3y + z - 5 = 0$ が得られます。(2) OH は、原点と π までの距離ですので、

$$\mathrm{OH} = \frac{|-5|}{\sqrt{(-3)^2 + 3^2 + 1^2}} = \frac{5}{\sqrt{19}}$$

となります。(3) 三角形 ABC の面積 S は、$\overrightarrow{\mathrm{AB}}$ $\overrightarrow{\mathrm{AC}}$ を用いて、

$$S = \frac{1}{2}\sqrt{\|\overrightarrow{\mathrm{AB}}\|^2\|\overrightarrow{\mathrm{AC}}\|^2 - (\overrightarrow{\mathrm{AB}}, \overrightarrow{\mathrm{AC}})^2}$$

と書くことができますので、$\overrightarrow{\mathrm{AB}} = (1, 2, -3)$, $\overrightarrow{\mathrm{AC}} = (-1, -1, 0)$ より、$\|\overrightarrow{\mathrm{AB}}\|^2 = 1^2+2^2+(-3)^2 = 14$, $\|\overrightarrow{\mathrm{AC}}\|^2 = (-1)^2 + (-1)^2 + 0^2 = 2$, $(\overrightarrow{\mathrm{AB}}, \overrightarrow{\mathrm{AC}}) = -1 - 2 = -3$ を代入して、

$$S = \frac{1}{2}\sqrt{14 \cdot 2 - (-3)^2} = \frac{\sqrt{19}}{2}$$

となります。(4) 四面体 OABC の体積 V は、次のようになります。

$$V = \frac{1}{3}\mathrm{OH} \cdot S = \frac{1}{3} \cdot \frac{5}{\sqrt{19}} \cdot \frac{\sqrt{19}}{2} = \frac{5}{6}$$

問題7-10解答 連立方程式の解がパラメータを 1 つ持つ場合、パラメータを 2 つ持つ場合、解がない場合のそれぞれは、以下の場合に対応します。

- 2 つの平面の交わりが直線になっている場合
- 2 つの平面が一致する場合（交わりは平面自身）
- 2 つの平面が平行である場合（交わりはない）

第 8 章

問題8-1解答 $\boldsymbol{a}_3 = 5\boldsymbol{a}_1 - 3\boldsymbol{a}_2$ となりますので、$p = 5, q = -3$ です。

問題8-2解答 $\boldsymbol{a}_1 - \boldsymbol{a}_2, \boldsymbol{a}_2 - \boldsymbol{a}_3, \ldots, \boldsymbol{a}_{n-1} - \boldsymbol{a}_n, \boldsymbol{a}_n - \boldsymbol{a}_1$ の総和を計算すると、

$$(\boldsymbol{a}_1 - \boldsymbol{a}_2) + (\boldsymbol{a}_2 - \boldsymbol{a}_3) + \ldots + (\boldsymbol{a}_{n-1} - \boldsymbol{a}_n) + (\boldsymbol{a}_n - \boldsymbol{a}_1) = \boldsymbol{0}$$

となります。これは、非自明な係数（すべて 1）に対して一次関係式が成り立っていることを意味します。つまり、$\boldsymbol{a}_1 - \boldsymbol{a}_2, \boldsymbol{a}_2 - \boldsymbol{a}_3, \ldots, \boldsymbol{a}_{n-1} - \boldsymbol{a}_n, \boldsymbol{a}_n - \boldsymbol{a}_1$ は一次従属となります。 □

問題8-3解答 $b_1(\boldsymbol{a}_1-\boldsymbol{a})+b_2(\boldsymbol{a}_2-\boldsymbol{a})+\ldots+b_n(\boldsymbol{a}_n-\boldsymbol{a})=\boldsymbol{0}\ (*)$ とします。$\boldsymbol{a}=c_1\boldsymbol{a}_1+c_2\boldsymbol{a}_2+\cdots+c_n\boldsymbol{a}_n$ を代入し、$b=b_1+b_2+\cdots+b_n$ として $(*)$ を整理すると、

$$(b_1-bc_1)\boldsymbol{a}_1+(b_2-bc_2)\boldsymbol{a}_2+\cdots+(b_n-bc_n)\boldsymbol{a}_n=\boldsymbol{0}$$

となります。$\boldsymbol{a}_1,\boldsymbol{a}_2,\ldots,\boldsymbol{a}_n$ は一次独立なので、$b_1-bc_1=b_2-bc_2=\cdots=b_n-bc_n=0$ となります。これらを辺々合計すると、

$$b-b(c_1+c_2+\cdots+c_n)=0$$

となります。よって、$c_1+c_2+\cdots+c_n\neq 1$ のときは、$b=0$ となり $b_1-bc_1=b_2-bc_2=\cdots=b_n-bc_n=0$ に代入すると、$b_1=b_2=\cdots=b_n=0$ が得られます。つまり、$\boldsymbol{a}_1-\boldsymbol{a},\boldsymbol{a}_2-\boldsymbol{a},\ldots,\boldsymbol{a}_n-\boldsymbol{a}$ は一次独立です。$c_1+c_2+\cdots+c_n=1$ のときを考えます。条件式を整理すると、

$$\begin{pmatrix} c_1-1 & c_1 & c_1 & \cdots & c_1 \\ c_2 & c_2-1 & c_2 & \cdots & c_2 \\ \vdots & & \vdots & & \vdots \\ c_n & c_n & \cdots & c_n & c_n-1 \end{pmatrix}\begin{pmatrix} b_1 \\ b_2 \\ \vdots \\ b_n \end{pmatrix}=\begin{pmatrix} 0 \\ 0 \\ \vdots \\ 0 \end{pmatrix}$$

となりますが、この第 1 行から第 $n-1$ 行を第 n 行に加えると第 n 行はすべて 0 となります。つまり、左辺の行列のランクは n より小さいことになり、非自明な $b_1,b_2,\ldots,b_n$ が存在することが分かります。これは、$\boldsymbol{a}_1-\boldsymbol{a},\boldsymbol{a}_2-\boldsymbol{a},\ldots,\boldsymbol{a}_n-\boldsymbol{a}$ が一次従属であることを示しています。 □

問題8-4解答 $\boldsymbol{x}_1,\boldsymbol{x}_2\in W_1\cap W_2$ とします。このとき、$\boldsymbol{x}_1,\boldsymbol{x}_2\in W_1$ であり、W_1 が部分空間であることから、スカラー c_1,c_2 に対して、$c_1\boldsymbol{x}_1+c_2\boldsymbol{x}_2\in W_1$ となります。同様にして、$\boldsymbol{x}_1,\boldsymbol{x}_2\in W_2$ であり、W_2 が部分空間であることから、$c_1\boldsymbol{x}_1+c_2\boldsymbol{x}_2\in W_2$ も得られます。これは、$c_1\boldsymbol{x}_1+c_2\boldsymbol{x}_2\in W_1\cap W_2$ であることを示しています。つまり、$W_1\cap W_2$ は部分空間になります。

$W_1\cup W_2$ が部分空間にならない例としては、例えば、$\mathbb{R}^2$（実平面）において、$W_1=\{(x,0)\,|\,x\in\mathbb{R}\}$, $W_2=\{(0,y)\mid y\in\mathbb{R}\}$ とした場合がその例になります。W_1,W_2 は各々 $\mathbb{R}^2$ の 1 次元部分空間ですが、$(1,0)+(0,1)=(1,1)\notin W_1\cup W_2$ となりますので、$W_1\cup W_2$ は部分空間になりません。 □

問題8-5解答 $W_1\cap W_2\subset W_1$ ですので、$\dim(W_1\cap W_2)\leq\dim W_1$ が成り立ちます。同様に、$W_1\cap W_2\subset W_2$ ですので、$\dim(W_1\cap W_2)\leq\dim W_2$ も成り立ちます。よって、$\dim(W_1\cap W_2)\leq\min\{\dim W_1,\dim W_2\}$ が成り立ちます。 □

問題8-6解答 必要性は明らかでしょう。$W=W_1+W_2$ が直和であると仮定します。$\boldsymbol{x}\in W_1+W_2$ が 2 通りの表現 $\boldsymbol{x}=\boldsymbol{x}_1+\boldsymbol{x}_2(\boldsymbol{x}_1\in W_1,\boldsymbol{x}_2\in W_2)$, $\boldsymbol{x}=\boldsymbol{x}'_1+\boldsymbol{x}'_2(\boldsymbol{x}'_1\in W_1,\boldsymbol{x}'_2\in W_2)$ を持つとすると、$\boldsymbol{x}_1+\boldsymbol{x}_2=\boldsymbol{x}'_1+\boldsymbol{x}'_2$ が成り立ちますが、

$$W_1\ni\boldsymbol{x}_1-\boldsymbol{x}'_1=\boldsymbol{x}'_2-\boldsymbol{x}_2\in W_2$$

となるので、$\boldsymbol{x}_1-\boldsymbol{x}'_1=\boldsymbol{x}'_2-\boldsymbol{x}_2\in W_1\cap W_2=\{\boldsymbol{0}\}$ ですので、$\boldsymbol{x}_1-\boldsymbol{x}'_1=\boldsymbol{x}'_2-\boldsymbol{x}_2=0$ となります。これは、$\boldsymbol{x}\in W_1+W_2$ の表現が一通りであることを示しています。 □

問題8-7解答　$\boldsymbol{x}_1, \boldsymbol{x}_2 \in S^{\perp}$ とします。$S^{\perp}$ の定義より、任意の $\boldsymbol{s} \in S$ に対し、$(\boldsymbol{x}_1, \boldsymbol{s}) = (\boldsymbol{x}_2, \boldsymbol{s}) = 0$ が成り立ちます。c_1, c_2 を任意のスカラーとするとき、

$$(c_1\boldsymbol{x}_1 + c_2\boldsymbol{x}_2, \boldsymbol{s}) = c_1(\boldsymbol{x}_1, \boldsymbol{s}) + c_2(\boldsymbol{x}_2, \boldsymbol{s}) = 0$$

となりますから、$c_1\boldsymbol{x}_1 + c_2\boldsymbol{x}_2$ も S のすべてのベクトルと直交します。つまり、$c_1\boldsymbol{x}_1 + c_2\boldsymbol{x}_2 \in S^{\perp}$ となり、$S^{\perp}$ が部分空間であることが示されました。 □

問題8-8解答　リスト 8.2 のプログラムの 3 行目から 6 行目までを以下の 3 行に置き換えて実行してください。

```
A = [sympy.Matrix([1, 1, 1]),
     sympy.Matrix([-1, 2, 1]),
     sympy.Matrix([2, 3, 4])]
```

結果は次のようになります。

$$\begin{pmatrix} \sqrt{3}/3 \\ \sqrt{3}/3 \\ \sqrt{3}/3 \end{pmatrix}, \quad \begin{pmatrix} -5\sqrt{42}/42 \\ 2\sqrt{42}/21 \\ \sqrt{42}/42 \end{pmatrix}, \quad \begin{pmatrix} -\sqrt{14}/14 \\ -\sqrt{14}/7 \\ 3\sqrt{14}/14 \end{pmatrix}$$

▶ 第 9 章

問題9-1解答　例えば (1) は、次のように計算することができます。

$$\begin{pmatrix} 2 & -1 \\ 1 & 2 \end{pmatrix} \begin{pmatrix} 1 \\ -2 \end{pmatrix} = \begin{pmatrix} 4 \\ -3 \end{pmatrix}$$

つまり、(1) の答は、$(4, -3)$ となります。同様に計算すると、(2)$(-1, -6)$、(3)$(-1, 3)$ となります。

問題9-2解答　例えば (1) は、次のように計算することができます。例題 3.2. の 2×2 行列の逆行列の公式を用いて、

$$\begin{pmatrix} 2 & -1 \\ 1 & 2 \end{pmatrix}^{-1} \begin{pmatrix} 2 \\ 3 \end{pmatrix} = \frac{1}{5} \begin{pmatrix} 2 & 1 \\ -1 & 2 \end{pmatrix} \begin{pmatrix} 2 \\ 3 \end{pmatrix} = \frac{1}{5} \begin{pmatrix} 7 \\ 4 \end{pmatrix}$$

つまり、(1) の答は、$(7/5, 4/5)$ となります。同様に計算すると、(2)$(1/4, 5/8)$、(3)$(5/2, -1/2)$ となります。

問題9-3解答　与えられた条件は、

$$A \begin{pmatrix} 1 \\ 1 \end{pmatrix} = \begin{pmatrix} 3 \\ -2 \end{pmatrix}, \quad A \begin{pmatrix} 3 \\ 2 \end{pmatrix} = \begin{pmatrix} 0 \\ 1 \end{pmatrix}$$

となります。両者をまとめると、

$$A\begin{pmatrix}1 & 3\\1 & 2\end{pmatrix}=\begin{pmatrix}3 & 0\\-2 & 1\end{pmatrix}$$

となりますので、例題 3.2. の 2×2 行列の逆行列の公式を用いれば、次の結果が得られます。

$$A=\begin{pmatrix}3 & 0\\-2 & 1\end{pmatrix}\begin{pmatrix}1 & 3\\1 & 2\end{pmatrix}^{-1}=\begin{pmatrix}-6 & 9\\5 & -7\end{pmatrix}$$

問題9-4解答　線形変換では、2 点 P, Q をつなぐ直線は、P, Q の像 P′, Q′ をつなぐ直線に移されますので、正方形 OABC は、各頂点の像 O′(0, 0)、A′(1, 2)、B′(3, 1)、C′(2, −1) を頂点とする平行四辺形に移されます。面積は、線形変換を表す行列の行列式の絶対値倍になりますので、求める面積は、$1\times|-5|=5$ となります。

問題9-5解答

$$A=\begin{pmatrix}a & b\\c & d\end{pmatrix}$$

とします。f で ℓ 上の点 (t, mt) はそれ自身に移されるので、

$$\begin{pmatrix}a & b\\c & d\end{pmatrix}\begin{pmatrix}t\\mt\end{pmatrix}=\begin{pmatrix}t\\mt\end{pmatrix}$$

が任意の実数 t に対して成り立ちます。よって、

$$\begin{pmatrix}a-1 & b\\c & d-1\end{pmatrix}\begin{pmatrix}1\\m\end{pmatrix}=\begin{pmatrix}0\\0\end{pmatrix}$$

となりますが、左辺の 2×2 行列が逆行列を持つと、この関係は成り立ちませんので、

$$\begin{vmatrix}a-1 & b\\c & d-1\end{vmatrix}=ad-bc-(a+d)+1=0$$

が得られます。これは、$\mathrm{tr}A=|A|+1$ であることを示しています。 □

問題9-6解答　リスト 9.1 のプログラムにおいて、7, 8 行目をコメントアウトし、12, 14, 15 行目のコメントを外して実行すればよいでしょう。

問題9-7解答　リスト 9.1 のプログラムにおいて、7, 8 行目を

```
x = -3*np.sin(2*t) + np.sin(3*t)
y = 3*np.cos(2*t) + np.cos(3*t)
```

と書き換え、19 行目、20 行目を次のように書き換えて実行すればよいでしょう。

```
a = 2; b = 1
c = 1; d = -1
```

問題9-8解答　例題 9.3. と同様にして、

$$\begin{pmatrix} x \\ y \end{pmatrix} = \begin{pmatrix} \frac{1}{\sqrt{2}} & \frac{1}{\sqrt{2}} \\ -\frac{1}{\sqrt{2}} & \frac{1}{\sqrt{2}} \end{pmatrix} \begin{pmatrix} X \\ Y \end{pmatrix}$$

を H の式に代入すると、次のようになります。

$$\left(\frac{X+Y}{\sqrt{2}}\right)\left(\frac{-X+Y}{\sqrt{2}}\right) = 1$$

これを整理して、X を x、Y を y に書き換えれば、次のようになります。

$$y^2 - x^2 = 2$$

問題9-9解答 例題 9.3. と同様にして、

$$\begin{pmatrix} x \\ y \end{pmatrix} = \begin{pmatrix} \cos\frac{\pi}{6} & \sin\frac{\pi}{6} \\ -\sin\frac{\pi}{6} & \cos\frac{\pi}{6} \end{pmatrix} \begin{pmatrix} X \\ Y \end{pmatrix} = \begin{pmatrix} \frac{\sqrt{3}}{2} & \frac{1}{2} \\ -\frac{1}{2} & \frac{\sqrt{3}}{2} \end{pmatrix} \begin{pmatrix} X \\ Y \end{pmatrix}$$

を C の式に代入すると、次のようになります。

$$-\frac{1}{2}X + \frac{\sqrt{3}}{2}Y = \left(\frac{\sqrt{3}}{2}X + \frac{1}{2}Y\right)^2$$

これを整理して、X を x、Y を y に書き換えれば、次のようになります。

$$3x^2 + 2\sqrt{3}xy + y^2 + 2x - 2\sqrt{3}y = 0$$

問題9-10解答 $\tan\theta = \frac{1}{\sqrt{3}}$ となる θ の一つは、$\theta = \pi/6$ となりますから、原点を通る通線に対する折り返しの行列を用いて変換すると、次のようになります。

$$\begin{pmatrix} x \\ y \end{pmatrix} = \begin{pmatrix} \cos\frac{\pi}{3} & \sin\frac{\pi}{3} \\ \sin\frac{\pi}{3} & -\cos\frac{\pi}{3} \end{pmatrix} \begin{pmatrix} X \\ Y \end{pmatrix} = \begin{pmatrix} \frac{1}{2} & \frac{\sqrt{3}}{2} \\ \frac{\sqrt{3}}{2} & -\frac{1}{2} \end{pmatrix} \begin{pmatrix} X \\ Y \end{pmatrix}$$

これを E の式に代入すると、次のようになります。

$$\frac{1}{4}\left(\frac{1}{2}X + \frac{\sqrt{3}}{2}Y\right)^2 + \left(\frac{\sqrt{3}}{2}X - \frac{1}{2}Y\right)^2 = 1$$

これを整理して、X を x、Y を y に書き換えれば、次のようになります。

$$13x^2 - 6\sqrt{3}xy + 7y^2 = 16$$

問題9-11解答 回転行列のスカラー倍の形に変形します。

$$R = \sqrt{2}\begin{pmatrix} \cos\frac{\pi}{4} & -\sin\frac{\pi}{4} \\ \sin\frac{\pi}{4} & \cos\frac{\pi}{4} \end{pmatrix}$$

回転行列の意味を考えて、次の結果が得られます。

$$R^{12} = (\sqrt{2})^{12}\begin{pmatrix} \cos\frac{12\pi}{4} & -\sin\frac{12\pi}{4} \\ \sin\frac{12\pi}{4} & \cos\frac{12\pi}{4} \end{pmatrix} = \begin{pmatrix} -64 & 0 \\ 0 & -64 \end{pmatrix}$$

問題9-12解答 行列 M で表される線形写像を f_M で表します。$\mathrm{Im} f_{AB} \subset \mathrm{Im} f_A$ ですので、$\mathrm{rank}(AB) \leq \mathrm{rank}A$ が成り立ちます。B の第 i 列ベクトルを $\boldsymbol{b}_i$ とすると、$B = (\boldsymbol{b}_1\ \boldsymbol{b}_2\ \cdots\ \boldsymbol{b}_n)$ と書くことができます。$\boldsymbol{u} = (u_1, u_2, \ldots, u_n)^\top$ を n 次元列ベクトルとすると、

$$\begin{aligned} AB\boldsymbol{u} &= A(u_1\boldsymbol{b}_1 + u_2\boldsymbol{b}_2 + \cdots + u_n\boldsymbol{b}_n) \\ &= u_1A\boldsymbol{b}_1 + u_2A\boldsymbol{b}_2 + \cdots + u_nA\boldsymbol{b}_n \end{aligned}$$

となります。$\mathrm{rank}(AB)$ は、$A\boldsymbol{b}_1, A\boldsymbol{b}_2, \ldots, A\boldsymbol{b}_n$ の一次独立なベクトルの最大数ですが、これは、$\boldsymbol{b}_1, \boldsymbol{b}_2, \ldots, \boldsymbol{b}_n$ のうちの一次独立なベクトルの最大数を超えることはありませんので、$\mathrm{rank}(AB) = \mathrm{rank}(AB)^\top = \mathrm{rank}(B^\top A^\top) \leq \mathrm{rank}(B^\top) = \mathrm{rank}B$ となります。両者を合わせれば、$\mathrm{rank}(AB) \leq \min\{\mathrm{rank}A, \mathrm{rank}B\}$ であることが示されました。 □

問題9-13解答 B の第 i 列ベクトルを $\boldsymbol{b}_i$ とすると、$B = (\boldsymbol{b}_1\ \boldsymbol{b}_2\ \cdots\ \boldsymbol{b}_n)$ と書くことができます。$AB = O$ より、$A\boldsymbol{b}_i = \boldsymbol{0}$ $(i = 1, 2, \ldots, n)$ となります。A で表される線形変換を f_A で表せば、$\boldsymbol{b}_i$ $(i = 1, 2, \ldots, n)$ は、$\mathrm{Ker} f_A$ の元です。よって、

$$\mathrm{rank}B = \dim\langle \boldsymbol{b}_1, \boldsymbol{b}_2, \cdots, \boldsymbol{b}_n \rangle \leq \dim \mathrm{Ker} f_A$$

が成り立ちます。一方、次元定理（定理 9.4.）より、$\dim \mathrm{Ker} f_A = m - \mathrm{rank}A$ ですので、$\mathrm{rank}B \leq \dim \mathrm{Ker} f_A = m - \mathrm{rank}A$ が成り立ちます。 □

第10章

問題10-1解答 (1) 固有方程式は、

$$\begin{vmatrix} \lambda - 3 & -1 \\ -1 & \lambda - 3 \end{vmatrix} = 0$$

となります。これを解いて、固有値 $\lambda = 2, 4$ が得られます。$\lambda = 2, 4$ に属する固有ベクトル $(x_1, y_1)^\top, (x_2, y_2)^\top$ は、

$$\begin{pmatrix} -1 & -1 \\ -1 & -1 \end{pmatrix}\begin{pmatrix} x_1 \\ y_1 \end{pmatrix} = \begin{pmatrix} 0 \\ 0 \end{pmatrix}, \quad \begin{pmatrix} 1 & -1 \\ -1 & 1 \end{pmatrix}\begin{pmatrix} x_2 \\ y_2 \end{pmatrix} = \begin{pmatrix} 0 \\ 0 \end{pmatrix}$$

これらを解いて、以下のようになります。

$$\begin{pmatrix} x_1 \\ y_1 \end{pmatrix} = t_1\begin{pmatrix} 1 \\ -1 \end{pmatrix}\ (t_1 \neq 0), \quad \begin{pmatrix} x_2 \\ y_2 \end{pmatrix} = t_2\begin{pmatrix} 1 \\ 1 \end{pmatrix}\ (t_2 \neq 0)$$

(2), (3) の計算は割愛します。

(2) 固有値は $\lambda = 5, 2$、各々に属する固有ベクトルは、次のようになります。

$$\begin{pmatrix} x_1 \\ y_1 \end{pmatrix} = t_1 \begin{pmatrix} 1 \\ 1 \end{pmatrix} \ (t_1 \neq 0), \quad \begin{pmatrix} x_2 \\ y_2 \end{pmatrix} = t_2 \begin{pmatrix} -2 \\ 1 \end{pmatrix} \ (t_2 \neq 0)$$

(3) 固有値は $\lambda = \frac{3\pm\sqrt{5}}{2}$、各々に属する固有ベクトルは、次のようになります。

$$\begin{pmatrix} x_1 \\ y_1 \end{pmatrix} = t_1 \begin{pmatrix} -2 \\ 1+\sqrt{5} \end{pmatrix} \ (t_1 \neq 0), \quad \begin{pmatrix} x_2 \\ y_2 \end{pmatrix} = t_2 \begin{pmatrix} -2 \\ 1-\sqrt{5} \end{pmatrix} \ (t_2 \neq 0)$$

問題10-2解答 3 つの行列の固有値と固有ベクトルをまとめて計算してみます。例えば、リスト A.21 のようにすればいいでしょう。

リスト A.21　ProbEigenValVect.py

```
import numpy as np
import numpy.linalg as LA

A = np.array([[3, 1], [1, 3]])
B = np.array([[3, 2], [1, 4]])
C = np.array([[1, -1], [-1, 2]])

print(LA.eig(A), LA.eig(B), LA.eig(C), sep='\n')
```

実行結果は、次のようになります。

```
(array([4., 2.]), array([[ 0.70710678, -0.70710678],
       [ 0.70710678,  0.70710678]]))
(array([2., 5.]), array([[-0.89442719, -0.70710678],
       [ 0.4472136 , -0.70710678]]))
(array([0.38196601, 2.61803399]), array([[-0.85065081,  0.52573111],
       [-0.52573111, -0.85065081]]))
```

問題10-3解答 まず、固有値を求めます。

$$\varphi_A(\lambda) = |\lambda I - A| = \begin{vmatrix} \lambda-3 & -1 & 1 \\ 1 & \lambda-4 & 0 \\ -1 & 0 & \lambda-2 \end{vmatrix}$$

第 3 行で余因子展開すると、

$$= -\begin{vmatrix} -1 & 1 \\ \lambda-4 & 0 \end{vmatrix} + (\lambda-2)\begin{vmatrix} \lambda-3 & -1 \\ 1 & \lambda-4 \end{vmatrix}$$
$$= (\lambda-4) + (\lambda-2)(\lambda^2-7\lambda+13)$$
$$= \lambda^3 - 9\lambda^2 + 28\lambda - 30 = (\lambda-3)(\lambda^2-6\lambda+10) = 0$$

となるので、固有値は、$\lambda = 3, 3 \pm i$ となります。$\lambda = 3$ に対する固有ベクトルは、

$$\begin{pmatrix} 0 & -1 & 1 \\ 1 & -1 & 0 \\ -1 & 0 & 1 \end{pmatrix}\begin{pmatrix} x \\ y \\ z \end{pmatrix} = \begin{pmatrix} 0 \\ 0 \\ 0 \end{pmatrix}$$

を解いて、

$$\begin{pmatrix} x \\ y \\ z \end{pmatrix} = t_1\begin{pmatrix} 1 \\ 1 \\ 1 \end{pmatrix} \quad (t_1 \neq 0)$$

$\lambda = 3 \pm i$ に対する固有ベクトルは、

$$\begin{pmatrix} \pm i & -1 & 1 \\ 1 & -1 \pm i & 0 \\ -1 & 0 & 1 \pm i \end{pmatrix}\begin{pmatrix} x \\ y \\ z \end{pmatrix} = \begin{pmatrix} 0 \\ 0 \\ 0 \end{pmatrix}$$

（複号同順）を解けばよいわけですが、

$$\left(\begin{array}{ccc|c} \pm i & -1 & 1 & 0 \\ 1 & -1 \pm i & 0 & 0 \\ -1 & 0 & 1 \pm i & 0 \end{array}\right) \to \left(\begin{array}{ccc|c} 1 & -1 \pm i & 0 & 0 \\ \pm i & -1 & 1 & 0 \\ -1 & 0 & 1 \pm i & 0 \end{array}\right)$$
$$\to \left(\begin{array}{ccc|c} 1 & -1 \pm i & 0 & 0 \\ 0 & \pm i & 1 & 0 \\ 0 & -1 \pm i & 1 \pm i & 0 \end{array}\right)$$
$$\to \left(\begin{array}{ccc|c} 1 & -1 \pm i & 0 & 0 \\ 0 & \pm i & 1 & 0 \\ 0 & 0 & 0 & 0 \end{array}\right)$$

となるので、$\lambda = 3 + i$、$\lambda = 3 - i$ に対する固有ベクトルは、それぞれ、以下のようになります。

$$\begin{pmatrix} x \\ y \\ z \end{pmatrix} = t_2\begin{pmatrix} 2 \\ 1+i \\ 1-i \end{pmatrix} \quad (t_2 \neq 0), \quad t_3\begin{pmatrix} 2 \\ 1-i \\ 1+i \end{pmatrix} \quad (t_3 \neq 0)$$

問題10-4解答　リスト 10.1 に、次の 2 行を加えればいいでしょう。

```
D = np.array([[3, 1, -1], [-1, 4, 0], [1, 0, 2]])
print(LA.eig(D))
```

実行結果は、

```
(array([3.+1.j, 3.-1.j, 3.+0.j]),
array([[0.70710678+0.j        , 0.70710678-0.j        ,
        0.57735027+0.j        ],
       [0.35355339+0.35355339j, 0.35355339-0.35355339j,
        0.57735027+0.j        ],
       [0.35355339-0.35355339j, 0.35355339+0.35355339j,
        0.57735027+0.j        ]]))
```

となり、問題 10-3 の結果と一致していることが分かります。正規化されていることにご注意ください。

問題10-5解答　A の固有値を λ とし、λ に属する固有ベクトルを $\boldsymbol{u}$ とします。このとき、$A\boldsymbol{u} = \lambda\boldsymbol{u}$ ですから、$\boldsymbol{0} = A^m\boldsymbol{u} = \lambda^m\boldsymbol{u}$ となります。$\boldsymbol{u} \neq \boldsymbol{0}$ ですから、$\lambda^m = 0$。よって、$\lambda = 0$ となります。□

問題10-6解答　$A = (a_{ij})_{1\leq i,j\leq n}$ とするとき、$A^\mathsf{T} = -A$ の左辺の第 i 対角成分は、a_{ii} となり、右辺の第 i 対角成分は、$-a_{ii}$ となります。これらが等しいので、$a_{ii} = -a_{ii}$ となり、$a_{ii} = 0$ となります。つまり、A の対角成分はすべて 0 になります。A の次数を n とすると、$|-A| = (-1)^n|A|$ となります。一方、$|A^\mathsf{T}| = |A|$ ですので、$|A| = (-1)^n|A|$ が成り立ちます。n が奇数のとき、右辺は $-|A|$ ですので、$|A| = -|A|$ となり、$|A| = 0$ となります。□

問題10-7解答　λ を A の固有値とし、λ に属する固有ベクトルを $\boldsymbol{u}$ とします。このとき、$\lambda\|\boldsymbol{u}\|^2 = (A\boldsymbol{u}, \boldsymbol{u}) = (\boldsymbol{u}, A^\mathsf{T}\boldsymbol{u}) = (\boldsymbol{u}, -A\boldsymbol{u}) = -\overline{\lambda}\|\boldsymbol{u}\|^2$ となります。固有ベクトルは零ベクトルではありませんので、$\lambda = -\overline{\lambda}$ でなければなりません。これは、$\mathrm{Re}\lambda = 0$ であることを示しています。□

問題10-8解答　A は実行列ですから λ が A の固有値であれば、$\overline{\lambda}$ も A の固有値です。問題 10-7 より、$\mathrm{Re}\lambda = 0$ ですから、$\overline{\lambda} = -\lambda$ となり、$-\lambda$ も A の固有値であることが分かります。□

問題10-9解答　例えば、リスト A.22 のようにすればいいでしょう。実行結果は図 A.1 のようになります。

リスト A.22　ProbCirculantMatrix.py

```
import numpy as np
import numpy.linalg as LA
import matplotlib.pyplot as plt
from scipy.linalg import circulant

# Generate a circulant matrix A
A = circulant([1, 2, 3, 4, 5, 6, 7, 8, 9, 0])
val, Q = LA.eig(A) # eigenvalues and vectors of A
```

```
fig = plt.figure()
ax = fig.add_subplot(111)
ax.scatter(np.real(val),np.imag(val))
ax.set_xlabel('Real part'); ax.set_xlabel('Real part')
ax.set_ylabel('Imaginary part')
plt.show()
```

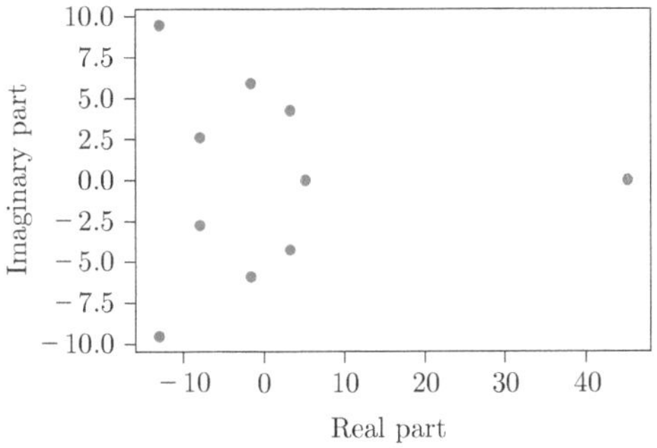

図 A.1　巡回行列の固有値

第11章

問題11-1解答　定理 2.1. より、$B = P^{-1}AP$ であれば、$\mathrm{tr}B = \mathrm{tr}(P^{-1}AP) = \mathrm{tr}(APP^{-1}) = \mathrm{tr}(AI) = \mathrm{tr}(A)$ となります。A, B で表される線形変換をそれぞれ f_A, f_B とします。$\boldsymbol{u} \in \mathrm{Ker} f_A$ とすると、$A\boldsymbol{u} = \boldsymbol{0}$ となります。P は正則ですので、$\boldsymbol{v} = P^{-1}\boldsymbol{u}$ でベクトル $\boldsymbol{v}$ を定めることができます。$\boldsymbol{u} = P\boldsymbol{v}$ を $A\boldsymbol{u} = \boldsymbol{0}$ に代入すると、$AP\boldsymbol{v} = \boldsymbol{0}$ となります。この両辺に左から P^{-1} を掛ければ、$P^{-1}AP\boldsymbol{v} = \boldsymbol{0}$ となります。これは、$B\boldsymbol{v} = \boldsymbol{0}$ を意味しますので、$\boldsymbol{v} \in \mathrm{Ker} f_B$ となります。$\boldsymbol{u}$ と $\boldsymbol{v}$ は一対一に対応していますから、$\dim \mathrm{Ker} f_A = \dim \mathrm{Ker} f_B$ となります。次元定理（定理 9.4.）より、$\mathrm{rank}A = n - \dim \mathrm{Ker} f_A = n - \dim \mathrm{Ker} f_B = \mathrm{rank}B$ となります。 □

問題11-2解答　A の固有値と固有ベクトルを求めて対角化します。

$$|\lambda I - A| = \begin{vmatrix} \lambda - 3 & -1 \\ -1 & \lambda - 3 \end{vmatrix} = (\lambda - 3)^2 - 1 = (\lambda - 2)(\lambda - 4) = 0$$

より、固有値は、$\lambda = 2, 4$ です。対応する固有ベクトルは、各々、連立方程式

$$\begin{pmatrix} -1 & -1 \\ -1 & -1 \end{pmatrix}\begin{pmatrix} x \\ y \end{pmatrix} = \begin{pmatrix} 0 \\ 0 \end{pmatrix}, \quad \begin{pmatrix} 1 & -1 \\ -1 & 1 \end{pmatrix}\begin{pmatrix} x \\ y \end{pmatrix} = \begin{pmatrix} 0 \\ 0 \end{pmatrix}$$

を解いて、固有ベクトル

$$\boldsymbol{u}_1 = t_1 \begin{pmatrix} 1 \\ -1 \end{pmatrix} \ (t_1 \neq 0), \quad \boldsymbol{u}_2 = t_2 \begin{pmatrix} 1 \\ 1 \end{pmatrix} \ (t_2 \neq 0)$$

を得ます。$t_1 = t_2 = 1$ として、

$$P = \begin{pmatrix} 1 & 1 \\ -1 & 1 \end{pmatrix}$$

とすれば、

$$B = P^{-1}AP = \begin{pmatrix} 2 & 0 \\ 0 & 4 \end{pmatrix}$$

$$B^k = P^{-1}A^kP = \begin{pmatrix} 2^k & 0 \\ 0 & 4^k \end{pmatrix}$$

となります。よって、A^k は次のようになります。

$$A^k = PB^kP^{-1} = \frac{1}{2}\begin{pmatrix} 1 & 1 \\ -1 & 1 \end{pmatrix}\begin{pmatrix} 2^k & 0 \\ 0 & 4^k \end{pmatrix}\begin{pmatrix} 1 & -1 \\ 1 & 1 \end{pmatrix} = \frac{1}{2}\begin{pmatrix} 4^k + 2^k & 4^k - 2^k \\ 4^k - 2^k & 4^k + 2^k \end{pmatrix}$$

問題11-3解答　例えば、リスト A.23 のようにすればいいでしょう。

リスト A.23　JordanBlock.py

```
import numpy as np
import numpy.linalg as LA

J = np.array([[2, 1, 0], [0, 2, 1], [0, 0, 2]])
print(LA.eig(J))
```

実行結果は、

```
(array([2., 2., 2.]), array([[ 1.00000000e+00, -1.00000000e+00,  1.00000000e+00],
       [ 0.00000000e+00,  4.44089210e-16, -4.44089210e-16],
       [ 0.00000000e+00,  0.00000000e+00,  1.97215226e-31]]))
```

問題11-4解答　A の固有値がすべて実数ですから、定理 11.4. における $\boldsymbol{u}_1, \boldsymbol{u}_2, \ldots, \boldsymbol{u}_n$ が実ベクトルの正規直交基底となるようにできます。 □

問題11-5解答　A の固有値は、$\lambda = 2$（重複度 2）です。固有空間は、

$$W_A(2) = \left\{ t \begin{pmatrix} 1 \\ -1 \end{pmatrix} \middle| \ t \in K \right\}$$

となりますから、$\dim W_A(2) = 1$ となり、対角化できません。一方、定理 11.6. より、$(A - 2I)^2 = O$ が成り立ちます。そこで、x^k を $(x - 2)^2$ で割ったときの商を $Q(x)$、余りを $ax + b$ とすると、$x^k = (x - 2)^2 Q(x) + ax + b$ と書けることを利用して、A^k を求めてみることにします。この等式 $(*)$ において、$x = 2$ とすれば、$2^k = 2a + b$ となります。$(*)$ の両辺を x で微分すると、$kx^{k-1} = 2(x - 2)Q(x) + (x - 2)^2 Q'(x) + a$ となりますが、ここで、$x = 2$ とすると、$k \cdot 2^{k-1} = a$ となります。よって、$b = 2^k - k \cdot 2^k = -(k - 1) \cdot 2^k$ となるので、$(*)$ において、$x = A$ とおけば、次が得られます。

$$
\begin{aligned}
A^k &= (A - 2I)^2 Q(A) + k \cdot 2^{k-1} A - (k - 1) \cdot 2^k I \\
&= k \cdot 2^{k-1} A - (k - 1) 2^k I \\
&= k \cdot 2^{k-1} \begin{pmatrix} 1 & 1 \\ -1 & 3 \end{pmatrix} - (k - 1) 2^k \begin{pmatrix} 1 & 0 \\ 0 & 1 \end{pmatrix} \\
&= \begin{pmatrix} (2 - k) \cdot 2^{k-1} & k \cdot 2^{k-1} \\ -k \cdot 2^{k-1} & (k + 2) \cdot 2^{k-1} \end{pmatrix}
\end{aligned}
$$

問題11-6解答　3 次のジョルダン細胞は、次のように書くことができます。

$$
J(\lambda) = \begin{pmatrix} \lambda & 1 & 0 \\ 0 & \lambda & 1 \\ 0 & 0 & \lambda \end{pmatrix} = \lambda I + N, \quad N = \begin{pmatrix} 0 & 1 & 0 \\ 0 & 0 & 1 \\ 0 & 0 & 0 \end{pmatrix}
$$

ここで、λI と N が可換であることから、$N^0 = I$ と約束すれば、二項定理より、

$$
\begin{aligned}
J(\lambda)^k &= (\lambda I + N)^k \\
&= \sum_{r=0}^{k} {}_k C_r \lambda^{k-r} N^r
\end{aligned}
$$

となります。$k = 1$ のときは、$J(\lambda)$ 自身ですが、$k = 2$ のときは、

$$
J(\lambda)^2 = \lambda^2 I + 2\lambda \begin{pmatrix} 0 & 1 & 0 \\ 0 & 0 & 1 \\ 0 & 0 & 0 \end{pmatrix} + \begin{pmatrix} 0 & 0 & 1 \\ 0 & 0 & 0 \\ 0 & 0 & 0 \end{pmatrix} = \begin{pmatrix} \lambda^2 & 2\lambda & 1 \\ 0 & \lambda^2 & 2\lambda \\ 0 & 0 & \lambda^2 \end{pmatrix}
$$

$k \geq 3$ のときは、$N^3 = O$ であることに注意すると次のようになります。

$$
\begin{aligned}
J(\lambda)^k &= \lambda^k I + k\lambda^{k-1} N + \frac{k(k-1)}{2} \lambda^{k-2} N^2 \\
&= \begin{pmatrix} \lambda^k & k\lambda^{k-1} & \frac{k(k-1)}{2} \lambda^{k-2} \\ 0 & \lambda^k & k\lambda^{k-1} \\ 0 & 0 & \lambda^k \end{pmatrix}
\end{aligned}
$$

問題11-7解答 固有多項式は、

$$\varphi_A(\lambda) = |\lambda I - A| = \begin{vmatrix} \lambda & 0 & -1 \\ 0 & \lambda - 1 & 0 \\ -1 & 0 & \lambda - a \end{vmatrix} = (\lambda - 1)(\lambda^2 - a\lambda - 1)$$

となります。a は実数ですから、$\lambda^2 - a\lambda - 1 = 0$ の判別式 $D = a^2 + 4$ は $D \geq a^2 + 4 > 0$ より 0 になることはなく、$\lambda^2 - a\lambda - 1 = 0$ は重解を持ちませんが、$\lambda = 1$ を解に持つとき、つまり、$a = 0$ のときは、$\varphi_A(\lambda) = (\lambda - 1)^2(\lambda + 1)$ となり、固有方程式は、$\lambda = 1$ を 2 重解に持ちます。$a \neq 0$ のとき、固有方程式は 3 つの異なる解を持ちますから定理 11.3. の 2（または 3）の条件に該当し、対角化可能であることが分かります。

固有空間 $W_A(1)$ を求めます。$\boldsymbol{u} = (x, y, z)^\top \in W_A(1)$ とすると

$$(I - A)\boldsymbol{u} = \begin{pmatrix} 1 & 0 & -1 \\ 0 & 0 & 0 \\ -1 & 0 & 1 \end{pmatrix}\begin{pmatrix} x \\ y \\ z \end{pmatrix} = \begin{pmatrix} 0 \\ 0 \\ 0 \end{pmatrix} \text{ より } \begin{pmatrix} x \\ y \\ z \end{pmatrix} = t_1\begin{pmatrix} 1 \\ 0 \\ 1 \end{pmatrix} + t_2\begin{pmatrix} 0 \\ 1 \\ 0 \end{pmatrix}$$

となり、$\dim W_A(1) = 2$ となることが分かります。これは定理 11.3. の 2 の条件に該当するので、A は対角化可能です。以上より A は対角化可能です。

問題11-8解答 固有多項式は、$\varphi_A(\lambda) = (\lambda - 2)^2(\lambda - 1)$ となり、$\lambda = 2$ が重複度 2 の固有値となります。固有空間 $W_A(2)$ を調べます。$\boldsymbol{u} = (x, y, z)^\top \in W_A(2)$ とすると、次の方程式が成り立ちます。

$$(A - 2I)\boldsymbol{u} = \begin{pmatrix} 0 & a & b \\ 0 & 0 & c \\ 0 & 0 & -1 \end{pmatrix}\begin{pmatrix} x \\ y \\ z \end{pmatrix} = \begin{pmatrix} 0 \\ 0 \\ 0 \end{pmatrix}$$

つまり、x は任意に取ることができ、$ay + bz = 0$ かつ $cz = 0, -z = 0$ となります。$a \neq 0$ のとき、$y = 0$ となり、$\dim W_A(2) = 1$ となって対角化できません。$a = 0$ のとき、$W_A(2)$ は、

$$\begin{pmatrix} x \\ y \\ z \end{pmatrix} = t_1\begin{pmatrix} 1 \\ 0 \\ 0 \end{pmatrix} + t_2\begin{pmatrix} 0 \\ 1 \\ 0 \end{pmatrix}$$

となり、$\dim W(2) = 2$（重複度に一致）となるため、対角化可能です。よって、求める必要十分条件は、$a = 0$ となります。

問題11-9解答 A の固有値を λ、λ に属する固有ベクトルを $\boldsymbol{u}$ とします。このとき、$A\boldsymbol{u} = \lambda\boldsymbol{u}$ ですが、両辺に左から A を掛けると、$A^2\boldsymbol{u} = \lambda A\boldsymbol{u} = \lambda^2\boldsymbol{u}$ となり、$A^2\boldsymbol{u} = A\boldsymbol{u}$ ですので、$\lambda^2 = \lambda$ となります。つまり、A の固有値は 0 または 1 です。固有値 0 に対応する固有空間を $W_A(0)$ とします。A で定まる線形変換を f_A とすると、$\dim W_A(0) = \dim \mathrm{Ker} f_A$ になります。一方、A の列ベクトルを $\boldsymbol{a}_1, \boldsymbol{a}_2, \cdots, \boldsymbol{a}_n$ として、$A = (\boldsymbol{a}_1\ \boldsymbol{a}_2\ \cdots\ \boldsymbol{a}_n)$ のように表すと、$A^2 = A$ より、$A\boldsymbol{a}_i = \boldsymbol{a}_i$

$(i=1,2,\ldots,n)$ が成り立ちます。つまり、A の各列ベクトルは、固有値 1 に対応する固有空間 $W_A(1)$ に属します。よって、$\dim W_A(1) \geq \dim\langle \boldsymbol{a}_1, \boldsymbol{a}_2, \cdots, \boldsymbol{a}_n \rangle = \mathrm{rank}A$ が成り立ちます。次元定理（定理 9.4.）より、

$$n = \dim \mathrm{Ker} f_A + \mathrm{rank}A = \dim W_A(0) + \mathrm{rank}A \leq \dim W_A(0) + \dim W_A(1)$$

となりますが、固有空間の次元の和が n を超えることはないので、$\dim W_A(0) + \dim W_A(1) = n$ となります。これは定理 11.3. の 3 の条件にあたるので、A が対角化可能であることが示されました。□

問題11-10解答 固有多項式は、

$$\begin{aligned}\varphi_A(\lambda) &= \begin{vmatrix} \lambda-1 & 0 & 1 \\ -2 & \lambda-1 & 0 \\ 0 & 0 & \lambda-2 \end{vmatrix} \\ &= (\lambda-1)^2(\lambda-2)\end{aligned}$$

となります。固有値 $\lambda = 1$ が 2 重解なので、その固有空間 $W_A(1)$ の次元を調べましょう。$\boldsymbol{u} = (x,y,z)^\top \in W_A(1)$ とすると、

$$(I-A)\boldsymbol{u} = \begin{pmatrix} 0 & 0 & 1 \\ -2 & 0 & 0 \\ 0 & 0 & -1 \end{pmatrix}\begin{pmatrix} x \\ y \\ z \end{pmatrix} = \begin{pmatrix} 0 \\ 0 \\ 0 \end{pmatrix} \text{ より } \begin{pmatrix} x \\ y \\ z \end{pmatrix} = t\begin{pmatrix} 0 \\ 1 \\ 0 \end{pmatrix}$$

となり、$\dim W_A(1) = 1$ となることが分かります。これは $\lambda = 1$ の重複度よりも小さいので、A は対角化できません。

問題11-11解答 固有多項式は、$\varphi_A(\lambda) = (\lambda-1)^2(\lambda-2) = \lambda^3 - 4\lambda^2 + 5\lambda - 2$ ですから、ケーリー・ハミルトンの定理（定理 11.6.）より、$A^3 - 4A^2 + 5A - 2I = O$ となります。$\frac{1}{2}(A^2 - 4A + 5I)A = I$ となるので、$A^{-1} = \frac{1}{2}(A^2 - 4A + 5I)$ となります。よって、求める多項式は、$f(x) = \frac{1}{2}(x^2 - 4x + 5)$ です。

問題11-12解答 問題 11-9 の結果より、A は対角化可能です。また、その過程で、A の固有値が 0 または 1 であることも示されました。$r = \mathrm{rank}A$ とします。A は、適当な正則行列 P によって次のような対角行列に変換できます。

$$P^{-1}AP = \left(\begin{array}{c|c} I_r & O_{r,n-r} \\ \hline O_{n-r.r} & O_{n-r,n-r} \end{array}\right)$$

一方、トレースについて、$\mathrm{tr}(P^{-1}AP) = \mathrm{tr}A$ が成り立つので、$\mathrm{tr}A = r$ であることが示されました。□

問題11-13解答 B は正則ですので、B^{-1} が存在します。$AB = B^{-1}(BA)B$ より、

$$|\lambda I - AB| = |\lambda I - B^{-1}(BA)B| = |B^{-1}||\lambda I - BA||B| = |\lambda I - BA|$$

となりますので、AB の固有多項式と BA の固有多項式は等しいことが分かります。よって、λ が AB

の固有値であれば、λ は、BA の固有値でもあります。 □

問題11-14解答 z を B の固有値でない複素数としたとき、$B-zI$ は正則ですから、問題 11-13 の議論より、$A(B-zI)$ の固有多項式と $(B-zI)A$ の固有多項式は一致することが分かります。ここで、B の固有値を避けながら $z \to 0$ とすれば、固有多項式が z に関する連続関数になっていることより、AB の固有多項式と BA の固有多項式が一致することが分かります。 □

問題11-15解答

$$AB = O, \quad BA = \begin{pmatrix} 4 & -2 \\ 8 & -4 \end{pmatrix}$$

となるので、$\dim W_{AB}(0) = K^2$ となり、$\dim W_{AB}(0) = 2$ となります。一方、

$$W_{BA}(0) = \left\{ t \begin{pmatrix} 1 \\ 2 \end{pmatrix} \middle| \, t \in K \right\}$$

となりますので、$\dim W_{BA}(0) = 1$ となります。このように、AB と BA の固有値 0 に対する固有空間は異なる場合があります。

第 12 章

問題12-1解答 次のようになります。

$$A^{\mathsf{T}} A = \begin{pmatrix} 1 & -2 & 2 \\ 3 & 0 & -12 \end{pmatrix} \begin{pmatrix} 1 & 3 \\ -2 & 0 \\ 2 & -12 \end{pmatrix} = \begin{pmatrix} 9 & -21 \\ -21 & 153 \end{pmatrix}$$

となりますから、その固有値は、

$$\begin{vmatrix} \lambda - 9 & 21 \\ 21 & \lambda - 153 \end{vmatrix} = \lambda^2 - 162\lambda + 936 = (\lambda - 156)(\lambda - 6) = 0$$

より、$\lambda = 156, 6$ となります。よって、A の特異値は、$\sigma = 2\sqrt{39}, \sqrt{6}$ となることが分かります。よって、$\Sigma = \mathrm{diag}(2\sqrt{39}, \sqrt{6})$ となります。$\boldsymbol{v}$ は、$A^{\mathsf{T}}A$ の固有ベクトルでした。固有値 156, 6 に対する固有ベクトルを、$\boldsymbol{v} = (x_1, y_1)^{\mathsf{T}}$ とすると、

$$\begin{pmatrix} 147 & 21 \\ 21 & 3 \end{pmatrix} \begin{pmatrix} x_1 \\ y_1 \end{pmatrix} = \begin{pmatrix} 0 \\ 0 \end{pmatrix}, \quad \begin{pmatrix} -3 & 21 \\ 21 & -147 \end{pmatrix} \begin{pmatrix} x_2 \\ y_2 \end{pmatrix} = \begin{pmatrix} 0 \\ 0 \end{pmatrix}$$

これらを解いて、正規化すれば（符号は一方のみをとる）、

$$\boldsymbol{v}_1 = \frac{1}{5\sqrt{2}} \begin{pmatrix} -1 \\ 7 \end{pmatrix}, \quad \boldsymbol{v}_2 = \frac{1}{5\sqrt{2}} \begin{pmatrix} 7 \\ 1 \end{pmatrix}$$

となりますので、V は次のようになります。

$$V = \begin{pmatrix} -\frac{1}{5\sqrt{2}} & \frac{7}{5\sqrt{2}} \\ \frac{7}{5\sqrt{2}} & \frac{1}{5\sqrt{2}} \end{pmatrix}$$

$$AA^{\mathsf{T}} = \begin{pmatrix} 1 & 3 \\ -2 & 0 \\ 2 & -12 \end{pmatrix} \begin{pmatrix} 1 & -2 & 2 \\ 3 & 0 & -12 \end{pmatrix} = \begin{pmatrix} 10 & -2 & -34 \\ -2 & 4 & -4 \\ -34 & -4 & 148 \end{pmatrix}$$

となりますから、その固有値は、

$$\begin{vmatrix} \lambda - 10 & 2 & 34 \\ 2 & \lambda - 4 & 4 \\ 34 & 4 & \lambda - 148 \end{vmatrix} = \lambda(\lambda - 156)(\lambda - 6) = 0$$

より、$\lambda = 0, 156, 6$ となりますが、$A^{\mathsf{T}}A$ の固有値と共通なのは、$\lambda = 156, 6$ のみです。対応する固有ベクトルを求めます。$\lambda = 156$ に属する固有ベクトルを $\boldsymbol{u} = (x_1, y_1, z_1)^{\mathsf{T}}$ とすると、固有方程式は、

$$\begin{pmatrix} 146 & 2 & 34 \\ 2 & 152 & 4 \\ 34 & 4 & 8 \end{pmatrix} \begin{pmatrix} x_1 \\ y_1 \\ z_1 \end{pmatrix} = \begin{pmatrix} 0 \\ 0 \\ 0 \end{pmatrix}$$

となります。これを解いて、正規化したベクトルの一つは、

$$\boldsymbol{u}_1 = \frac{1}{5\sqrt{78}} \begin{pmatrix} 10 \\ 1 \\ -43 \end{pmatrix}$$

となります。同様にして、$\lambda = 6$ に属する正規化した固有ベクトルの一つは、

$$\boldsymbol{u}_2 = \frac{1}{5\sqrt{3}} \begin{pmatrix} 5 \\ -7 \\ 1 \end{pmatrix}$$

となります。よって、U は、次のようになります。

$$U = \begin{pmatrix} \frac{2}{\sqrt{78}} & \frac{1}{\sqrt{3}} \\ \frac{1}{5\sqrt{78}} & -\frac{7}{5\sqrt{3}} \\ -\frac{43}{5\sqrt{78}} & \frac{1}{5\sqrt{3}} \end{pmatrix}$$

以上から、A の特異値分解は、

$$A = U\Sigma V^{\mathsf{T}} = \begin{pmatrix} \frac{2}{\sqrt{78}} & \frac{1}{\sqrt{3}} \\ \frac{1}{5\sqrt{78}} & -\frac{7}{5\sqrt{3}} \\ -\frac{43}{5\sqrt{78}} & \frac{1}{5\sqrt{3}} \end{pmatrix} \begin{pmatrix} 2\sqrt{39} & 0 \\ 0 & \sqrt{6} \end{pmatrix} \begin{pmatrix} -\frac{1}{5\sqrt{2}} & \frac{7}{5\sqrt{2}} \\ \frac{7}{5\sqrt{2}} & \frac{1}{5\sqrt{2}} \end{pmatrix}$$

となります。

問題12-2解答　リスト 12.1 のプログラムの 4 行目を以下のように書き換えればよいでしょう。

```
A = np.array([[1, 3], [-2, 0], [2, -12]])
```

問題12-3解答

$$\begin{aligned}
&\left\| \begin{pmatrix} a & b \\ c & d \end{pmatrix} \begin{pmatrix} \cos\theta \\ \sin\theta \end{pmatrix} \right\|^2 \\
&= (a\cos\theta + b\sin\theta)^2 + (c\cos\theta + d\sin\theta)^2 \\
&= a^2\cos^2\theta + 2ab\sin\theta\cos\theta + b^2\sin^2\theta + c^2\cos^2\theta + 2cd\sin\theta\cos\theta + d^2\sin^2\theta \\
&= (a^2+c^2)\cos^2\theta + (b^2+d^2)\sin^2\theta + (ab+cd)\sin 2\theta \\
&= (a^2+c^2)\frac{1+\cos 2\theta}{2} + (b^2+d^2)\frac{1-\cos 2\theta}{2} + (ab+cd)\sin 2\theta \\
&= \frac{a^2+b^2+c^2+d^2}{2} + \frac{a^2+c^2-b^2-d^2}{2}\cos 2\theta + (ab+cd)\sin 2\theta
\end{aligned}$$

となります。右辺の第 2, 3 項の和は、

$$\left(\frac{a^2+c^2-b^2-d^2}{2}, ab+cd\right) \text{ と } (\cos 2\theta, \sin 2\theta)$$

の内積と解釈できますので、その最大値は、

$$\sqrt{\left(\frac{a^2+c^2-b^2-d^2}{2}\right)^2 + (ab+cd)^2}$$

となります。よって、求める行列ノルムは、次のようになります。

$$\|A\| = \sqrt{\frac{a^2+b^2+c^2+d^2}{2} + \sqrt{\left(\frac{a^2+c^2-b^2-d^2}{2}\right)^2 + (ab+cd)^2}}$$

問題12-4解答　A の特異値は、$A^{\mathsf{T}}A$ の固有値の平方根です。

$$A^{\mathsf{T}}A = \begin{pmatrix} a & c \\ b & d \end{pmatrix} \begin{pmatrix} a & b \\ c & d \end{pmatrix} = \begin{pmatrix} a^2+c^2 & ab+cd \\ ab+cd & b^2+d^2 \end{pmatrix}$$

となりますので、$A^{\mathsf{T}}A$ の固有方程式は、

$$\lambda^2 - (a^2+b^2+c^2+d^2)\lambda + (ad-bc)^2 = 0$$

となりますので、その最大固有値は、

$$\lambda = \frac{a^2+b^2+c^2+d^2+\sqrt{(a^2+b^2+c^2+d^2)^2-4(ad-bc)^2}}{2}$$

となりますので、

$$\|A\| = \sqrt{\frac{a^2+b^2+c^2+d^2+\sqrt{(a^2+b^2+c^2+d^2)^2-4(ad-bc)^2}}{2}}$$

となります。平方根の中の平方根内を展開して比較することにより、問題 12-3 の結果と一致していることが分かります。

問題12-5解答 例えば、リスト A.24 のようにすればよいでしょう。

リスト A.24 ProbSVDmatrixnorm.py

```
import numpy as np
import numpy.linalg as LA

def MatNorm(A):
    U, S, VT = LA.svd(A, full_matrices = False)
    return S[0]

A = np.array([[1, 3], [-2, 0], [2, -12]])

print(MatNorm(A))
```

問題12-6解答 **問題12-7解答** それぞれ、スマートフォン等で撮影した画像をリスト 12.2 のプログラムと同じフォルダに置いて、プログラムを実行してみてください。

索 引

数字・記号

あ行

か行

さ行

た行

な行

は行

ま行

や行

ら行

著者紹介

神永正博《かみながまさひろ》　博士（理学）

1967 年東京都生まれ。東北学院大学工学部教授。日立製作所中央研究所などを経て現職。著書に『「超」入門 微分積分』『直感を裏切る数学』『ウソを見破る統計学』『現代暗号入門』（以上講談社ブルーバックス）、『Python と実例で学ぶ微分方程式』（コロナ社）などがある。

NDC421　255p　24cm

Python《パイソン》でしっかり学《まな》ぶ線形代数《せんけいだいすう》

行列《ぎょうれつ》の基礎《きそ》から特異値分解《とくいちぶんかい》まで

2023 年 1 月 31 日　第 1 刷発行

著　者　神永正博《かみながまさひろ》

発行者　髙橋明男

発行所　株式会社　講談社

〒 112-8001　東京都文京区音羽 2-12-21

販売　(03)5395-4415

業務　(03)5395-3615

編　集　株式会社　講談社サイエンティフィク

代表　堀越俊一

〒 162-0825　東京都新宿区神楽坂 2-14　ノービィビル

編集　(03)3235-3701

本文データ制作　藤原印刷株式会社

印刷・製本　株式会社　ＫＰＳプロダクツ

ISBN 978-4-06-530375-7